Genetic Breeding
of
Aquatic Animals

田 燚　仇雪梅　主编

水产动物遗传育种

化学工业出版社

·北京·

内 容 简 介

本书介绍了遗传学和育种学的基本知识和遗传规律，包括遗传物质的细胞及分子基础、孟德尔遗传定律、连锁遗传分析、染色体变异、基因突变、细胞质遗传、数量遗传学基础、群体遗传学基础、水产动物种质资源、选择育种、杂交育种、多倍体育种、雌核发育和雄核发育、水产动物的性别控制、分子标记及辅助育种。通过学习，充分了解并将这些遗传规律应用到育种实践中，可以更好地为水产动物育种服务。

本书可以作为水产养殖及相关专业的本科生教材，也可为相关专业研究生的学习提供参考。

图书在版编目（CIP）数据

水产动物遗传育种/田燚，仇雪梅主编. —北京：化
学工业出版社，2022.9
ISBN 978-7-122-42082-4

Ⅰ.①水… Ⅱ.①田… ②仇… Ⅲ.①水生动物-遗
传育种-教材 Ⅳ.①S917.4

中国版本图书馆 CIP 数据核字（2022）第 157679 号

责任编辑：曹家鸿 刘亚军　　　　　　　　装帧设计：张　辉
责任校对：王　静

出版发行：化学工业出版社（北京市东城区青年湖南街 13 号　邮政编码 100011）
印　　装：北京科印技术咨询服务有限公司数码印刷分部
787mm×1092mm　1/16　印张 14½　字数 344 千字　　2023 年 3 月北京第 1 版第 1 次印刷

购书咨询：010-64518888　　　　　　　　售后服务：010-64518899
网　　址：http://www.cip.com.cn
凡购买本书，如有缺损质量问题，本社销售中心负责调换。

定　　价：68.00 元

前　言

　　水产动物遗传育种学作为水产养殖及相关专业的重要课程，既包含遗传学的基本知识和遗传规律等基础理论，也涵盖了育种方法等具有实践性的内容。我们编写这本书的目的，是希望通过遗传育种知识的学习，加深学生对遗传学现象和遗传规律的认识，掌握育种方法，实现水产资源的可持续利用。

　　本书由多位老师共同编写完成，共分十七章，具体分工如下：第一、五、六、七、十三、十四、十七章由仇雪梅编写，第二、三章由毛俊霞编写，第四、八、九、十、十一、十二章由田燚编写，第十五、十六章以及参考文献等其他相关内容由孙志惠编写。感谢大连海洋大学研究生勾宇晴在本书编写过程中给予的支持和付出，感谢大连海洋大学教务处及陈明艳老师对本书出版工作的支持。

　　由于编者的水平和经验有限，时间仓促，书中可能会存在不足之处，真诚希望各位同行老师和读者给予批评和指正，以便我们不断改进。

编者

2022 年 10 月

目　录

第一章　水产动物遗传学概述

第一节　遗传学的涵义

一、遗传学概念

遗传学（genetics）是研究生物遗传和变异的科学。遗传学是一门涉及生命起源、遗传变异和生物进化的理论科学，是与其他各分支学科有着密切联系的基础学科，也是一门与生产实际紧密联系的基础学科，还是指导生物育种工作的理论基础。在理论研究及生产实践方面，遗传学的作用越来越突出。遗传和变异是生物界的普遍现象。生物通过其特有的生殖方式产生与自己相似的个体，保证生命在世代间的连续，以繁衍其种族。这种亲代与子代之间相似的现象称为遗传（heredity）。"种瓜得瓜，种豆得豆"是早期人们对遗传现象的认知。遗传使生物的特征得以延续，保持物种的相对稳定性。同时，亲代与子代之间、子代与子代之间存在不同程度的差异，这种生物个体之间的差异称为变异（variation），如"一母生九子，九子各不同"是早期人们对变异现象的理解。

二、遗传学的研究内容

遗传学是研究生物体遗传信息的组成、传递和表达规律的科学，其研究内容包括：基因的结构和功能与定位；基因变异的类型、规律及其分子机制；基因在世代之间的传递方式与规律；基因转化为性状所需各种内外环境条件；基因组的核苷酸序列与生物学功能之间的关系。总之，遗传学研究的任务不仅在于揭示生物遗传和变异的规律及其物质基础，而且要能运用这些规律，使之成为改造生物的有力工具，提高各类生物育种效率。

第二节　遗传学的发展

达尔文在1859年发表了著作《物种起源》，提出了基于自然选择和人工选择的进化学说及泛生说（theory of pangenesis）。人类真正系统研究生物遗传和变异是从由孟德尔（G. J. Mendel）开始的，他于1866年发表了《植物杂交试验》，提出性状分离和自由组合定律。这一重大发现并没有引起当时学术界的重视，直到1990年被重新发现后，遗传学宣告诞生。遗传学作为一个学科的名称是1905年英国人贝特逊（W. Bateson）依据希腊文"生殖"（generate）一词给遗传学正式定名为 genetics。20 世纪初，美国生物学家萨顿

（W. Sutton）和德国细胞学家鲍威尔（T. H. Boveri）分别提出染色体遗传理论，他们认为遗传因子位于细胞核内染色体上，从而将孟德尔遗传定律与细胞学研究结合起来，开拓了细胞遗传学的研究领域。1910 年以后，摩尔根（T. H. Morgan）和他的学生斯特蒂文特（A. H. Sturtevant）、布里奇斯（C. Bridges）和穆勒（H. J. Muller）用果蝇做材料，确定基因直线排列在染色体上，并发现了遗传学的另一重大法则——连锁遗传定律。这与孟德尔的遗传法则合称为遗传学的三大定律。1930—1932 年费希尔（R. A. Fisher）、怀特（S. Wright）和霍尔丹（J. B. S. Haldane）等应用数量统计方法分析性状的遗传变异，奠定了数量遗传学和群体遗传学基础。1941 年，比德尔（G. W. Beadle）和他的老师泰特姆（E. L. Tatum）以链孢霉为材料，提出了"一个基因一酶"学说，把基因与蛋白质的功能结合起来，从而发展了生化遗传学和微生物遗传学。

1944 年，美国细菌学家艾弗利（O. T. Avery）等证实了格里菲斯（F. Griffith）在 1928 年所发现的肺炎链球菌的转化现象，第一次证明了 DNA 是遗传信息的载体。1952 年赫希（A. Hershey）和蔡斯（M. Chase）证实了 T_2 噬菌体的遗传物质也是 DNA，弗伦克尔-康拉特（H. Fraenkel-Conrat）于 1956 年证实了 RNA 也是遗传物质。遗传学的发展进入分子遗传学时期，1953 年，《Nature》刊登了沃森（J. D. Watson）和克里克（F. H. C. Crick）的研究论文《核酸的分子结构——脱氧核糖核酸的结构》，这是遗传学的划时代贡献。这一成就为阐明 DNA 的结构与复制和遗传物质如何保持世代连续性等遗传机制的研究奠定了基础。此后，乳糖操纵子的发现、三联体密码的确立、蛋白质和核酸的人工合成、中心法则的提出、可移动遗传因子的证实、基因表达调节的研究等重大问题的诠释，都极大地推进了对基因结构与功能的深入认识。

2003 年 4 月 14 日，人类基因组作图及测序计划（human genome project，HGP）完成，遗传学进入基因组和蛋白质组时期。目前，遗传学侧重基因组编码蛋白功能的研究、遗传信息的生物学功能及基因功能的表达调控模式。遗传学自诞生开始，从孟德尔、摩尔根时代的个体水平、细胞染色体水平已发展到分子水平。遗传学取得了前所未有的高速发展，特别是 DNA 和 RNA 操作以及测序技术的快速发展，令遗传学研究的深度和广度迅速改观，深入地揭示遗传物质的结构与功能，并在分子水平上重新设计、改造和创造新的生命形态。

第三节　遗传学的应用

遗传学理论是指导生产实践的重要理论基础之一，遗传学的发展与生产实践紧密联系在一起，对于推动整个生物科学和相关学科的发展具有重大作用。遗传学的研究成果，促进生产出现革命性的变革，提高农产品的产量，改善品种特性，最直接的作用就是培育新品种。在掌握生物遗传学理论及传递规律后，利用遗传学方法，改变生物群体的遗传结构，改良生物性状，培育高产优质的品种。例如世界各国开展的凡纳滨对虾选育工作，就是在遗传学理论的指导下，通过选择育种等方法，培育出优良品种。

遗传学与医学的关系随着科技的发展越来越密切，包括遗传性疾病的诊断、预防与干预，均与遗传学密切相关，尤其是许多疾病的发病机制都与基因及基因的表达调控有关。随着对疾病遗传机制研究的深入，实现疾病的诊断、预防和治疗，为遗传疾病的个性化治疗及靶向药物的筛选奠定基础。

　　遗传学涉及的范围越来越广泛，如亲子鉴定、环境保护、优生优育、犯罪嫌疑人的筛选、遗传咨询工作。总之，研究生物的遗传和变异规律，能够更好地利用其规律来更好地保护利用现有生物，更好地为人类服务。

思 考 题

1. 遗传学发展史中有哪些重要的成就？
2. 你认为遗传学在未来会有哪些重要发展和应用前景？

第二章 遗传物质的细胞及分子基础

除了病毒和噬菌体，生物界中所有的生物，不论是简单的还是复杂的，不论是低等的还是高等的，都是由细胞构成的。细胞是生物结构和功能的基本单位。细胞中最重要的物质是遗传物质，主要存在于细胞核中，控制着生物的一切生命活动。1900 年，孟德尔定律的重新发现标志着遗传学的诞生，人们投入对遗传规律的广泛研究，建立了基因遗传的染色体学说。但经典遗传学的研究并没有对基因的化学本质做出回答。直到 1953 年，沃森和克里克发现 DNA 双螺旋结构模型之前，人们对于基因的理解仍然是抽象的、概念化的，没有探明基因的基本结构特征，也不能解释基因如何控制各种生物化学过程以及基因如何进行复制和遗传的。

第一节 遗传物质的主要载体——染色体

一、染色体的外部形态特征

遗传物质的主要载体是染色质（chromatin）或染色体（chromosome），它们是同一种物质在不同细胞周期呈现出的不同形态。在细胞分裂的间期，染色体以染色质的形式存在，不具有明显的外部形态特征，一般呈纤细的网状。在细胞分裂过程中，染色体的形态结构与数目会表现出一系列规律性的变化。在细胞有丝分裂的中期，染色体的形态最为明显，这时期的染色体凝缩程度最大，形态最稳定，且分散排列，易于观察和计数。因此，识别染色体形态特征的最佳时期是细胞有丝分裂中期。

外形上，染色体一般由主缢痕、长臂、短臂、次缢痕和随体组成，如图 2-1 所示。主缢痕（primary constriction）是染色体上染色较浅、向内凹陷成狭小区段的部位，主要包括丝粒（centromere）和动粒（kinetochore）两部分。染色体复制后，含有两条纵向排列的姐妹染色单体（sister chromatid），由着丝粒连接在一起。着丝粒即连接两条染色单体的染色体特殊区段。动粒则是在主缢痕处两条染色单体外侧表层部位，由微管蛋白组装而成的颗粒结构，与纺锤丝接触，与染色体运动有关，如图 2-2 所示。染色体臂（chromosome arm）是染色体的主体部分，由于着丝粒位置的不同将染色体分成了长臂（long arm）和短臂（short arm）。着丝粒在染色体上的位置是固定的，因此可以根据着丝粒的位置对染色体进行分类，如表 2-1 所示。着丝粒的位置位于染色体的中间或中间附近时，染色体两臂的长度接近，这样的染色体称为中间着丝粒染色体（metacentric chromosome）。中间着丝粒染色体在细胞分裂后期当染色体向两极牵引时其形态表现为 V 形。当着丝粒的位置较近于染色体的一端，两条臂一长一短，这样的染色体称为近着丝粒染色体（sub-metacentric chromosome），细胞分裂后期染色体形态呈现 L 形。如果着丝粒靠近染色体末端，则染色体由一个较长的长臂和一个极短的短臂组成，这样的染色体称为近端着丝粒染色体（acrocentric chromosome），细胞分裂后期染色体形态近似棒状。如果着丝粒的位置位于染色体末端，则染色体只有一条臂，这样的染色体称为顶端着丝粒染色体（telocentric chromosome），细胞分裂后期染色体形态呈现棒状。

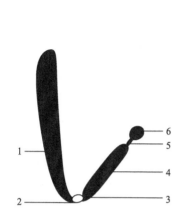

图 2-1　中期染色体形态示意

1—长臂；2—主缢痕；3—着丝粒；4—短臂；5—次缢痕；6—随体

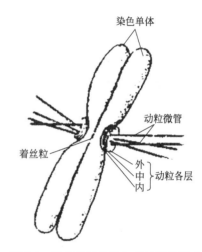

图 2-2　染色体着丝粒和动粒结构示意

表 2-1　根据着丝粒的位置和染色体两臂的长度（臂比）将染色体分成四类

染色体类型	符号	臂比[①]	着丝粒指数[②]	分裂后期形态
中间着丝粒染色体	M	1.00～1.67	0.500～0.375	V
近中着丝粒染色体	SM	1.68～3.00	0.374～0.250	L
近端着丝粒染色体	ST	3.01～7.00	0.249～0.125	l
顶端着丝粒染色体	T	7.01～∞	0.124～0.000	I

①臂比：长臂长度/短臂长度；②短臂长度/染色体总长度。

在某些染色体的一个或两个臂上往往还具有另一个染色较淡的缢缩部位，称为次缢痕（secondary constriction），通常在染色体的短臂上。次缢痕的末端的圆形或略长形的突出体，称为随体（satellite）。次缢痕在细胞分裂时，紧密地与核仁相联系，与间期细胞核仁的形成有关，因此也称为核仁组织中心（nucleolus organizer）。与着丝粒一样，次缢痕、随体的位置相对稳定，而随体的有无和大小是某些染色体特有的形态特征，是染色体识别的重要标志之一。

此外，在染色体臂的末端存在一个特化部分，没有明显的外部形态特征，但往往表现对碱性染料着色较深，称为端粒（telomere）。端粒具有重要的功能，能稳定染色体末端结构，防止染色体降解、粘连，可抑制细胞凋亡，端粒长度与细胞寿命长短有关，被称为"有丝分裂钟"。

二、染色体的超微结构

大多数病毒、原核生物及真核生物细胞器的基因组 DNA/RNA 是较为"裸露"的分子，不被蛋白质分子包装起来。在真核生物细胞核中，基因组 DNA 则有一套多层次的包装方式，组成了染色体的四级超微结构，如图 2-3 所示。染色体四级结构能够在一定程度上解释染色质和染色体间状态转化的过程。

1. 一级结构

染色体的一级结构是由 DNA 和组蛋白组成的染色质纤维细丝，是许多核小体串联形成的念珠状结构，大量实验证实了这一结构模型，如图 2-4 所示。核小体是真核生物染色体结构的基本单位，在真核生物中高度保守。核小体的核心是由 4 种组蛋白（histone）H_2A、H_2B、H_3、H_4 各 2 分子构成的球状八聚体，称为核心颗粒。约 147bp 的 DNA 片段以左手螺旋的方向缠绕核心颗粒约 1.75 圈，构成核粒。核粒和核粒之由一段 DNA 连接，称为连接 DNA，其长度为 50～60bp。在连接 DNA 上结合有一个组蛋白分子 H_1，去除 H_1 不会影响核小体的基本结构。因此，一个完整的核小体单位包含了约 200bp 的 DNA 片段。核小体的形成是染色体中 DNA 被压缩的第一个阶段，此时 DNA 约被压缩了 7 倍。

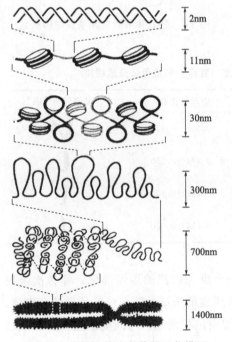

2nm

11nm

30nm

300nm

700nm

1400nm

图 2-3 真核生物染色体的组装模型

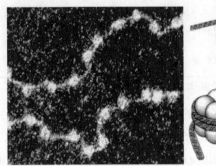

图 2-4 染色质的念珠模型

2. 二级结构

染色质细纤丝进一步螺旋化，形成直径为 30nm 左右的中空螺线管（solenoid），每圈有 6 个核小体，DNA 约被压缩了 6 倍，形成染色质粗纤丝。

3. 三级结构

在二级结构的基础上，螺线管进一步螺旋化，形成直径约为 300nm 超螺线管（supersolenoid)，DNA 又被压缩了约 40 倍。

4. 四级结构

超螺旋管进一步折叠盘绕，形成在光学显微镜下可见的 $2\sim10\mu m$ 的染色体。DNA 再被压缩约 5 倍。这样 DNA 总共经过四级包装，被压缩了 $7000\sim8000$ 倍。真核 DNA 的压缩程度受到时空特异性的调节，DNA 复制、转录和修复等事件都依赖于染色体结构的动态变化。

三、染色体的数目和大小

1. 染色体的数目

就一个物种而言，细胞内的染色体数目是恒定的，这是生物的重要生物学特征。对于一个二倍体生物，其染色体在体细胞内通常成对存在，即形态、结构、功能相似的染色体都有 2 条，这对染色体称为同源染色体（homologous chromosome）。两条同源染色体分别来自生物双亲。形态结构上有所不同的染色体间互称为非同源染色体（non-homologous chromosome）。亲本的每一配子都带有一组染色体，称为单倍体（haploid），用 n 表示。两个配子结合后形成二倍体（diploid），用 2n 表示。例如，人有 23 对 46 条染色体（2n＝46）。表 2-2 列出了常见水产动物的染色体数目。

表 2-2　常见水产动物的染色体数目

物种	染色体数目	物种	染色体数目
仿刺参	44	香螺	60
大连紫海胆	46	罗氏对虾	100
皱纹盘鲍	36	中国对虾	88
虾夷扇贝	38	罗非鱼	44
栉孔扇贝	38	石斑鱼	48
海湾扇贝	32	牙鲆	48
牡蛎	20	半滑舌鳎	42

生物体染色体数目的恒定性是相对的，许多生物常因不同组织、不同生理机能等因素而含有不同的染色体数目。如体细胞（2n）是性细胞（n）的 2 倍；玉米胚乳细胞是性细胞的 3 倍。不同物种间的染色体数目差异较大。染色体数目的多少与物种的进化程度之间一般没有必然的联系。染色体的数目和形态特征对于鉴定系统发育过程中物种间的亲缘关系具有重要意义。

2. 染色体的大小

染色体的大小主要指染色体的长度，而同一物种染色体宽度大致相同。染色体的绝对长度一般在 $1\sim25\mu m$。也可用相对长度表示，即某一染色体的绝对长度占该染色体组绝对长度的百分数。不同生物间染色体的大小差异悬殊，即使同种生物的同一细胞中，也有很大差别。

四、染色体组型分析

每一生物的染色体数目、大小及其形态特征都是特异的，这种特定的染色体组成称为染色体组型或核型（karyotype）。通常以有丝分裂中期染色体的数目和形态来表示。

根据每种生物染色体数目、大小和着丝粒位置、臂比、次缢痕、随体等形态特征，对生物核内染色体进行配对、分组、归类、编号、进行分析的过程，称为染色体组型分析或核型分析（karyotype analysis）。图 2-5 为虾夷扇贝的中期染色体及染色体核型图。

　　另外，通过一系列特殊的处理，使得螺旋化程度和收缩方式不同的染色体区段发生不同的反应，再经过染色，使其呈现不同程度的染色区段（往往是异染色质区段被染色）。而这些处理和染色方法就称为染色体分带、显带或染色体分染技术。在进行核型分析的过程中，可将各染色体根据其特征绘制成图，称为核型模式图。如图 2-6 所示。

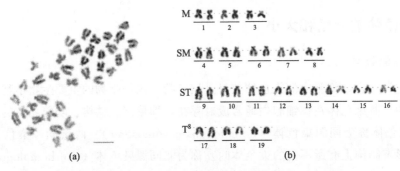

图 2-5　虾夷扇贝中期染色体（a）与核型图（b）（引自黄晓婷，2007）

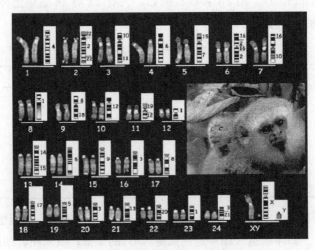

图 2-6　染色体的带型及核型模式图

　　染色体核型分析可以用于分析系统发育过程中物种之间的亲缘关系，鉴定生物体染色体数目和结构的变异，在研究生物的系统演化、远缘杂交、染色体工程和人类染色体疾病等领域具有重要的应用。

第二节　遗传物质的确定

一、DNA 是主要遗传物质的间接证据

　　大部分 DNA 存在于染色体上，而 RNA 和蛋白质在细胞质内也很多。每个物种的不同细胞不论大小和功能如何，其 DNA 含量是恒定的，而精子或卵子中 DNA 含量正好是体细

胞含量的一半；与 DNA 含量不同的是，RNA 和蛋白质的含量在不同组织细胞间变化是很大的。此外，在多倍体物种中，其细胞中的 DNA 含量随染色体倍数的增加而呈现倍数的递增。DNA 在代谢上比较稳定，原子一旦被 DNA 分子所摄取，则在细胞保持健全生长的情况下，保持稳定，不会离开 DNA；而蛋白质和 RNA 分子在迅速形成的同时，又在不断分解。DNA 的相对稳定性保证了遗传物质的稳定性，从而保证了物种的稳定性。用不同波长的紫外线诱发各种生物突变时，其最有效波长均为 260nm，这与 DNA 所吸收的紫外线光谱是一致的，即在 260nm 波长处具有最大吸收峰。这证明了基因突变与 DNA 分子的变异是密切相关的。以上均是间接证明 DNA 是遗传物质的有力证据。

二、DNA 是主要遗传物质的直接证据

（一）肺炎双球菌转化实验

早在 1928 年，英国科学家格里菲斯（F. Griffith）等发现肺炎双球菌（*Streptococcus pneumoniae*）能够引起小鼠肺炎导致小鼠死亡。肺炎双球菌有两种不能的类型：一种是光滑型（S 型），细胞表面覆盖一层多糖类的荚膜，在培养基上形成光滑的菌落，具有毒性，能够使小鼠发病死亡；另一种是粗糙型（R 型），细胞表面无荚膜覆盖，在培养基上形成粗糙的菌落，没有毒性，不会导致小鼠死亡。格里菲斯先将少量无毒的 R 型肺炎双球菌注射到小鼠体内，然后将大量有毒但已加热杀死的 S 型肺炎双球菌注入。结果小鼠发病死亡，并且在小鼠体内分离出的肺炎双球菌全部为 S 型。因此，可以推断被加热杀死的 S 型细菌必然含有某种活性物质（转化源）促使 R 型细菌转化成 S 型细菌，如图 2-7 所示。但当时并不清楚这种物质是什么。

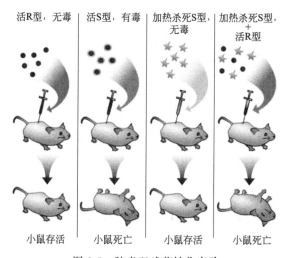

图 2-7 肺炎双球菌转化实验

1944 年，美国细菌学家埃弗雷（O. T. Avery）、麦克利奥特（C. Macleod）和麦克卡蒂（M. Mccarty）不但成功重复了格里菲斯等的实验，而且将加热杀死的 S 型细菌的各种提取物分别与 R 型细菌混合，攻击小鼠后发现，只有 S 型细菌的 DNA 能使 R 型细菌发生转化，获得致病力使小鼠死亡，从而确定 DNA 就是起到转化作用的物质。

（二）噬菌体侵染大肠杆菌实验

噬菌体是寄生在细菌体内的低等生物，其生命组成简单，主要由蛋白质和 DNA 组成。1952 年，美国冷泉港卡耐基遗传学实验室科学家赫尔歇（A. D. Hershey）和他的学生简斯（M. Chase）进行了著名的噬菌体侵染大肠杆菌实验，如图 2-8 所示。他们用同位素 ^{32}P 和 ^{35}S 分别标记了 T_2 噬菌体的 DNA 和蛋白质。因为 P 是 DNA 的组分，但蛋白质中未见；而 S 是蛋白质的组分，DNA 中未见。然后，用标记 ^{32}P 或 ^{35}S 的 T_2 噬菌体分别侵染大肠杆菌，经过 1~2 个噬菌体 DNA 复制周期后，发现被 ^{35}S 标记的噬菌体所感染的大肠杆菌细胞内几乎不含有 ^{35}S，而大多数 ^{35}S 出现在附着于细菌细胞外的噬菌体外壳上。而被 ^{32}P 标记的噬菌体感染的大肠杆菌中，^{32}P 则主要集中在细菌细胞内。因此，说明在噬菌体在传代过程中发挥作用的是 DNA，而非蛋白质，DNA 是遗传物质。

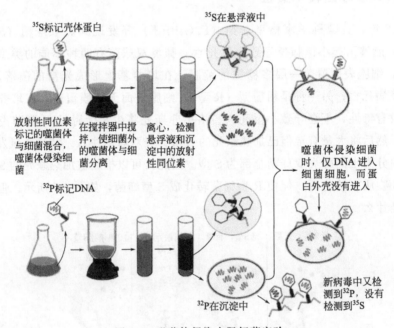

图 2-8　噬菌体侵染大肠杆菌实验

以上实验都直接证明了 DNA 是生物的主要遗传物质。后来在缺少 DNA 的生物中，如烟草花叶病毒，RNA 则被证明是遗传物质。

第三节　DNA 和 RNA 的分子结构和性质

一、DNA 的分子结构和性质

（一）DNA 的一级结构

DNA（deoxyribonucleic acid）又称脱氧核糖核酸，是一种高分子聚合物，其基本构成单位为脱氧核苷酸。每个核苷酸包括一分子脱氧核糖（戊糖）、一分子磷酸和一分子环状的含氮碱基。其中，脱氧核糖和磷酸是不变的，而含氮碱基是可变的，主要包括 4 种，即腺嘌呤（adenine，A）、鸟嘌呤（guanine，G）、胞嘧啶（cytosine，C）、胸腺嘧啶（thymine，T）。因此，构成 DNA 的脱氧核糖核苷酸也具有 4 种：脱氧腺嘌呤核苷酸（dATP）、脱氧鸟嘌呤核苷酸（dGTP）、脱氧胞嘧啶核苷酸（dCTP）、脱氧胸腺嘧啶核苷酸（dTTP）。脱氧核糖第一位碳原子与嘌呤或嘧啶结合，就成为脱氧核苷，第三位或第五位碳原子再与磷酸结合，就成为脱氧核糖核苷酸，如图 2-9 所示。一个核苷酸单体戊糖第五位碳的磷酸与另一个核苷酸单体戊糖第三位碳相连，形成 3′,5′-磷酸二酯键，如此重复连接形成核酸链的磷酸戊糖基本骨架，碱基则与骨架上戊糖的第一位碳相连。长链中各个脱氧核苷酸的排列顺序构成了 DNA 分子的一级结构。由于各个核苷酸的差异主要是各碱基间的差异，所以一般用碱基的名称表示各个核苷酸。对于一个特定物种的 DNA 分子而言，其碱基顺序是一定的，并且通常保持不变，从而保证物种遗传特性的稳定。只有在特殊情况下，碱基的顺序或位置发生改变或碱基被替换，从而导致遗传的变异。

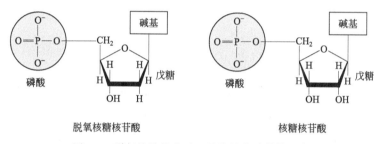

图 2-9　脱氧核糖核苷酸和核糖核苷酸结构示意

（二）DNA 的双螺旋结构

1953 年，沃森和克里克根据 DNA 分子的 X 射线衍射图提出了 DNA 的双螺旋结构（double helix）模型，这标志着分子生物学的诞生，从此开启了分子生物学时代，使遗传学的研究深入分子层次，"生命之谜"被打开。

DNA 双螺旋结构模型的主要特点是：①DNA 分子是由两条脱氧核糖核酸长链互以碱基配对相连而成的螺旋状双链分子；②两条链反向平行（一条链磷酸二酯键为 5′-3′，另一条为 3′-5′）围绕同一个轴盘绕，形成右旋的双螺旋结构。其中，两条主链处于螺旋外侧，碱基位于螺旋的内侧，以垂直于螺旋轴的取向通过糖苷键与主链糖基相连。同一平面的碱基在两条主链间形成碱基对。配对碱基总是 A 与 T，G 与 C。碱基对以氢键维系，A 与 T 间形成两个氢键，G 与 C 间形成三个氢键。在双螺旋表面有凹下去的较大沟槽和较小沟槽，称为大沟（majorgroove）和小沟（minorgroove），小沟位于双螺旋的互补链之间，而大沟位于相毗邻的双股之间，大沟、小沟交替出现。这是由于连接于两条主链糖基上的配对碱基并非直接相对，从而使得在主链间沿螺旋形成空隙不等的大沟和小沟。DNA 双螺旋的螺旋直径为 2nm，一个螺旋周期内包含 10 对碱基，螺距为 3.4nm，相邻碱基对平面的间距为0.34nm，如图 2-10 所示。

DNA 的构型并不是固定不变的，一般将沃森、克里克提出的 DNA 双螺旋模型称为 B-

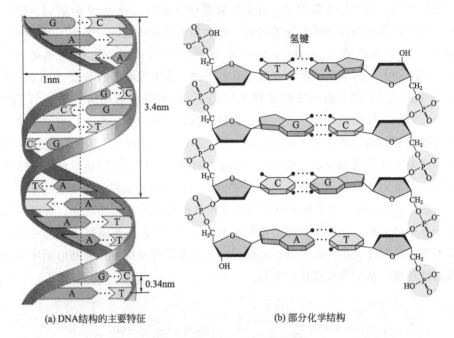

(a) DNA结构的主要特征　　　　　　(b) 部分化学结构

图 2-10　DNA 双螺旋结构模型

DNA，也是普遍存在的一种结构类型，除此之外，DNA 二级结构还有其他变型，如 A-DNA、Z-DNA 等，如图 2-11 所示。A-DNA 也属于右手螺旋，比较短和密；每个螺旋周期含有 11 对碱基，平均直径为 2.3nm。在活体内 DNA 并不以 A 构象存在，当 DNA 处于转录状态时，DNA 模板链与由其转录形成的 RNA 链间形成的双链是 A-DNA，可见 A-DNA 构象对基因表达具有重要意义。此外，由两条 RNA 链组成的双螺旋结构也是 A-DNA。Z-DNA 是某些 DNA 序列以左手螺旋的形式存在，其每个螺旋周期有 12 个碱基对，分子直径为 1.8nm，并只有一个深沟。研究发现，Z-DNA 与基因的表达调控有关。除此之外，还存在 C-DNA、D-DNA 等不同形式，但它们通常在生物体内不存在。

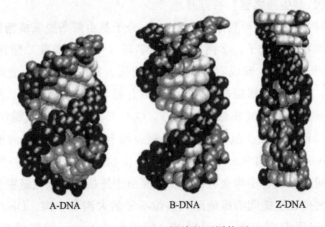

A-DNA　　　　　　B-DNA　　　　　　Z-DNA

图 2-11　DNA 双螺旋的不同构型

（三）DNA 的高级结构

DNA 的高级结构是指 DNA 双螺旋进一步扭曲折叠所形成的特定空间结构，如图 2-12 所示。超螺旋结构是 DNA 高级结构的主要形式，包括正超螺旋和负超螺旋两种类型。当双螺旋 DNA 沿轴扭转的方向与通常双螺旋相同，即双螺旋 DNA 拧紧时，则形成正超螺旋；相反，当双螺旋 DNA 沿轴扭转的方向与通常双螺旋相反，即双螺旋 DNA 松开时则形成负超螺旋。正超螺旋和负超螺旋在不同类型的拓扑异构酶作用下可以相互转变。超螺旋结构在自然界中广泛存在，生物体内一般以负超螺旋结构存在，如全部 DNA 肿瘤病毒、人和其他动物的线粒体的 DNA、细菌质粒、植物的叶绿体 DNA 等，都以超螺旋形成存在。研究表明，DNA 的负螺旋结构与 DNA 的复制、重组及基因表达和调控有关。

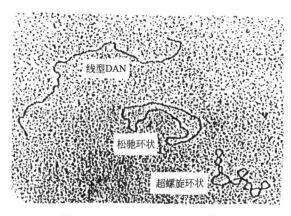

图 2-12　双链 DNA 分子不同构型

二、RNA 的分子结构和性质

（一）RNA 的化学组成

RNA 分子与 DNA 分子非常相似，但在组成和结构上又有不同。首先，在碱基组成上同样有四种，但由尿嘧啶（Uracil，U）替代了胸腺嘧啶，与腺嘌呤进行配对；其次，戊糖种类上由核糖替代了脱氧核糖；还有一个重要的区别就是，大部分 RNA 是以单链形式存在，但可以在局部折叠形成若干双链区域。但一些以 RNA 为遗传物质的病毒含有双链 RNA。

（二）RNA 的种类

RNA 主要分为三类，是细胞质中参与蛋白质合成的三类主要 RNA：信使 RNA（mRNA）、核糖体 RNA（rRNA）和转运 RNA（tRNA）。随着生命科学发展，发现了许多其他的 RNA 分子，如小分子 RNA（small RNA）、反义 RNA、端粒酶 RNA、核酶等，具有重要的调控作用。

1. mRNA

生物的遗传信息主要贮存于 DNA 的碱基序列中，但 DNA 并不直接决定蛋白质的合成。

DNA 贮存于细胞核的染色体上，而蛋白质的合成场所在细胞质中的核糖体上，需要一种中介物质把 DNA 上控制蛋白质合成的遗传信息传递给核糖体。mRNA 起着传递遗传信息的作用，故称为信使 RNA（message RNA）。mRNA 的功能就是把 DNA 上的遗传信息精确无误地转录下来，再由 mRNA 的碱基顺序决定蛋白质的氨基酸顺序，完成基因表达过程中的遗传信息传递过程。mRNA 一般不稳定，代谢活跃，更新迅速，半衰期短。原核生物与真核生物 mRNA 结构不同：首先，真核细胞 mRNA 5′端具有帽子结构，7-甲基鸟嘌呤核苷以 5′-5′三磷酸连接到 mRNA 5′端，并在第一或第二个核苷酸 2 位上甲基化。帽子结构是 mRNA 翻译起始的必要结构，为核糖体对 mRNA 的识别提供了信号，协助核糖体与 mRNA 结合，使翻译从 AUG 开始。帽子结构还可增加 mRNA 的稳定性。其次，原核细胞 mRNA 的 3′端，没有或仅有少于 10 个多聚腺苷酸（Poly A）结构，而真核细胞有 20～200 个腺苷酸。Poly A 结构与 mRNA 稳定性有关。此外，真核细胞前体 mRNA 含有大量非编码序列，约 25%序列剪切加工成为成熟 mRNA 进行翻译。

2. rRNA

rRNA 是组成核糖体的主要成分，与蛋白质结合形成核糖体。rRNA 是细胞中最丰富的一类 RNA，大约占细胞总 RNA 的 80%。rRNA 是单链的，也存在广泛的双链区。在双链区，碱基以氢键相连，表现为发卡式螺旋。原核生物的 rRNA 分三类：5S rRNA、16S rRNA 和 23S rRNA。真核生物的 rRNA 分四类：5S rRNA、5.8S rRNA、18S rRNA 和 28S rRNA。

3. tRNA

氨基酸与 mRNA 的碱基间缺乏特殊的亲和力，需要 tRNA 把氨基酸搬运到核糖体。tRNA 根据 mRNA 的遗传密码，依次准确地将它携带的氨基酸连接起来，形成肽链。tRNA 是细胞内相对分子质量较小的一种核酸，由一条长 70～90 个核苷酸折叠成三叶草形的短链组成，如图 2-13 所示。目前已知的 tRNA 种类在 100 种以上，每种氨基酸可与 1～4 种 tRNA 相结合。

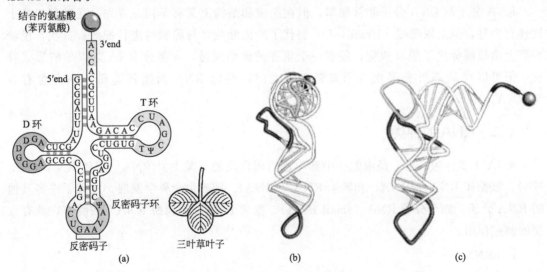

图 2-13　tRNA 的三叶草结构（二级结构）及倒 L 形结构（三级结构）

（三）RNA 的结构

RNA 的一级结构就是 RNA 的碱基排列顺序。RNA 的二级结构是单链 RNA 部分区段发生自身回折，部分 A-U、G-C 碱基配对，形成短的不规则螺旋区，即茎区；不配对区形成发夹环，使 RNA 形成典型的茎环结构或发夹结构，如图 2-14 所示。RNA 的结构较 DNA 复杂得多，不同 RNA 中，双螺旋区所占比例不同。RNA 的二级结构进一步通过氢键和其他二级结构元件间相互作用，形成三级结构，RNA 只有在具有三级结构时才能成为具有活性的分子，如 tRNA 的倒 L 型结构。结构与功能密切相关，不同种类、不同功能的 RNA 具有不同的高级结构，而同类和相同功能的 RNA，其高级结构相同或相似。

图 2-14 RNA 的发卡结构

第四节 遗传物质的复制

一、DNA 的半保留复制

DNA 携带由特定顺序的核苷酸组成的遗传信息，控制着生物体特定的性状并将其遗传信息传递给下一代。沃森和克里克提出 DNA 双螺旋结构模型时就对 DNA 的复制过程进行了假设。由于 DNA 分子两条核苷酸链是互补的，A 只能与 T 配对，G 只能与 C 配对，所以一条链上的核苷酸排列顺序决定了另一条链上的核苷酸排列顺序。也就是说，DNA 分子的每一条链都有合成它的互补链的全部信息。沃森和克里克推测 DNA 在复制的过程中，双链一端碱基间的氢键断开分成两条单链，每条链可分别作为模板合成新的互补链，新合成的链与原来的模板链盘旋在一起，形成新的 DNA 双螺旋结构，这样就逐渐形成了两个新的 DNA 分子，与原来的完全一样。因此，每个子代 DNA 分子的一条链来自亲代 DNA，另一条链则是新合成的，这种复制方式被称为 DNA 的半保留复制（semiconservative replication），如图 2-15 所示。实验证明，无论是原核生物还是真核生物的 DNA，都是以半保留方式复制的。DNA 的这种复制方式经过多代的复制，DNA 多核苷酸链仍能完整地存在于后代中，这种稳定性和 DNA 的遗传功能相符合。

二、复制的起点和方向

通常把生物体的一个复制单位，称为复制子（replicon）。DNA 复制时，在复制位置两条链解开分别进行，呈现叉子的结构，被称为复制叉。大量实验证明，DNA 的复制是从固定的起点开始的。一个复制子只有一个复制起点。复制叉从复制起点开始沿着 DNA 链连续移动，起始点可以启动单向复制或双向复制，这主要取决于在复制起点形成了一个复制叉还是两个复制叉。在单向复制中，在复制起点产生的一个复制叉离开起点，沿 DNA 链移动；在双向复制中，在复制起点产生两个复制叉，并从起点开始沿 DNA 向相反方向等速移动。

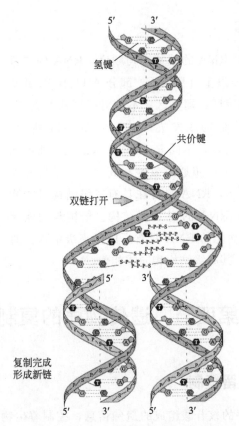

图 2-15　DNA 的半保留复制方式

　　在绝大多数细菌和病毒中，DNA 上只有一个复制起点，控制整条染色体的复制，所以整个染色体就是一个复制子。在真核生物中，每条染色体的 DNA 是多起点的，即每条染色体具有多个复制子，共同控制一条染色体的复制。现发现复制起点是由特殊的 DNA 序列所决定的。如在细菌、酵母、线粒体和叶绿体中鉴定发现，复制起点具有共同的特点是含有丰富的 AT 序列，它可能有利于 DNA 复制启动时双链的解开。

三、原核生物 DNA 复制的特点

1. DNA 双螺旋的解旋

　　DNA 在复制的时候，其两条链解开后形成复制叉，这个过程由多种蛋白质和酶控制。首先，在 DNA 解旋酶（helicase）的作用下，使双链在复制起点处解开。DNA 解旋酶通过水解 ATP 获得解开双链所需的能量。双链一旦局部解开，必须由单链结合蛋白（single-strandbinding protein，SSB 蛋白）来稳定解开的单链，从而保证该局部结构不会恢复成双链。

　　在解旋过程中，由于旋转会在 DNA 复制叉前面形成一种张力导致超螺旋结构的产生。这种张力主要是靠 DNA 拓扑异构酶（DNA topoisometase）的作用消除的。DNA 拓扑异构酶可以将 DNA 双链切开一个口子，使一条链旋转一圈，然后再将其共价相连，从而消除张力。

2. DNA 合成的引发

DNA 双螺旋解开后，在 DNA 聚合酶Ⅲ的催化下开始进行 DNA 的合成。目前已知的 DNA 聚合酶需要 3′羟基才能启动 DNA 合成。在 DNA 合成前，需要特殊的 RNA 聚合酶——DNA 引发酶在 DNA 模板上先合成一段 RNA 链来提供 3′羟基，合成的这段序列被称为引物。引物合成后，在 DNA 聚合酶的作用下合成新的 DNA 链。

3. 冈崎片段与半不连续复制

由于 DNA 双螺旋的两条链是反向平行的，因此在复制叉附近解开的 DNA 链一条是 5′→3′，另一条是 3′→5′。目前已知的 DNA 聚合酶只有 5′→3′的聚合活性，而没有 3′→5′的聚合活性，那么两条链是如何做到同时进行复制的呢？研究发现，两条链中只有一条链的合成是连续的，而另一条是不连续的，但是合成方向都是从 5′→3′进行延伸。现在把连续合成的那条链称为前导链（leading strand），把不连续合成的那条链称为后随链（lagging-strand），如图 2-16 所示。这种不连续复制是由日本学者冈崎（Okazaki）等提出的，因此将后随链上合成的 DNA 不连续单链小片段称为冈崎片段（Okazaki fragment）。

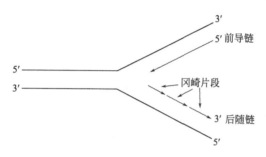

图 2-16　DNA 合成的半不连续性

在前导链上，DNA 引发酶只需在起始点合成一次 RNA 引物，再在 DNA 聚合酶Ⅲ的作用下开始连续的合成；而在后随链上，每个冈崎片段的合成都需要先合成一段 RNA 引物，然后 DNA 聚合酶Ⅲ才能进行 DNA 的合成。合成起始后，RNA 聚合酶Ⅰ利用其 5′-3′端核酸外切酶活性，可以将 RNA 引物切除，同时利用其 5′-3′聚合酶功能，以临近冈崎片段的 3′端自由羟基进行 DNA 的合成，从而将 RNA 引物替换为 DNA 链。最后在 DNA 连接酶（DNA ligase）的作用下将冈崎片段连接起来，形成一条完整的新链。

四、真核生物 DNA 复制的特点

真核生物 DNA 的复制与原核生物 DNA 的复制过程基本相似，但比原核生物更复杂。主要表现在以下几个方面：

首先，真核生物每条染色体上可以有多个复制起点，而原核生物只有一个；真核生物的染色体在完成全部复制之前，各个复制起点上 DNA 的复制不能再开始，而在快速生长的原核生物中，复制起点上可以连续开始新的 DNA 复制。

其次，在真核细胞中，DNA 复制只是细胞周期的一部分，只在 S 期进行，而原核生物则在整个细胞生长过程中都可以进行 DNA 复制。

第三，在原核生物中有三种 DNA 聚合酶，分别为 DNA 聚合酶Ⅰ、DNA 聚合酶Ⅱ、

DNA 聚合酶Ⅲ（表 2-3），并由 DNA 聚合酶Ⅲ同时控制前导链和后随链的合成。真核生物中主要有 α、β、γ、δ 和 ε 五种 DNA 聚合酶（表 2-4）。DNA 聚合酶 α 和 DNA 聚合酶 δ 是主要的 DNA 合成酶。DNA 聚合酶 α 主要负责引物合成，即能起始前导链和后随链的合成。它以复合体的形式存在，具有引发、延伸链的双重功能。DNA 聚合酶 δ 主要负责 DNA 复制，参与前导链和后随链的合成。DNA 聚合酶 β 活性水平稳定，可能在 DNA 修复中起作用，属于高忠实性修复酶。DNA 聚合酶 γ 在线粒体 DNA 的复制中发挥作用。DNA 聚合酶 ε 与后随链合成有关，在 DNA 合成过程中在核苷切除即碱基切除修复中发挥作用。

表 2-3　大肠杆菌三种 DNA 聚合酶的特性

特性	聚合酶Ⅰ	聚合酶Ⅱ	聚合酶Ⅲ
$5' \rightarrow 3'$ 核酸聚合酶	+	+	+
$3' \rightarrow 5'$ 核酸聚合酶	−	−	−
$5' \rightarrow 3'$ 核酸外切酶	+	−	−
$3' \rightarrow 5'$ 核酸外切酶	+	+	+
起始新链合成	−	−	−
细胞内分子数	400	100	10～20
分子量	103000	90000	900000

表 2-4　真核生物 DNA 聚合酶的特性

特性	聚合酶 α	聚合酶 β	聚合酶 γ	聚合酶 δ	聚合酶 ε
功能	DNA 引物合成	损伤修复	线粒体 DNA 复制	DNA 复制酶	复制修复
细胞内内定位	细胞核内	细胞核内	线粒体	细胞核内	细胞核内
$5' \rightarrow 3'$ 外切	−	−	−	−	−
$3' \rightarrow 5'$ 外切	−	−	+	+	+

最后，原核生物染色体大多为环状，而真核生物为线状。真核生物 DNA 复制时，前导链同样可连续复制直到模板链的末端，释放出完整的 DNA 链，而后随链以不连续复制的方式进行。但真核生物新链 5′末端 DNA 无法主动合成，因为在 RNA 引物被切除后，没有 3′自由羟基为 DNA 合成作引物。真核生物通过形成端粒结构和具有反转录酶活性的端粒酶来解决端部的复制问题。端粒酶能够利用自身携带的 RNA 作为模板，以 dNTP 为原料，通过反转录的方式催化合成 5′端 DNA 片段或外加重复单位，以维持端粒的长度，防止染色体的短缺损伤。

第五节　遗传物质的转录

携带遗传信息的 DNA 通过转录生成 mRNA，翻译成蛋白质的过程来控制生命现象。以 DNA 的遗传信息为模板合成 RNA 的过程称为转录。将与 mRNA 序列相同的那条 DNA 链称为编码链（codingstrand）或有义链（sensestrand），而把另一条指导 mRNA 合成的 DNA

链称为模板链（templatestrand）或反义链（antisense strand）。通常把转录后形成一个 RNA 分子的一段 DNA 序列称为一个转录单位（transcriptunit）。在原核生物中一个转录单位通常含有多个基因，而真核生物大多只含有一个基因。无论是原核生物还是真核生物，RNA 转录都具有以下几个特点：①RNA 的合成方向是 $5' \rightarrow 3'$；②以 DNA 双链中的反义链为模板，在 RNA 聚合酶的作用下，以四种核糖核苷酸（A、U、C、G）为原料，根据碱基互补配对原则合成 RNA 链，各核苷酸间以 $3',5'$-磷酸二酯键连接，合成的 RNA 链序列与 DNA 的有义链相同，尿嘧啶替代胸腺嘧啶；③RNA 的合成过程不需要引物的参与。整个转录过程主要包括模板识别、转录起始、转录延伸和转录终止。

一、原核生物 RNA 的转录

1. 模板识别

模板识别（templaterecognition）主要是指 RNA 聚合酶与 DNA 启动子相互结合并相互作用的过程。原核生物中的 RNA 聚合酶首先由两个 α 亚基、一个 β 亚基、一个 β′亚基和一个 ω 亚基组成核心酶，再结合一个 δ 亚基组成 RNA 聚合酶全酶。其中，α 亚基可能与核心酶的组装及启动子识别有关；β 和 β′亚基组成了聚合酶的催化中心；δ 因子负责模板链的选择和转录的起始；ω 亚基的功能目前尚不明确。DNA 启动子（promoter）是基因转录起始所必需的一段 DNA 序列。启动子位于 RNA 转录起始点的上游，RNA 聚合酶中的 δ 因子识别启动子序列，这是转录的第一步。对大肠杆菌启动子序列的研究发现，在转录起始位点上游 10 个和 35 个核苷酸位置有两段保守序列，分别为 TATAAT 和 TTGACA（编码链），被分别称为-10 序列（-10 sequence）和-35 序列（-35 sequence）。绝大部分启动子都存在这两段序列，因此称为共有序列（consensus sequence）。

2. 转录起始

RNA 转录不需要引物的参与，当 RNA 聚合酶结合在启动子区域后，启动子附近的 DNA 双螺旋解开，形成转录泡，为 RNA 合成提供模板，根据碱基互补配对原则形成 RNA 链。转录起始后直到形成 9 个核苷酸短链的过程是通过启动子阶段，此时 RNA 聚合酶一直处于启动子区域，新生 RNA 链与 DNA 模板链的结合并不牢固，很容易从 DNA 模板链上掉下来导致重新起始转录。一旦 RNA 聚合酶成功合成 9 个以上核苷酸，δ 因子释放，在核心酶的催化下，转录进入延伸阶段。

3. 转录延伸

转录延伸（elongation）指 RNA 聚合酶释放 δ 因子后，核心酶沿 DNA 模板链移动并使新生 RNA 链不断伸长的过程。大肠杆菌 RNA 聚合酶一般每秒能合成 50～90 个核苷酸。RNA 聚合酶同时具有解开 DNA 双链，并使其重新闭合的功能。随着 RNA 聚合酶的移动，DNA 双螺旋持续解开，暴露出新的单链 DNA 模板，使 RNA 链的 $3'$ 端不断延伸，在解链区形成 RNA-DNA 杂合物。在完成转录的区域，DNA 模板链又重新与其原先配对的非模板链重新结合成 DNA 双螺旋结构。

4. 转录终止

当 RNA 链延伸到转录终止位点时，RNA 聚合酶不再形成新的磷酸二酯键，RNA-DNA

杂合物分离，转录泡瓦解，DNA 恢复双链状态，RNA 聚合酶和 RNA 链得以释放，转录终止（termination）。

二、真核生物 RNA 的转录特点

真核生物 RNA 转录与原核生物转录过程基本相同，但其过程更复杂，主要有以下几点不同：

（1）真核生物 RNA 转录是在细胞核内进行，转录后的 RNA 须从核内运输到细胞质内，才能指导蛋白质的合成。而原核生物中 RNA 转录和蛋白质合成过程都在细胞质内进行。

（2）除少数较低等真核生物外，真核生物一个 mRNA 分子一般只含有一个基因，编码一条多肽链，而原核生物的一个 mRNA 分子通常含有多个基因。

（3）真核生物中 RNA 聚合酶较多，比原核生物复杂。在原核生物中只有一种 RNA 聚合酶，催化所有 RNA 的合成，而在真核生物中则有 RNA 聚合酶Ⅰ、RNA 聚合酶Ⅱ和RNA 聚合酶Ⅲ三种不同种类的酶，分别催化不同类型 RNA 的合成。RNA 聚合酶Ⅰ存在于细胞核内，其转录产物是 45S rRNA，经剪接修饰后生成除 5S rRNA 以外的所有 rRNA（核糖体 RNA）；RNA 聚合酶Ⅱ在核内转录生成 hnRNA（核内不均一 RNA），经剪接加工后生成 mRNA；RNA 聚合酶Ⅲ的转录产物是 tRNA、5S rRNA 和 snRNA（小核 RNA）。

（4）真核生物 RNA 聚合酶不能独立转录 RNA。原核生物中 RNA 聚合酶可以直接起始转录合成 RNA，真核生物的三种 RNA 聚合酶都必须在蛋白质转录因子（transcription factor，TF）的协助下才能进行转录。此外，真核生物 RNA 聚合酶对转录启动子的识别比原核生物复杂。真核生物中至少存在三个与转录起始有关的 DNA 保守序列，一个是位于转录起始点上游$-30 \sim -25$bp 的共有序列 TATAAAA，称为 TATA 框（TATA box），类似于原核生物中的-10区；还有一个是位于转录起始点上游$-78 \sim -70$bp 的一段共有序列 CCAAT，类似于原核生物中-35区，称为 CCAAT 框（CCAAT box）；第三个区域为增强子（enhancer）区域，增强子是 DNA 上一段可与蛋白质结合的 DNA 区域，其位置可以在转录起始位置的上游，也可以在下游或在基因内，甚至与基因位于不同的染色体上。增强子可以显著提高转录效率。

（5）大多数真核生物的 mRNA 在转录后必须进行加工，才能指导蛋白质的翻译。包括 mRNA 前体 5′端加上 7-甲基鸟嘌呤核苷帽子结构，3′端加上聚腺苷酸（Poly(A)）尾巴，切除内含子序列连接形成成熟 mRNA。

第六节　蛋白质的生物合成

一、遗传密码的破译

（一）遗传密码的发现

DNA 双螺旋发现后，全世界科学家都想到了下一个重大科学问题：遗传信息是如何贮藏在只有简单的碱基差别的 4 种核苷酸中的？mRNA 中只有 4 种核苷酸，而蛋白质中有 20 种氨基酸，核苷酸和氨基酸间的对应关系是怎样的？显然不可能 1 个核苷酸决定 1 个氨基酸。如果 2 个核苷酸决定一个氨基酸，那么核苷酸可能代表的氨基酸种类有 $4^2=16$ 种，显然还是达不到 20 种。假设 3 个核苷酸决定一个氨基酸（三联体），就有 $4^3=64$ 种密码，完全能够满足编码 20 种氨基酸的需要。经过反复研究，克里克等通过实验首次证明密码子由三个核苷酸组成。1961 年，美国的马太（H. Matthaei）与尼伦伯格（M. H. Nirenberg）在无细胞系统环境下，利用一条只由尿嘧啶（U）组成的 RNA 合成了一条只有苯丙氨酸（Phe）组成的多肽，由此破译了首个密码子（UUU→Phe）。直到 1966 年，科拉纳（H. G. Khorana）和尼伦伯格完成了全部遗传密码的破译，在全部 64 个密码子中，61 个密码子负责 20 种氨基酸的翻译，1 个属于起始密码子（AUG），3 个属于终止密码子（UAA、UAG、UGA）（图 2-17）。

第一位5'端	第二位 U	第二位 C	第二位 A	第二位 G	第三位3'端
U	UUU, UUC: Phe UUA, UUG: Leu	UCU, UCC, UCA, UCG: Ser	UAU, UAC: Tyr UAA Stop UAG Stop	UGU, UGC: Cys UGA Stop UGG Trp	U C A G
C	CUU, CUC, CUA, CUG: Leu	CCU, CCC, CCA, CCG: Pro	CAU, CAC: His CAA, CAG: Gln	CGU, CGC, CGA, CGG: Arg	U C A G
A	AUU, AUC, AUA: Ile AUG Met	ACU, ACC, ACA, ACG: Thr	AAU, AAC: Asn AAA, AAG: Lys	AGU, AGC: Ser AGA, AGG: Arg	U C A G
G	GUU, GUC, GUA, GUG: Val	GCU, GCC, GCA, GCG: Ala	GAU, GAC: Asp GAA, GAG: Glu	GGU, GGC, GGA, GGG: Gly	U C A G

图 2-17　遗传密码表

（二）遗传密码的性质

1. 遗传密码的连续性

蛋白质的翻译由起始密码子开始，一个密码子紧接一个密码子连续进行阅读直到遇到终止密码子结束，密码子之间没有间断也没有重叠，即起始密码子决定了所有后续密码子的位置。

2. 遗传密码的简并性

密码子共有 64 种，而氨基酸只有 20 种，所以有多种氨基酸对应多个密码子。这种同一个氨基酸由多种密码子编码的现象称为遗传密码的简并性（degeneracy）。实际上，除了甲硫氨酸（AUG）和色氨酸（UGG）只有一个密码子外，其他氨基酸都对应多个密码子。而对应同一种氨基酸的这些密码子称为同义密码子（synonymous codon）。同义密码子第一、第二位的核苷酸往往是相同的，而第三位核苷酸的改变并不一定影响所编码的氨基酸，这种安排减少了变异对生物的影响。

3. 遗传密码的通用性与特殊性

无论在体内还是体外，无论是病毒、细菌、动物还是植物都共用同一套遗传密码，即遗传密码的通用性。也存在极少数的例外，如在衣原体中终止密码子（UGA）被用来编码色氨酸；在嗜热四膜虫中，终止密码子 UAA 被用来编码谷氨酰胺。一些物种的线粒体 DNA 中也存在一些例外，如终止密码子 UGA 编码色氨酸、甲硫氨酸可由 AUA 编码，体现了遗传密码的一些特殊性。

4. 密码子与反密码子的相互作用

在蛋白质合成过程中，转运 RNA（tRNA）的反密码子是通过碱基的反向配对与 mRNA 中的密码子相互作用的。在密码子与反密码子的配对中，前两对严格遵守碱基互补配对原则，第三对碱基有一定的自由度，因而某些 tRNA 可以识别 1 个以上的密码子。一个 tRNA 能够识别多少个密码子是由反密码子的第一位碱基决定的，反密码子第一位是 A 或 C 时，只能识别 1 种密码子，是 G 或 U 时可以识别 2 种密码子，是 I 时可以识别 3 种密码子。如果有几个密码子同时编码一个氨基酸，凡是第一、第二位碱基不同的密码子都对应于各自独立的 tRNA。

二、蛋白质的生物合成

蛋白质合成是指按照 mRNA 上的密码顺序指导氨基酸单体合成多肽链的过程。翻译过程主要在核糖体中完成，需要 tRNA、氨基酸和多种酶的共同参与，包括翻译的起始、肽链的延伸和翻译的终止三个基本阶段。

1. 翻译的起始

翻译开始时，核糖体小亚基先与 mRNA 的起始密码子（如 AUG）和特定 tRNA 相结合。在原核生物中，这个 tRNA 携带的是甲酰甲硫氨酸（fMet）；在真核生物中，这个 tRNA 携带的是甲硫氨酸（Met）。接下来，核糖体大亚基与小亚基结合，组装形成完整的核糖体。

2. 肽链的延伸

起始过程完成后，起始 tRNA 处于核糖体的 P 位（肽酰 tRNA 结合位），空着的 A 位（氨酰 tRNA 解码位）按照 mRNA 上密码子的顺序确定下一个氨基酸，并由相应的氨酰 tRNA 携带进入 A 位。在转肽酶（peptidyl transferase）的催化下，进入 A 位上的氨基酸氨基与 P 位上氨基酸的羧基形成肽键，原来的 tRNA 脱离并转移到 A 位 tRNA 携带的氨基酰上，P 位的 tRNA 同时移入 E 位（tRNA 释放位），然后离开核糖体。A 位上携带新形成的二肽的 tRNA 转移到已空出的 P 位上，A 位又可以接受下一个氨酰 tRNA 继续多肽链的延伸。

3. 翻译的终止

随着多肽链的延长，当 mRNA 终止密码子进入核糖体的 A 位时，肽链释放因子（release factor，RF）便与 A 位的终止密码子结合，多肽链与 P 位的 tRNA 水解分离，合成的多肽链从核糖体中释放出来，完成多肽链的合成。

三、中心法则及其发展

1958 年，Crick 提出"中心法则"，确立了遗传信息的流动方向，是现代生物学中最重要最基本的规律之一。中心法则（central dogma）指遗传信息从 DNA 传递给 RNA，再从 RNA 传递给蛋白质，即完成遗传信息的转录和翻译的过程。也可以从 DNA 传递给 DNA，即完成 DNA 的复制过程。在某些病毒（如烟草花叶病毒等）中的 RNA 自我复制和在某些病毒（某些致癌病毒）中能以 RNA 为模板逆转录成 DNA 的过程，是对中心法则的补充，如图 2-18 所示。中心法则所阐述的是基因的两个基本属性：复制和表达。关于对这两个属性的分子水平的分析，深入理解遗传及变异的实质具有重要的意义。这一法则被认为是从噬菌体到真核生物的整个生物界共同遵循的规律。

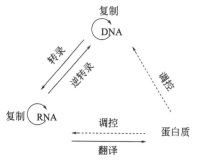

图 2-18 中心法则及其发展

思 考 题

1.名词解释：核小体、半保留复制、冈崎片段、转录、翻译、遗传密码、中心法则

2.染色体的一般外部形态结构包含哪几部分？染色体可以分为哪几种类型？

3.染色体的超微结构都包含哪几部分？

4. DNA 和 RNA 在化学组成上具有哪些不同？

5.简述 DNA 双螺旋的结构及其特点。

6. RNA 都包含哪些种类？功能分别是什么？

7.原核生物和真核生物 DNA 的复制过程有什么不同点？

8.原核生物中 DNA 聚合酶包括哪几种？分别具有什么特点？

9.简述原核生物的转录过程。

10.真核生物的转录过程具有哪些特点？

11.遗传密码具有哪些性质？

第三章 孟德尔遗传定律及其扩展

第一节 孟德尔分离定律

一、一对相对性状的分离现象

孟德尔选取了豌豆（*Pisum sativum*）作为实验材料，选择了 7 对彼此区别明显易于观察的性状进行了杂交试验。所谓性状（character）指的是生物体或其组成部分所表现的形态特征和生理特征。孟德尔把植株性状总体区分为各个单位，称为单位性状（unit character），即生物某一方面的特征特性，如孟德尔选择的 7 个不同的单位性状：豌豆的花色、种子形状、子叶颜色、豆荚形状、豆荚（未成熟的）颜色、花序着生部位和株高。不同生物个体在单位性状上存在不同的表现，这种同一单位性状的相对差异称为相对性状（contrasting character），如豌豆花色有红花和白花、种子形状有圆粒和皱粒、子叶颜色有黄色和绿色等。

孟德尔在进行豌豆杂交试验时，首先只针对一对相对性状的传递情况进行研究，然后再观察多对相对性状的传递情况。这种分析方法是孟德尔获得成功的一个重要原因。以花色试验为代表分析一下孟德尔杂交试验，如图 3-1 所示。在试验中经常用到一些符号，P 表示亲本，♀表示母本，♂表示父本，×表示杂交过程；F_1 表示杂种第一代；⊗表示自交，采用自花授粉方式传粉受精产生后代；F_2 是 F_1 代自交得到的种子及其所发育形成的生物个体称为杂种二代。以此类推，F_3、F_4 分别表示杂种第三代和杂种第四代。

孟德尔以红花亲本作为母本，白花亲本作为父本进行杂交获得杂交子一代 F_1，再将 F_1 代进行自交获得 F_2 代，并对这两代的花色进行了统计。由图 3-1 可见，F_1 的花色全部为红色；F_2 有两种类型的植株，一种开红花，另一种开白花，共计 929 株，其中红花 705 株，白花 224 株，两者的比例接近 3∶1。孟德尔又进行了反交实验，即白花亲本作为母本，红花亲本作为父本进行杂交，如图 3-2 所示。结果显示 F_1 植株的花色仍然全部为红色；F_2 红花植株与白花植株的比例也接近 3∶1。反交试验结果与正交完全一致，表明 F_1、F_2 的性状表现不受亲本组合方式的影响，与哪一个亲本作母本，哪一个作父本无关。

孟德尔在豌豆的其他 6 对相对性状的杂交试验中，都获得了同样的试验结果。通过 7 对相对性状的统计发现两个共同的特点：F_1 代所有植株都只表现其中一个亲本的性状。孟德尔将在 F_1 代表现出来的相对性状称为显性性状（dominant character），如红花、腋生等；而在 F_1 中未表现出来的相对性状称为隐性性状（recessive character），如白花、顶生等。F_2 有两种性状类型的植株，一种表现为显性性状，另一种表现为隐性性状；并且表现显性性状的植株数与隐性性状个体数之比接近 3 : 1。隐性性状在 F_1 中并没有消失，只是被掩盖了，在 F_2 代显性性状和隐性性状都会表现出来，这就是性状分离（character segregation）现象。

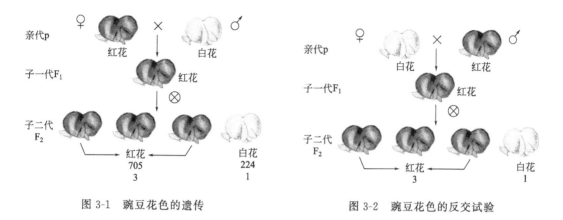

图 3-1　豌豆花色的遗传　　　　　　　图 3-2　豌豆花色的反交试验

二、分离现象的解释

孟德尔对上述 7 个豌豆杂交试验结果，提出了遗传因子的分离假说。

（1）生物性状是由遗传因子（inherited factor）决定，且每对相对性状由一对遗传因子控制（遗传因子现被称为基因）。

（2）显性性状受显性因子（dominant factor）控制，而隐性性状由隐性因子（recessive factor）控制；只要成对遗传因子中有一个显性因子，生物个体就表现显性性状。

（3）遗传因子在体细胞内成对存在，二者分别来自父本和母本，由精卵细胞带入，它们各自独立，互不混杂；在配子中成单存在，配子形成时，成对的遗传因子彼此分离，互不影响，各自进入一个配子中。

（4）杂种 F_1 产生两种含有不同遗传因子的配子，并且数目相等；各种雌雄配子的结合是随机的，即两种遗传因子随机结合到子代中。

随后，孟德尔利用遗传因子假说及分离规律对杂交试验进行解释。以花色杂交试验为例，C 表示显性因子，c 表示隐形因子。如图 3-3 所示，纯系红花亲本只能产生 C 型配子，白色纯系只能产生 c 型配子，两亲本产生的精卵细胞结合，只能产生 Cc 的杂交子一代。由于 C 是显性因子，只要存在生物体就表现显性性状，因此所有 F_1 代都为红花。c 隐性因子也存在于杂交子代个体中，只是并没有表现出来。F_1 代个体进行自交，在形成配子时 C 和 c 随机分离，每个个体产生相同数目的 C 和 c 配子，然后雌雄配子随机结合。结果如图 3-3 方格中所示，F_2 群体按照遗传因子的组合形成三种类型，1/4 个体为 CC，2/4 个体为 Cc，1/4 个体为 cc。其中，1/4CC 和 2/4Cc 都开红花，1/4cc 开白花，所以 F_2 中红花植株与白花植株的比例是 3 : 1。孟德尔的遗传因子假说为他观察到的分离现象提供了一个巧妙而又令人满意的解释。

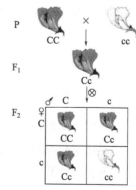

图 3-3　孟德尔对分离现象的解释

三、基因型和表现型

根据遗传因子假说的内容，生物世代间传递的是遗传因子，而不是性状。生物个体的性状由细胞内遗传因子组成决定。因此，对生物个体而言就存在遗传因子组成和性状表现两方面特征。1909 年，约翰逊（W. Johanssen）提出用基因一词（gene）代替遗传因子，则显性因子称为显性基因（dominant gene），即在杂合状态下能表现其表型效应的基因，一般用大写字母表示，如红花基因 C；隐性因子称为隐性基因（recessive gene），即在杂合状态下不能表现其表型效应的基因，用小写字母表示，如白花基因 c。决定生物同一性状的同一基因的不同形式互称为等位基因（alleles），如 C 和 c，并在此基础上形成了基因型和表现型两个概念。基因型（genotype）指生物个体基因组合，表示生物个体的遗传组成，又称遗传型；表现型（phenotype）指生物个体的性状表现，简称表型。基因型决定表型，是生物性状表现的内在决定因素，如一株豌豆的基因型是 CC 或 Cc，则该植株会开红花，而基因型为 cc 的植株才会开白花，但不是唯一因素。表型是基因型与环境条件共同作用下的外在表现，往往可以直接观察、测定，而基因型往往只能根据生物性状表现来进行推断。基因型和表型的概念建立在单位性状上，当谈到基因型和表型时，往往都是针对所研究的一个或几个性状而言，而不考虑其他性状和基因的影响。

从基因组合上来看，像 CC 和 cc 两个基因型，等位基因是一样的，遗传学上将这种具有一对相同基因的基因型称为纯合基因型（homozygous genotype）；具有纯合基因型的生物个体称为纯合体（homozygote），CC 个体为显性纯合体（dominant homozygote），cc 个体为隐性纯合体（recessive homozygote）。将具有一对不同基因的基因型称为杂合基因型（heterozygous genotype），如 Cc；这类生物个体称为杂合体（heterozygote）。由于纯合体与杂合体的基因组成不同，所以它们所产生的配子及自交后代的遗传稳定性有所不同。纯合体只能产生 1 种类型的配子，而杂合体可产生两种。纯合体杂交后仍为纯合体，因而稳定，而杂合体自交后会产生性状分离。

四、分离规律的验证

遗传因子是一个理论的、抽象的概念。当时孟德尔并不知道遗传因子的物质实体是什么，如何实现分离。遗传因子分离行为仅仅是孟德尔基于豌豆 7 对相对性状杂交试验中所观察到的 F_1、F_2 个体表现型及 F_2 性状分离现象作出的假设。为了证明这一假设的正确性，孟德尔采用测交法和自交法进行了验证。

（一）测交法

测交法是指被测验的个体与隐性纯合个体间的杂交，所得的测交子代用 F_t 表示。根据测交子代所出现的表现型种类和比例，可以确定被测个体的基因型。因为隐性纯合体只能产生一种含隐性基因的配子，它们和含有任何基因的某一种配子结合，其子代将只能表现出那一种配子所含基因的表现型。测交子代表现型的种类和比例正好反映了被测个体所产生的配子种类和比例。比如将一株红花豌豆与一株白花豌豆杂交，由于后者只能产生一种含隐性基因 c 的配子，所以如果子代都开红花，说明该株红花豌豆是 CC 纯合体，因为它只能产生含 C 基因的一种配子。如果后代一半为红花，一半为白花，说明该株红花豌豆的基因型为 Cc。

孟德尔用杂种 F_1 与白花亲本进行了杂交，测交一代中表现显性性状的个体与隐性性状的个体的预测比例为 $1:1$。结果在 166 株测交后代中，85 株开红花，81 株开白花，其比例接近 $1:1$。与孟德尔的预测一致，证明分离规律对杂种 F_1 基因型（Cc）及其分离行为的推测是正确的，如图 3-4。

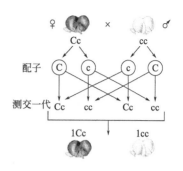

图 3-4　豌豆花色测交试验

（二）自交法

孟德尔也曾继续使用 F_2 植株自交产生 F_3，根据 F_3 的性状表现，证实他所设想的 F_2 基因型。按照他的设想，F_2 的白花植株只能产生白花的 F_3。而在 F_2 的红花植株中，2/3 应该是杂合体，1/3 应该是纯合体，前者自交产生的 F_3 群体就应该又分离为 3/4 的红花植株和 1/4 的白花植株；而后者自交产生的 F_3 群体应该一律开红花。孟德尔将 F_2 代红花植株自交后的种子按单株收获、分装，将各株系分别种植，考察其性状分离情况。100 株 F_2 红花植株自交后，64 株的 F_3 表现为 3/4 的红花植株，1/4 的白花植株；36 株的 F_3 表现为全部红花植株。这两类植株的比例接近 $2:1$。F_2 的白花植株自交只产生白花的 F_3。实际观测结果符合孟德尔的推论，其他 6 对相对性状的 F_2 自交试验也同样证实了他的推论。

五、分离比例实现的条件

根据孟德尔分离定律，由具有一对相对性状的个体杂交产生 F_1，其自交后代分离比为 $3:1$，测交后代分离比为 $1:1$。这些分离比的出现必须满足以下条件：

（1）研究的生物体必须是二倍体（体内染色体成对存在），研究的相对性状差异明显，且显性作用完全，不受其他基因所影响而改变作用方式，即简单的显隐性。

（2）在减数分裂过程中，形成的各种配子数目相等，或接近相等；不同类型的配子具有同等的生活力；受精时各种雌雄配子均能以均等的机会相互自由结合。

（3）受精后不同基因型的合子及由合子发育的个体具有同样或大致同样的存活率。

（4）杂种后代都处于相对一致的条件下，而且实验分析的群体比较大。

这些条件在一般情况下是基本满足的，所以大量试验结果都能符合这个基本的遗传规律。

六、分离规律的意义与应用

（一）分离规律的理论意义

遗传因子假说及基因分离规律对遗传和生物进化研究具有非常重要的理论意义，形成了颗粒遗传的正确遗传观念。融合遗传（blending inheritance）是早期的一种遗传理论，与颗粒遗传（particulate theary of inheritance）相对。融合遗传是 1868 年由达尔文提出的。它主张杂交子代性状是两亲本性状融合后形成的新性状，即子代的性状是亲代性状的平均结果，且杂合后代中没有一定的分离比例。融合遗传方式是杂交后代的性状介于两亲本之间，若杂交后代自交，性状不会分离；若测交介于两者状态之间。分离规律表明体细胞中成对的遗传因子并不相互融合，而是保持相对稳定，且相对独立地传递给后代；父本和母本的性状在后代中会出现分离。它否定了融合遗传观念，确立了颗粒遗传的观念。

指出了区分基因型与表现型的重要性，早期的遗传研究工作在考察生物个体之间的差异时，所考虑的就是可以直接观察到的性状表现型的差异。遗传因子假说指出，生物性状是其遗传因子组成的外在表现。在遗传研究工作中，仅考虑生物的表现型是不适当的，必须对基因型和表现型加以区分，重视表现型与基因型间的关系。

遗传变异是生物间性状差异的根本原因，是生物进化过程中自然选择的基础，也是遗传研究与育种工作的物质基础。分离规律表明生物的变异可能产生于等位基因分离。由于杂合基因的分离，可能会在亲子代之间产生明显的差异，解释了生物变异产生的部分原因。

建立了遗传研究的基本方法，孟德尔所采用的一系列遗传研究和杂交后代观察、资料分析方法，在很长时期内成为遗传研究工作的基本准则。即使今天遗传研究方法得到了极大丰富，从各种方法之中仍可以找到这些基本准则的影子。

（二）在遗传育种工作中的应用

遗传因子假说及分离规律对生物遗传改良工作有重要的指导意义。在杂交育种工作中的应用体现在可以从杂交后代中选择更为优良的个体加以繁殖作为生产品种。在杂交育种中，常常要多代选择和自交，以得到所需基因型纯合类型。对于显性纯合体的选择，选出后连续自交，直至不发生性状分离；对于隐性纯合体的选择，不能根据杂种 F_1 表现取舍，而要将 F_1 继续进行自交，在 F_2 进行选择，选出后可直接利用。

良种繁育及遗传材料繁殖保存的目的之一是使繁殖得到的后代要与亲代遗传组成一致（保纯），保持其优良的生产性能或独特性状的稳定。注意要采用纯合的材料进行繁殖；在繁殖的过程中注意防杂、去杂工作；必要时要采取相应的隔离措施。

在生产中，群体整齐一致才能获得最佳群体生产性能，从遗传上看就是要求各植株基因型相同。在杂交制种过程中应该严格进行亲本去杂工作，保证亲本纯合；进行严格的隔离，防止非父本的花粉参与授粉；由于杂种 F_1 是高度杂合的，因此种子（F_2）会发生性状分离，个体间差异很大；杂交种在生产上不能留种，每年都应该重新配制新的杂交种。

分离规律表明，在配子中基因是成单存在、纯粹的。单倍体育种就是在这个基础上建立起来的。利用植物配子（体）进行离体培养获得单倍体植株；单倍体植株直接加倍可以很快获得纯合稳定的个体。而传统杂交育种工作中，纯合是通过自交实现，往往需要 5～6 代（年）自交才能达到足够的纯合度。单倍体育种技术可以大大地缩短育种工作年限，提高育种工作效率。

第二节　自由组合定律

孟德尔在弄清楚了通过杂交可以使某一特定性状发生分离后，他开始进一步研究两对相对性状的遗传，提出了自由组合定律，揭示了两对及两对以上相对性状（等位基因）在世代传递过程中表现出来的相互关系。

一、两对相对性状的遗传

孟德尔仍以豌豆为材料，选取具有两对相对性状差异的纯合亲本进行杂交。孟德尔的子叶颜色和种子形状这两对相对性状的杂交试验如图 3-5 所示。一个亲本是黄色子叶圆粒的种子，另一亲本为绿色子叶皱粒的种子，其中黄色子叶对绿色子叶为显性；圆粒对皱粒为显性。两亲本杂交后，F_1 中两个性状均只表现显性性状（黄色子叶圆粒），用 F_1 代进行自交，F_2 得到的 556 粒种子中出现四种表现型，其中两种为亲本类型，另两种为重新组合类型，比例接近 $9 : 3 : 3 : 1$。

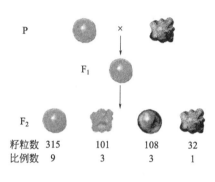

图 3-5　豌豆两对相对性状的杂交试验

如果对每对相对性状分别分析，黄色：绿色＝$(315+101) : (108+32) = 416 : 140 \approx 3 : 1$，圆粒：皱粒＝$(315+108) : (101+32) = 423 : 133 \approx 3 : 1$，每一对性状仍然符合 $3 : 1$ 的性状分离比。说明这两对相对性状的遗传，分别是由两对遗传因子控制着，其传递方式依然符合分离规律，二者在遗传上是彼此独立的。如果把这两对相对性状联系在一起进行考虑，F_2 表现型的分离比，应该是它们各自 F_2 表现型分离比（$3 : 1$）的乘积，即黄色圆粒种子出现的概率为 $3/4 \times 3/4 = 9/16$，绿色圆粒种子出现的概率为 $3/4 \times 1/4 = 3/16$，黄色皱粒种子出现的概率为 $1/4 \times 3/4 = 3/16$，绿色皱粒种子出现的概率为 $1/4 \times 1/4 = 1/16$。因此，F_2 四种表现型的比例等于 $9 : 3 : 3 : 1$。这也表明子叶颜色和种子形状彼此独立地传递给子代，两对相对性状在从 F_1 传递给 F_2 时是自由组合的。

二、自由组合现象的解释

针对上述遗传现象，又该如何解释呢？孟德尔根据上述杂交试验的结果，提出了不同对遗传因子在形成配子中是自由组合的理论，即自由组合定律或独立分配定律，又称为孟德尔第二遗传定律。自由组合定律的基本要点是：控制不同性状的两对基因在杂合状态时独立遗传，互不混合，形成配子时，同一对基因各自独立分离，不同对基因则自由组合。自由组合定律的实质是控制两对性状的两对等位基因，分布在不同的同源染色体上；在减数分裂时，每对同源染色体上等位基因发生分离，而位于非同源染色体上的基因，可以自由组合。

在上述杂交试验中，用 Y 和 y 分别代表控制子叶颜色黄色和绿色的一对基因，R 和 r 分别代表控制种子性状圆粒和皱粒的一对基因，则黄色圆粒亲本的基因型为 YYRR，绿色皱粒亲本的基因型为 yyrr。F_1 的基因型为 YyRr，可以形成 YR、Yr、yR、yr 这 4 种配子，比例为 1∶1∶1∶1，其中 YR 和 yr 是亲本类型的配子，Yr 和 yR 是重组类型的配子。F_2 中产生了 16 种组合，9 种基因型，显性完全的情况下有 4 种表现型，比例为 9∶3∶3∶1（表 3-1），与孟德尔杂交试验结果是一致的。

表 3-1　豌豆黄色、圆粒×绿色、皱粒 F_2 基因型和表现型的比例

表现型	基因型	基因型比例	表现型比例
黄色圆粒	YYRR YyRR YYRr YrRr	1 2 2 4	9
黄色皱粒	YYrr Yyrr	1 2	3
绿色圆粒	yyRR yyRr	1 2	3
绿色皱粒	yyrr	1	1

三、自由组合规律的验证

（一）测交法

孟德尔用 F_1（YyRr）与双隐性纯合体（yyrr）进行测交，验证两对基因的自由组合规律。当 F_1 形成配子时，如果成对的遗传因子彼此分离，非成对的遗传因子自由组合，雌配子或雄配子都有 YR、Yr、yR、yr 四种配子，比例为 1∶1∶1∶1；yyrr 亲本只产生一种配子 yr。测交后代产生四种表型，比例为 1∶1∶1∶1，如图 3-6 所示。孟德尔得到的测交试验结果完全符合理论期望（表 3-2）。

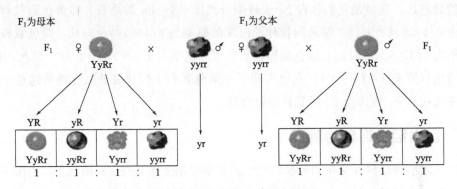

图 3-6　两对相对性状的测交试验

表 3-2　豌豆黄色、圆粒×绿色、皱粒的 F_1 和双隐性亲本测交结果

孟德尔理论期望	基因型	YyRr	yyRr	Yyrr	yyrr
	表现型	黄色圆粒	绿色圆粒	黄色皱粒	绿色皱粒
	表现型	1	1	1	1
孟德尔的实际	F_1 为母	31	26	27	26
	F_1 为父	24	25	22	26

（二）自交法

孟德尔同样采用自交法进行自由组合定律的验证。他推测 4 种纯合的 F_2 植株（YYRR、yyRR、YYrr 和 yyrr）进行自交产生的 F_3 种子，不会发生性状分离，这类植株在整个 F_2 群体中各占 1/16；4 种由一对基因杂合的植株（YyRR、YYRr、Yyrr、yyRr）自交产生的 F_3 种子，一对性状是稳定的，另一对性状将发生 3：1 的性状分离，这类植株在整个 F_2 群体中各占 2/16；由两对基因都是杂合的植株（YrRr）自交产生的 F_3 种子，将会发生 9：3：3：1 的性状分离，这类植株在整个 F_2 群体中占 4/16。随后，孟德尔对 F_2 进行了自交，结果如下：

　　　　　F_2　　　　　　　　F_3
　　38 株(1/16)YYRR→全部为黄圆,没有分离
　　35 株(1/16)yyRR→全部为绿圆,没有分离
　　28 株(1/16)YYrr→全部为黄皱,没有分离
　　30 株(1/16)yyrr→全部为绿皱,没有分离
　　65 株(2/16)YyRR→全部为圆粒,子叶颜色分离 3 黄：1 绿
　　68 株(2/16)Yyrr→全部为皱粒,子叶颜色分离 3 黄：1 绿
　　60 株(2/16)YYRr→全部为黄色,籽粒形状分离 3 圆：1 皱
　　67 株(2/16)yyRr→全部为绿色,籽粒形状分离 3 圆：1 皱
　138 株(4/16)YyRr→分离 9 黄圆：3 黄皱：3 绿圆：1 绿皱

孟德尔所作的试验结果，完全符合预定的推论。从 F_2 群体基因型的鉴定，也证明了自由组合规律的正确性。

四、多对相对性状的遗传

根据自由组合规律的细胞学基础，非等位基因的自由组合实质是非同源染色体在减数分裂中的自由组合；只要决定各对性状的各对基因分别位于非同源染色体上，性状间就必然符合自由组合规律。以黄色、圆粒、红花植株和绿色、皱粒、白花植株杂交为例，F_1 为黄色、圆粒、红花杂合体。F_1 中的 3 对杂合基因分别位于 3 对染色体上，减数分裂过程中，这三对染色体间有 $2^3 = 8$ 种可能的组合方式，因此可以产生 8 种雌雄配子，即 YRC、YRc、YrC、Yrc、yRC、yRc、yrC 和 yrc，并且各种类型的配子数目相等。由于各种雌雄配子间的结合是随机的，F_2 将产生 64 种组合，27 种基因型，8 种表型，如表 3-3 所示。

表 3-3　豌豆黄色、圆粒、红花×绿色、皱粒、白花 F_2 基因型和表现型的比例

表现型	基因型	基因型比例	表现型比例
黄色 圆粒 红花	YYRRCC	1	27
	YyRRCC	2	
	YYRrCC	2	
	YYRRCc	2	
	YrRrCC	4	
	YyRRCc	4	
	YYRrCc	4	
	YrRrCc	8	

表现型	基因型	基因型比例	表现型比例
黄色 皱粒 红花	YYrrCC YyrrCC YYrrCc YyrrCc	1 2 2 4	9
绿色 圆粒 红花	yyRRCC yyRrCC yyRRCc yyRrCc	1 2 2 4	9
黄色 圆粒 白花	YYRRcc YrRRcc YYRrcc YyRrcc	1 2 2 4	9
绿色 皱粒 红花	yyrrCC yyrrCc	1 2	3
黄色 皱粒 白花	YYrrcc Yyrrcc	1 2	3
绿色 圆粒 白花	yyRRcc yyRrcc	1 2	3
绿色 皱粒 白花	Yyrrcc	1	1

在完全显性情况下，一对基因 F_2 代的分离，表现型种类为 2^1，显性性状与隐性性状的比例为 $(3:1)^1$，基因型种类为 3^1；两对基因 F_2 代的分离，表现型种类为 2^2，显性性状与隐性性状的比例为 $(3:1)^2$，基因型种类为 3^2；三对基因 F_2 代的分离，表现型种类为 2^3，显性性状与隐性性状的比例为 $(3:1)^3$，基因型种类为 3^3。以此类推，n 对相对性状的遗传符合表 3-4 的规律。

表 3-4　多对基因杂交的遗传分析

杂种杂合 基因对数	显性完全时 F_2 显现型种类	F_1 形成的 不同配子种类	F_2 代基 因型种类	F_1 产生的雌雄 配子的可能组合数	F_2 代表 现型分离比
1	2	2	3	4	$(3:1)^1$
2	4	4	9	16	$(3:1)^2$
3	8	8	27	64	$(3:1)^3$
4	16	16	81	256	$(3:1)^4$
5	32	32	243	1024	$(3:1)^5$
…	…	…	…	…	…
n	2^n	2^n	3^n	4^n	$(3:1)^n$

五、自由组合规律的意义与应用

自由组合规律的理论意义：首先，揭示了位于非同源染色体上基因间的遗传关系，互相独立，互不干扰；其次，解释了生物性状变异产生的另一个重要原因——非等位基因间的自由组合。在完全显性时，n 对染色体的生物可能产生 2^n 种配子。通过前面的孟德尔的杂交试验我们可以看到，F_1 杂交后，在 F_2 出现了不同于亲本表型的重新组合新类型。

根据自由组合定律，在实际遗传育种中，可以通过有目的地选择、选配杂交亲本，通过杂交育种将多个亲本的目标性状集合到一个品种中；或者对受多对基因控制的性状进行育种选择。例如，小麦品种 A 抗霜不抗锈，小麦品种 B 抗锈不抗霜。其中，抗霜（A）对不抗霜（a）为显性，抗锈（B）对不抗锈（b）为显性。通过小麦品种 A 与小麦品种 B 的杂交可以将两个有利性状集中在一个个体上，获得既抗霜又抗锈的个体，通过多代选择获得遗传稳定的纯合抗霜抗锈新品种。此外，还可以预测杂交后代分离群体的基因型、表现型结构，确定适当的杂种后代群体种植规模，提高育种效率。

第三节 遗传学数据的统计分析

孟德尔之所以能够提出两大遗传定律，最重要的一步是对植株后代进行了归类记载和描述统计。但在试验中发现后代个体较多时，分离比才会与理论比接近，而个体较少时常常出现波动。包括后来的研究者，在实验中也经常遇到这样的问题。后来，遗传学家发现概率论和统计学方法可解决这个问题。在实际实验中造成实验结果与真实结果差异即试验误差主要来自两个方面，即随机误差和系统误差。系统误差是分析过程中某些固定的原因引起的一类误差，比如测量工具不够精确，出现损耗或者研究方法的一些缺陷等，具有重复性、单向性、可测性，重复测定会重复出现，误差值具有一定的规律性，可通过一定的方法进行校正。随机误差，也叫偶然误差，是分析过程中种种不稳定随机因素引起的，无法测量或校正。但通过增加测量次数可以减小随机误差。因为随机误差是随机的，当次数足够多的时候就可以抵消。本节中的概率定理及二项式公式等统计方法是先进行一个理论比例的推算，然后用卡方检验来测定实际结果是否与理论值相符合。

一、概率原理与应用

（一）概率（probability）

概率指一定事件总体中某一事件发生的可能性。例如杂种 F_1（Cc）产生的配子中，带有显性基因 C 和隐性基因 c 的概率均为 50%。在遗传研究时，可以采用概率及概率原理对各个世代尤其是分离世代的表现型或基因型种类和比率（各种类型出现的概率）进行计算，分析、判断该比率的真实性与可靠性，进而研究其遗传规律。

（二）概率基本定理

1. 加法定理

两个互斥事件同时发生的概率是各个事件各自发生的概率之和：$P(A+B)=P(A)+P(B)$。互斥事件是指在一次试验中，某一事件出现，另一事件即被排斥。比如杂种 $F_1(Cc)$ 自交 F_2 基因型为 CC 与 Cc 是互斥事件，两者的概率分别为 1/4 和 2/4，因此 F_2 表现为显性性状的概率为两者概率之和，即基因型为 CC 或 Cc。

2. 乘法定理

两个独立事件同时发生的概率等于各个事件发生的概率的乘积：$P(AB)=P(A)\times P(B)$。独立事件是指两个或两个以上互不影响的事件。例如双杂合体（YyRr）中，Yy 的分离与 Rr 的分离是相互独立的，在 F_1 的配子中，具有 Y 的概率是 1/2，y 的概率也是 1/2；具有 R 的概率是 1/2，r 的概率是 1/2；而同时具有 Y 和 R 的概率是两个独立事件（具有 Y 和 R）概率的乘积：$1/2\times 1/2=1/4$。根据分离规律，$F_1(YyRr)$ 自交得到的 F_2 代中，子叶色呈黄色的概率为 3/4，绿色的概率为 1/4；种子形态圆粒的概率为 3/4，皱粒的概率为 1/4。因此根据乘法定理，F_2 中黄色圆粒出现的概率为 $3/4\times 3/4=9/16$；黄色皱粒出现的概率为 $3/4\times 1/4=3/16$；绿色圆粒出现的概率为 $1/4\times 3/4=3/16$；绿色皱粒出现的概率为 $1/4\times 1/4=1/16$。

二、二项式展开式与应用

当推测后代某一种基因型或表型的概率时，尤其是性状较多时，像棋盘法和分支法等就会比较繁琐，而利用二项式公式，可以使其变得简单。

（一）二项式公式与通式

二项式公式用于分析两对立事件（非此即彼）在多次试验中每种事件组合发生的概率，即可以得到所有可能出现的情况的概率。

设 A、B 为对立事件，$P(A)=p,P(B)=q$，$p+q=1$；n 为总事件数即总实验数；r 为在 n 次事件中 A 事件出现的次数；$n-r$ 则是在 n 次事件中 B 事件出现的次数。二项式的公式为：

$$(p+q)^n=p^n+np^{n-1}q+\frac{n(n-1)}{2!}p^{n-2}q^2+\cdots+\frac{n!}{r!\,(n-r)!}p^rq^{n-r}+\cdots+q^n$$

当 n 比较大时，二项式公式展开式过长，为了方便，当仅推断其中某一项事件出现的概率，可以用二项式通式进行计算，如下所示：

$$\frac{n!}{r!\,(n-r)!}p^rq^{n-r}$$

（二）推测杂种自交后代群体（F_2）的基因型结构

以两对基因杂合体（YyRr）自交为例，分析其自交后代群体基因型结构时，A 事件为

一个 F_2 中出现显性基因（Y 或 R），$P(A)=p=1/2$；B 事件为一个 F_2 中出现隐性基因（y 或 r），$P(B)=q=1/2$；$n=4$ 为基因个数。则代入二项式展开为：

$$(p+q)^n = \left(\frac{1}{2}+\frac{1}{2}\right)^4$$

$$= \left(\frac{1}{2}\right)^4 + 4\left(\frac{1}{2}\right)^4\left(\frac{1}{2}\right) + \frac{4\times3}{2!}\left(\frac{1}{2}\right)^2\left(\frac{1}{2}\right)^2 + \frac{4\times3\times2}{3!}\left(\frac{1}{2}\right)\left(\frac{1}{2}\right)^3 + \left(\frac{1}{2}\right)^4$$

$$= \frac{1}{16}+\frac{4}{16}+\frac{6}{16}+\frac{4}{16}+\frac{1}{16}$$

这样计算所得的各项概率分别表示：4 个基因全部是显性的概率为 1/16，3 个显性 1 个隐性基因的概率为 4/16，2 个显性 2 个隐性基因的概率为 6/16，1 个显性 3 个隐性基因的概率为 4/16，4 个全部是隐性的概率为 1/16。

如果只需推算 F_2 中 3 个显性 1 个隐性基因的概率，即 $n=4$，$r=3$，$n-r=1$，则可通过二项式通式直接进行计算，如下所示：

$$\frac{n!}{r!\,(n-r)!}p^r q^{n-r} = \frac{4!}{3!\,(4-3)!}\left(\frac{1}{2}\right)^3\left(\frac{1}{2}\right) = \frac{4\times3\times2\times1}{3\times2\times1\times1}\left(\frac{1}{8}\right)\left(\frac{1}{2}\right) = \frac{4}{16}$$

（三）推测杂种自交后代群体（F_2）的表现型结构

以两对基因杂合体（YyRr）自交为例，分析其自交后代群体表现型结构时，A 事件：F_2 表现为显性（黄子叶或圆粒），$P(A)=p=3/4$；B 事件：F_2 表现为隐性（绿子叶或皱粒），$P(B)=q=1/4$；$n=2$ 为相对性状（杂合基因）对数。则代入二项式展开为：

$$(p+q)^n = \left(\frac{3}{4}+\frac{1}{4}\right)^2 = \left(\frac{3}{4}\right)^2 + 2\left(\frac{3}{4}\right)\left(\frac{1}{4}\right) + \left(\frac{1}{4}\right)^2 = \frac{9}{16}+\frac{6}{16}+\frac{1}{16}$$

这样计算所得的各项概率分别表示：具有两个显性性状的概率为 9/16，具有一个显性、一个隐性性状的概率为 6/16，两个性状均为隐性性状的概率为 1/16，即表现型的分离比为 9：3：3：1。

同理，当有三对基因杂合体（YyRrCc）自交时，分析其自交后代群体表现型结构时，A 事件：F_2 表现为显性（黄子叶、圆粒或红花），$P(A)=p=3/4$；B 事件：F_2 表现为隐性（绿子叶、皱粒或白花），$P(B)=q=1/4$；n=3 为相对性状（杂合基因）对数。同样代入二项式公式，可以得到三个性状均为显性：两个显性一个隐性：一个显性两个隐性：三个均为隐性=27：27：9：1 的表现型结构。

（四）推测测交后代群体（Ft）的表现型结构

以两对基因杂合体（YyRr）测交为例，分析其测交后代群体表现型结构时，A 事件：Ft 表现为显性（黄子叶或圆粒），$P(A)=p=1/2$；B 事件：Ft 表现为隐性（绿子叶或皱粒），$P(B)=q=1/2$；$n=2$ 为相对性状对数。则代入二项式展开为：

$$(p+q)^n = \left(\frac{1}{2}+\frac{1}{2}\right)^2 = \left(\frac{1}{2}\right)^2 + 2\left(\frac{1}{2}\right)\left(\frac{1}{2}\right) + \left(\frac{1}{2}\right)^2 = \frac{1}{4}+\frac{2}{4}+\frac{1}{4}$$

计算所得的各项概率分别表示：2 个显性性状的概率为 1/4；1 个显性、1 个隐性性状的概率为 2/4；2 个隐性性状的概率为 1/4。

三、χ^2 测验及应用

由于各种因素的干扰，遗传学实验实际获得的各项数值与其理论上按概率估算的期望数值常有一定的偏差。判断两者之间出现的偏差属于实验误差造成，还是真实的差异？可通过 χ^2 测验进行判断。

χ^2 检验是测定实测值与理论值间符合程度的一种统计方法。对于计数资料，先做无效假设，然后计算衡量差异大小的统计量 χ^2，再根据 χ^2 值表查知其概率大小，判断假设是否成立，从而判断偏差的性质。

进行 χ^2 测验时可利用以下公式，即：

$$\chi^2 = \sum \frac{(O-E)^2}{E}$$

O 是实测值（observed values），E 是理论值（expected values），$\sum$（sigma）是总和的符号。

按公式计算获得 χ^2 值后，即可查询 χ^2 数值表，如表 3-5 所示。这里还需要掌握几个参数：临界概率值 α 为 0.05 或 0.01，遗传学中常用 0.05；自由度 $df = k-1$，k 为类型数，遗传学中 df 为子代分离类型数目减 1，如子代表现为 1:1 或 3:1，则 $k=2$，自由度是 1；若子代表现为 9:3:3:1，则 $k=4$，自由度为 3。从表中查得 χ^2 对应概率值 $P(\chi^2)$，当 $P(\chi^2) > 0.05$ 时，结果与理论数无显著差异，实得值符合理论值，反之不符合；或者将 χ^2 值直接与临界概率的 χ^2 值进行比较，当 $\chi^2 < \chi^2_{0.05,k-1}$ 时，说明差异不显著（符合理论比例）；反之说明观测值与理论值差异显著（不符合理论比例）。

表 3-5　χ^2 表（部分）

df	P						
	0.99	0.95	0.50	0.10	0.05	0.02	0.01
1	0.00016	0.0039	0.15	2.71	3.84	5.41	6.64
2	0.0201	0.103	1.39	4.61	5.99	7.82	9.21
3	0.115	0.352	2.37	6.25	7.82	9.84	11.35
4	0.297	0.711	3.36	7.78	9.49	11.67	13.28
5	0.554	1.145	4.35	9.24	11.07	13.39	15.09
10	2.558	3.940	9.34	15.99	18.31	21.16	23.21

例如，用 χ^2 测验检验孟德尔两对相对性状的杂交试验结果，如表 3-6 所示，通过计算获得 $\chi^2 = 0.47$，自由度为 3，查 χ^2 表可知 P 值的范围为 0.90~0.95，远远大于临界概率值 0.05，说明差异不显著，因而样本的表现型比例符合 9:3:3:1。

表 3-6　孟德尔两对基因杂种自交结果的 χ^2 测验

	黄色圆粒	绿色圆粒	黄色皱粒	绿色皱粒
实测值（O）	315	108	101	32
理论值（E）	312.75	104.25	104.25	34.75
（O-E）	2.25	3.75	-3.25	-2.75

续表

	黄色圆粒	绿色圆粒	黄色皱粒	绿色皱粒
$(O\text{-}E)^2$	5.06	14.06	10.56	7.56
$\dfrac{(O-E)^2}{E}$	0.016	0.135	0.101	0.218
$\chi^2=\sum\dfrac{(O-E)^2}{E}$	$\chi^2=0.016+0.135+0.101+0.218=0.47$			

第四节　孟德尔遗传定律的扩展

1900 年，孟德尔定律被重新发现后，许多学者发现许多不同的遗传现象，利用不同的材料，从不同角度探讨了遗传学的各种问题，他们的研究不但对孟德尔定律进行了验证和巩固，并对其进行了补充和发展，促进了遗传学的发展。

一、环境的影响和基因表型效应

（一）环境与基因作用的关系

生物体必须在一定的环境条件下生长、发育和生存。生物性状的表现，不只受基因的控制，也受环境的影响，基因型是内因，环境条件是外因，任何性状的表现都是基因型和内外环境条件相互作用的结果。例如，玉米中的隐性基因 a 使叶内不能形成叶绿体，造成白化苗，显性等位基因 A 是叶绿体形成的必要条件。在有光条件下，AA、Aa 个体都表现绿色，aa 个体表现白色；而在无光照条件下，无论 AA、Aa 还是 aa 都表现白色。这说明叶绿体的形成，不仅受基因型的控制，还受环境的影响。一方面，在同一环境条件下，基因型不同可产生不同的表型；另一方面，同一基因型个体在不同条件下也可发育成不同的表型。

（二）性状的多基因决定

在很多情况下，基因与性状之间不是一一对应的关系，是多对多的关系。许多基因影响同一个性状的发育，称为多因一效。例如：玉米胚乳的颜色由 A_1a_1，A_2a_2，Cc，Rr 和 P_rp_r 五对基因控制，A_1 和 a_1、A_2 和 a_2 决定花青素有无，C 和 c 决定糊粉层颜色有无，R 和 r 决定糊粉层和植株颜色有无。当显性基因 $A_1A_2CRP_r$ 都存在时为紫色，A_1A_2CR 存在而 P_r 不存在时为红色，那么可以认为胚乳的紫色和红色由 P_r 和 p_r 决定，但如果 A_1、A_2、C、R 这四个显性基因都不在了，仅有 P_r，胚乳则是无色的。图 3-7 解释了上述例子中出现这种现

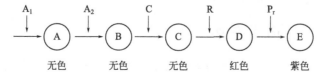

图 3-7　多因一效现象产生的机理

象的机理：这个图说明了产生胚乳颜色所需的一系列化合物的产生过程，即由 A 物质转变成 B 物质，由 B 物质转变成 C 物质等，A，B，C 这三种物质是无色的，D 是红色的，而 E 是紫色的。

性状由多基因决定，当其他基因都相同的情况下，两个个体之间某一性状的差异由一对基因的差异决定。在写某一性状的基因型时，不可能把所有基因全部写出来，也没必要，只要写出与分离比有关的那些基因就可以了。

（三）基因的多效性

一个基因可以影响多个表型性状，单个基因的多方面表型效应称为基因的一因多效。事实上，几乎所有的基因的表型效应都不是单一的。因为生物体发育中各种生理生化过程都是相互联系、相互制约的，而基因通过生理生化过程影响性状，所以基因的作用必然是相互联系和制约的。这样，一个基因必然影响若干性状，只是程度不同而已。例如：孟德尔在杂交试验中发现，开红花的植株同时结灰色种皮的种子，叶腋上有黑斑；开白花的植株结淡色种子，叶腋上无黑斑。说明决定花色的基因，不仅决定花的颜色，还影响种皮颜色和黑斑有无。

（四）基因表达的变异

生物的表型是基因型和环境条件共同影响结果，基因作用的表现离不开内、外环境的影响。某一特定基因型所规定的表型往往会受到特定基因与其他基因的相互关系或修饰基因的影响，以及生物性别、年龄和外部环境（如温度、营养等条件）的影响，造成个体不表现预期的表型，出现表现程度的不同。具有相同基因型个体之间基因表达的变化程度称为表现度（expressivity）。同一基因型的个体在不同的遗传背景和环境因素的影响下，基因的表型效应往往不一致。将某一定基因型的个体在特定的环境中形成预期表型的比例，称为外显率（penetrance）。外显率的范围为 0～100%，当外显率等于 100% 时，表示完全外显；当外显率小于 100%，表示不完全外显。例如：果蝇的间断翅脉基因 i（interrupted wing vein）的外显率只有 90%，即基因型为 ii 的个体只有 90% 表现间断翅脉，另外 10% 则表现为正常。

（五）表型模拟

由外部环境引起的表型变化，有一种较为特殊的情况叫作表型模拟（phenocopy），是指环境所诱导的表型类似于基因型所产生的表型，但是不能遗传，这种现象称为拟模型或表型模拟。例如，手心综合征（Holt-Oramsyndrome，HOS）是一种隐性遗传病，主要表现为先天性上肢和心脏畸形，孕妇服用一种安眠药"反应停"（thalidomide），胎儿症状与隐性遗传病 HOS 类似，但是不会影响下一代。

二、等位基因间的相互作用

等位基因之间的相互作用是基本的基因间相互作用，主要表现为显隐性作用关系，可分为：完全显性、不完全显性、并显性、镶嵌显性、致死基因等。

（一）完全显性（complete dominance）

完全显性指杂合体（Aa）与显性纯合体（AA）的表型完全相同，无法区分，杂合体体内虽然有两个不同的基因，但是只有显性基因的表型效应得以完全表现，隐性基因的作用则被完全掩盖。孟德尔所研究过的豌豆的 7 对相对性状中，显性基因都是完全显性基因。

（二）不完全显性（incomplete dominance）

不完全显性指杂合体（Aa）的表型是显性纯合体（AA）和隐性纯合体的中间型，杂合子达不到显性纯合子程度，也就是显性作用不完全，不能完全掩盖隐性基因的作用。紫茉莉（*Mirabilis jalapa*）的花色遗传，红花亲本（cc）和白花亲本（cc）杂交，F_1（Cc）是介于两个亲本之间的粉色。F_2 群体的基因型分离为 CC：Cc：cc＝1：2：1，表现型分离为红花：粉化：白花＝1：2：1，可见在不完全显性时，表现型和基因型是一致的。

（三）共显性（codominance）

共显性也称为并显性，是指双亲的性状同时在 F_1 代个体上表现出来的遗传现象，杂合子兼有"显性"纯合体和"隐性"纯合体的特征，无显隐性之分。例如人镰刀形贫血病的遗传，正常人的红细胞形状呈蝶形，镰刀形贫血病患者的红细胞呈镰刀形。镰刀形贫血病患者与正常人结婚所生的子女中，其红细胞既有蝶形，又有镰刀形，这就是共显性的表现。

（四）镶嵌显性（mosaic dominance）

镶嵌显性是一种特殊的共显性现象。一个等位基因影响身体的一部分，另一个等位基因影响身体另一部分，而杂合体两部分同时受到影响。如图 3-8 所示，异色瓢虫（*Harmonia axyridis*）鞘翅色斑的遗传，这是由我国遗传学家谈家桢教授于 1946 年发现的。Sau 纯合型是在翅膀前侧出现黑色，而 Se 纯合是在后部出现黑色，杂交后代则在前侧后侧都出现黑色。并且自交后符合孟德尔分离比，出现三种表型 1：2：1。此外，显性作用类型之间往往没有严格的界限，只是根据对性状表现的观察和分析进行的一种划分，因而显隐性关系是相对的。观察和分析的水平不同或者分析角度不同，相对性状间可能表现不同显隐性关系。例

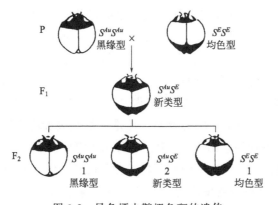

图 3-8　异色瓢虫鞘翅色斑的遗传

如，镰刀形贫血病的遗传，从红细胞形状上看，镰刀形贫血病属于共显性遗传；从病症表现上来看，又可认为镰刀形贫血病是不完全显性（表现为两种纯合体的中间类型），基因型纯合的贫血患者经常性表现为贫血，杂合体在一般情况下表现正常，而在缺氧的条件下会表现为贫血。

三、致死基因（lethal gene）

致死基因是指能使携带者个体不能存活的等位基因。根据致死基因的不同表现，可以分为：

（1）隐性致死（recessive lethal）基因　在杂合时不影响个体的生活力，但在纯合时有致死效应的基因。如植物白化基因、人类镰刀型贫血症基因、侏儒症基因等都是隐性致死基因。

（2）显性致死（dominant lethal）基因　杂合状态即可表现致死作用的基因，AA 和 Aa 都致死。如人类视网膜母细胞瘤是一种显性致死性遗传病，由显性基因 Rb 引起，常在幼年发病，肿瘤长入单侧或双侧眼内玻璃体，晚期向眼外蔓延，最后向全身转移而死亡。

（3）根据致死作用发生在个体发育的阶段，还可将致死基因分为：配子致死（gametic lethal），即在配子时期致死；合子致死（zygotic lethal），即在胚胎期或成体阶段致死。

（4）条件致死基因（conditional lethal）　基因的致死效应与个体所处的环境有关，有的基因在任何环境都是致死的，有的基因则在一定的环境条件下表现致死作用。例如：T_4 噬菌体温度敏感致死基因，25℃可以存活，但 42℃不能存活。

（5）亚致死现象（partial lethality）　由于个体所处的生活环境不同，或者个体的遗传背景不同，而导致致死基因的致死效应在 0～100％间变动的现象。导致杂交试验中观察到的分离比与预期有一定的偏差。

四、复等位基因（mulitple allele）

生物个体内的基因是成对存在的，但是在生物群体中，等位基因并非总是只有一对，一个基因可以有很多种等位形式。复等位基因是指群体中位于同一同源染色体同一位点的两个以上的、决定同一性状的基因。在一个正常二倍体的细胞中，在同源染色体的相同位点上只能存在一组复等位基因中的两个成员，只有在群体中不同个体之间才有可能在同源染色体的相同位点上出现三个或三个以上的成员。

在复等位基因方面，最值得注意的例子就是人的 ABO 血型遗传。人类血型有 A、B、AB、O 四种类型，由 I^A、I^B 和 i 三个复等位基因决定着红细胞表面抗原的特异性。I^A、I^B 分别对 i 为显性，I^A 与 I^B 为共显性，人类群体中共有 6 种基因型，4 种表型，如表 3-7 所示。此外，Rh 血型系统是目前人类红细胞血型系统中最复杂、最富有多态性的一个系统，到目前为止已经发现至少由 49 种不同抗原组成。Rh 是恒河猴（*Rhesus macaque*）拉丁名的前两个字母。兰德斯坦纳等科学家在 1940 年做动物实验时，发现恒河猴和多数人体内的红细胞上存在 Rh 血型的抗原物质，故而命名。凡是红细胞表面有 Rh 抗原者为 Rh 阳性，反之为阴性。这样就使已发现的红细胞 A、B、O 及 AB 四种主要血型的人，又分别一分为二地被划分为 Rh 阳性和 Rh 阴性两种。根据有关资料介绍，Rh 阳性血型在我国汉族及大多数民族人中约占 99.7％，个别少数民族约为 90％。因为我国 Rh 阴性血十分稀少，故被称为"熊猫血"，借大熊猫的珍贵来形容这种血型的稀罕。

表 3-7 人类的 ABO 血型系统

血型	基因型
O	ii
A	$I^A I^A$ 或 $I^A i$
B	$I^B I^B$ 或 $I^B i$
AB	$I^A I^B$

五、非等位基因之间的相互作用

许多试验已证明基因与性状远不是一对一的关系，往往是两个或更多基因影响一个性状。非等位基因之间通过相互作用影响同一性状表现的现象称为基因互作。基因互作方式多种多样，主要包括互补基因、叠加效应、积加效应、上位效应、抑制基因等。

（一）互补基因（complementary gene）

若干个非等位基因只有同时存在时，才出现某一性状，其中任何一个基因发生突变时都会导致同一突变性状。发生互补作用的基因称为互补基因。基因互作类型称为互补作用。F_2 中孟德尔比率为 9：7。如下所示，香豌豆花色由两对基因（C/c，P/p）控制，当两显性基因都存在时，表现为紫色，只有一个或都不存在时表现为白色，紫色性状取决于两个显性基因的互补作用。为什么会有这种现象呢，其实他们的原始祖先是 CCPP 类型的，在进化过程中 C 和 P 分别发生了突变，产生 c、p 隐性基因都表现为白花。杂交后，两个显性基因重新组合，出现祖先的紫色，这种遗传也叫返祖遗传。

P 　　　白花(CCpp)×白花(ccPP)

F_1 　　　　　紫花(CcPp)

F_2 　　　9 紫花：7 白花

(9C_P_) ：(3C_pp+3ccP_+1ccpp)

（二）叠加效应（duplicate effect）

两对等位基因决定同一性状的表达，如果两对显性基因同时存在或分别存在时，具有相同的性状，而双隐性个体表现另一种性状，这种互作类型称为叠加效应。F_2 中孟德尔比率为 15：1。例如，荠菜的硕果形状遗传，只要有 T_1 或者 T_2 存在，就可使荠菜硕果形状为三角形，否则为卵形，T_1、T_2 是叠加基因。

P 　　三角形($T_1 T_1 T_2 T_2$)×卵形($t_1 t_1 t_2 t_2$)

F_1 　　　　　三角形($T_1 t_1 T_2 t_2$)

F_2 　　　15 三角形：1 卵形

($9T_1\_T_2\_+3T_1\_t_2 t_2+3t_1 t_1 T_2\_$)：($t_1 t_1 t_2 t_2$)

（三）积加效应（additive effect）

当两种显性基因同时存在时产生一种性状；单独存在时，表现另一种相似的性状；而两对基因均为隐性纯合时表现第三种性状。F_2 孟德尔比率为 9∶6∶1。例如，南瓜果形受 A/a、B/b 两对基因共同控制：

P　　　圆球形（AAbb）×圆球形（aaBB）
↓
F_1　　　　　扁盘形（AaBb）
↓⊗
F_2　　　9 扁盘形（A_B_）∶6 圆球形（3A_bb ＋ 3aaB_）∶1 长圆形（aabb）

（四）上位效应（epistasis）

一对等位基因掩盖另一对等位基因的效应，称为上位效应，也称为异位显性。其中，掩盖者为上位基因（epistatic gene），被掩盖者为下位基因（hypostatic gene）。根据掩盖基因是显性基因还是隐性基因在起作用，可以将其分为显性上位（dominant epistasis）和隐性上位（recessive epistasis）。

1. 隐性上位（Recessive epistasis）

上位基因是一对隐性基因 aa，掩盖了下位基因 B 的作用。F_2 孟德尔比率为 9∶3∶4。例如家兔的毛色遗传：

P　　　灰色（CCDD）×白色（ccdd）
↓
F_1　　　　　灰色（CcDd）
↓⊗
F_2　　　灰色（9 C_D_）∶黑色（3 C_dd）∶白色（3 ccD_＋1 ccdd）

C 基因控制黑色素形成，D 基因决定黑色素在毛皮中的分布。在基因型为 cc 个体中，没有黑色素形成，也就谈不上色素的分布，D 基因的作用被掩盖。cc 是 D 的隐性上位基因。

2. 显性上位（dominant epistasis）

上位基因是显性基因 A，掩盖了下位基因 B 的作用。F_2 孟德尔比率为 12∶3∶1。例如，燕麦颖色遗传，B 控制黑色，Y 控制黄色，只要存在 B、Y 的作用就被掩盖。只有当 B 不存在，而 Y 存在时，才会出现黄颖。B 是 Y 的显性上位基因。

P　　　黑颖（BByy）×黄颖（bbYY）
↓
F_1　　　　　黑颖（BbYy）
↓⊗
F_2　　　黑颖（9 B_Y_＋3B_yy）∶黄颖（3 bbY_）∶白颖（1 bbyy）

（五）抑制基因（inhibitor）

在两对等位基因中，其中一对等位基因的显性基因本身并不决定性状的表现，却对另一对等位基因的表现有抑制作用，这种基因互作的类型就称为抑制作用（inhibition），起抑制作用的显性基因称为抑制基因（inhibitor）。F_2 孟德尔比率为 13∶3。例如，鸡羽毛颜色的遗传，C 能够产生色素，c 不产生色素；I 能够抑制色素形成，即当 I 存在时，不论 C 还是 c 个体都无法产生色素，表现为白色羽毛；只有当 ii 存在时，才允许色素的形成；而对于 iicc 个体，因无 C 基因的存在，也不能合成色素，表现为白色羽毛。

P　　白羽莱杭(IICC)×白羽温德(iicc)

↓

F_1　　　　　　　白羽(IiCc)

↓⊗

F_2　　　　13 白羽∶3 有色羽

(9 I_ C_ + 3 I_ cc + 1iicc)∶(3 ii C_)

　　显性上位作用与抑制作用的不同点：①抑制基因本身不能决定性状，F_2 只有两种类型，分离比为 13∶3；②显性上位基因所遮盖的其他基因（显性和隐性），本身还能决定性状，F_2 有 3 种类型，分离比为 12∶3∶1。

　　当两对非等位基因决定同一性状时，由于基因间的各种相互作用，使孟德尔比例发生了修饰。从遗传学发展的角度，这并不违背孟德尔定律，实质上是对孟德尔定律的扩展。

思 考 题

1.名词解释

单位性状和相对性状、基因型和表现型、纯合体和杂合体、测交、多因一效和一效多因、表型模拟、完全显性和不完全显性、共显性和镶嵌显性、等位基因和复等位基因、互补基因、叠加效应、积加效应、上位效应、抑制基因、基因互作

2.孟德尔是如何解释性状分离现象的？

3.南瓜的果实中白色（W）对黄色（w）为显性，盘状（D）对球状（d）为显性，两对基因独立遗传。下列杂交产生哪些基因型？哪些表型？它们的比例如何？

（1）WWDD×wwdd；（2）WwDd×wwdd；（3）Wwdd×wwDd

4.五对基因的杂交组合：AABbccDDEe×AaBbCCddEe，假设这五对基因表现完全显性，后代中基因型为 AABBCcDdee 的概率为多少？表现型为 ABCDe 的概率为多少？

5.根据人类血型遗传知识，可以鉴别亲子间的血缘关系。已知父母中之一方为 A 血型，另一方为 B 血型，其子女可能是什么血型？

6.假定某个二倍体物种含有 4 个复等位基因（如 a_1，a_2，a_3，a_4），试决定在下列这三种情况下可能有几种基因组合，分别是什么？

（1）一条染色体；（2）一个个体；（3）一个群体

7.基因型为 AaBbCcDd 的 F_1 植株自交，设这四对基因都表现完全显性，F_2 群体中，具有 7 显性基因和 1 隐性基因的个体的频率为多少？具有 3 显性性状和 1 隐性性状个体的频率为多少？

8.番茄紫茎缺刻叶（AACC）和绿茎马铃薯叶（aacc）杂交后产生的 F_2 代出现如下分离，其是否符合 9∶3∶3∶1 的理论值？

	紫、缺	紫、马	绿、缺	绿、马	总计
观察值（O）	247	90	83	34	454

9. 在西葫芦中，黄色果实由一个显性基因 Y 控制，绿色果实由它的隐性等位基因 y 控制；白色果实由一个独立分配的上位基因 W 控制，有色果实由它的隐性等位基因 w 控制。当基因型为 WwYy×WwYy 的植株杂交，后代出现 12 白∶3 黄∶1 绿的比例，那么在下列杂交中预计出现怎样的果实颜色比例：

（1）wwYy×WWYy

（2）wwYy×WwYy

（3）如果两个植株杂交产生后代比例为 1 黄∶1 绿，那么亲本基因型和表型各是什么？

10. 两种燕麦杂交，一种是白颖，另一种是黑颖，两者杂交，F_1 是黑颖。$F_2(F_1 \times F_1)$ 共得 560 株，其中黑颖 414，灰颖 110，白颖 36。

（1）说明颖壳颜色的遗传方式。

（2）写出 F_2 中白颖和灰颖植株的基因型。

（3）进行 χ^2 测验。实得结果符合你的理论推断吗？［临界值 $\chi^2_{2,0.05} = 5.99$；$\chi^2_{3,0.05} = 7.82$］

第四章　连锁遗传分析

1900 年孟德尔定律被重新发现后，引起了生物界的广泛重视。后续研究者用更多的动植物为材料进行杂交试验，以期验证孟德尔的遗传规律。然而，在以其他实验材料的两对性状遗传的结果中，有的试验却没有得到孟德尔定律的预期结果，导致不少学者一度对孟德尔的遗传定律产生了怀疑。摩尔根以果蝇为实验材料进行了大量的杂交试验，并对试验结果进行了正确的分析，最终发现了遗传学的第三定律——连锁交换定律。

第一节　连锁交换定律

一、连锁现象的发现

1906 年，贝特生（W. Bateson）和庞尼特（R. C. Punnett）以香豌豆为材料，选取了两对性状进行杂交试验。一对性状是花色，分为紫花和红花，且紫花对红花为显性；另一对性状是花粉粒形状，分为长形花粉粒和圆形花粉粒，且长形花粉粒对圆形花粉粒为显性。第一个试验是以紫花-长花粉的香豌豆和红花-圆形花粉粒香豌豆为亲本进行杂交。结果发现，F_1 代均为紫花长花粉粒，可见紫花长花粉粒为显性。但 F_2 的 4 种表型比率不符合 9：3：3：1（$\chi^2 = 3371.58$），与自由组合定律所预期的理论数相比，其中亲本型（紫长和红圆）的比率多，远远超出预期的 9/16 和 1/16，而相应的重组型（紫圆和红长）却大大少于预期的 3/16（表 4-1）。在试验中，如果单独分析每一对性状，即紫花：红花＝（4831＋390）：（1338＋393）≈3：1，长形花粉粒：圆形花粉粒＝（4831＋393）：（1338＋390）≈3：1，则第一个试验结果仍然符合孟德尔的分离定律。

表 4-1　香豌豆紫花长花粉粒与红花圆形花粉粒杂交试验

F_2	紫长	紫圆	红长	红圆	总数
实际数量	4831	390	393	1338	6952
按 9：3：3：1 预期	3910.5	1303.5	1303.5	434.5	6952

第二个实验用紫花圆形花粉粒和红花长形花粉粒的植株杂交，F_1 代还是紫花长花粉粒，F_2 仍然不符合孟德尔的自由组合定律，紫圆和红长都高出预期的数目（表 4-2），χ^2 检验发现仍是显著不符合 9：3：3：1 的预期比例（$\chi^2 = 32.40$）。在试验中，如果单独分析每一对性状，紫花：红花＝（226＋95）：（97＋1）≈3：1，长形花粉粒：圆形花粉粒＝（226＋97）：（95＋1）≈3：1，第二个试验结果仍然符合孟德尔的分离定律，但是同时分析两对性状的遗传结果时仍不符合孟德尔自由组合定律。

表 4-2　香豌豆紫花圆形花粉粒与红花长花粉粒杂交试验

F$_2$	紫长	紫圆	红长	红圆	总数
实际数量	226	95	97	1	419
按 9∶3∶3∶1 预期数量	235.8	78.5	78.5	26.2	419

从两个试验结果可以看出，F$_2$ 代中性状的亲本组合类型与自由组合定律预期结果相比，远远多于重组组合类型，即在 F$_1$ 代形成配子时，两对基因产生的 4 种类型的配子中，可能有更多的配子保持了亲代原来组合的倾向，且这种倾向与显隐性无关。这种现象是遗传学上的重大发现。然而，贝特生等未能对其试验结果进行深入地分析，但是在试验中提出了相引相（coupling phase）和相斥相（repulsion phase）的两个概念沿用至今。相引相是指甲、乙两对相对性状中，甲、乙的显性性状连锁在一起或甲、乙的隐性性状连锁在一起遗传的现象。相斥相是指甲的显性性状与乙的隐性性状连锁在一起或甲的隐性性状与乙的显性性状连锁在一起遗传的现象。从细胞遗传学的角度，当两个非等位基因 a 和 b 处在一个染色体上，而在其同源染色体上带有野生型 A、B 时，这些基因被称为处于相引相（AB/ab）；若每个同源染色体上各有一个野生型基因和另一个隐性基因，则称为相斥相（Ab/aB）。

二、连锁交换定律

1921 年，摩尔根（T. H. Morgan）及其团队用果蝇进行了大量的杂交试验，揭示并解释了遗传连锁现象的规律。摩尔根不仅证明了染色体携带有许多基因，而且证明了这些基因在染色体上是以直线排列的。这是遗传学的第三定律——基因的连锁交换定律。

摩尔根在研究果蝇两对基因遗传时也发现了类似的遗传连锁现象。在黑腹果蝇中，灰体（B）对黑体（b）是显性，长翅（V）对残翅（v）为显性，这两对基因在常染色体上。在第一个试验中，他用灰体长翅（BBVV）和黑体残翅（bbvv）的果蝇杂交，F$_1$ 都是灰体长翅（BbVv），然后用 F$_1$ 雌蝇与黑体残翅的雄蝇测交，后代中出现了 4 种表现型，分别为灰体长翅、灰体残翅、黑体长翅和黑体残翅，但比例却是 0.42∶0.08∶0.08∶0.42。

摩尔根将这种位于同一条染色体上的非等位基因连在一起遗传的现象称为连锁（linkage）。并针对试验结果进行了解释，他假定基因 B 和 V 位于一条染色体上，基因 b 和 v 位于其同源的另一条染色体上。根据摩尔根的假设，两个亲本（P）的基因型分别为 BV/BV 和 bv/bv，其 F$_1$ 代基因型为 BV/bv。F$_1$ 个体在进行减数分裂时，一部分性母细胞中同源染色体的两条非姐妹染色单体之间发生局部交换，导致其位于染色体上的基因的重组（recombination），从而产生了重组型配子 Bv 和 bV，另外两条染色单体由于没有发生交换而产生亲本型配子 BV 和 bv。因此，一个性母细胞如果发生一次交换，则既能产生亲本型配子，也能产生重组型配子，且亲本型配子和重组型配子比例分别是 1∶1（图 4-1）。在图 4-2 的杂交试验中，由测交子代 4 种表现型的比例可以推算出配子 Bv 和 bV 各占 8%，配子 Bv 和 bV 属于重组型配子。我们知道一个性母细胞一次可以产生 4 个配子，由此可以推断 F$_1$ 代灰体长翅雌蝇（BvbV）产生配子时，只有 32% 的性母细胞发生了交换，这样交换后才能产生 8% 的重组型配子 Bv 和 8% 的重组型配子 bV，同时产生 8% 的亲本型配子 BV 和 8% 的亲本型配子 bv。其余未发生交换的 68% 性母细胞，全部产生的是亲本型配子 BV 和 bv，且亲本型配子 BV 和 bv 相等，比例为 34%：34%。这样测交后 F_2 代中灰体长翅（亲本型）、灰体残翅（重组型）、黑体长翅（重组型）和黑体残翅（亲本型）的比例是 42：8：8：42，与配子出现的比例一致。

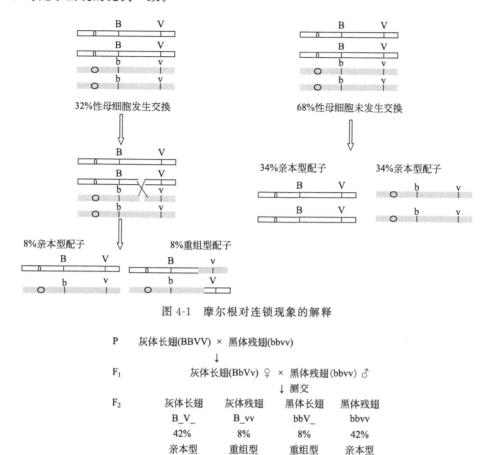

图 4-1 摩尔根对连锁现象的解释

P   灰体长翅(BBVV) × 黑体残翅(bbvv)

↓

F_1 灰体长翅(BbVv) ♀ × 黑体残翅(bbvv) ♂

↓ 测交

F_2	灰体长翅	灰体残翅	黑体长翅	黑体残翅
	B_V_	B_vv	bbV_	bbvv
	42%	8%	8%	42%
	亲本型	重组型	重组型	亲本型

图 4-2 摩尔根的果蝇杂交试验（不完全连锁）

  在第二个试验中，摩尔根用灰体长翅（BBVV）和黑体残翅（bbvv）的果蝇杂交，F_1 都是灰体长翅（BbVv），然后用 F_1 雄蝇与黑体残翅的雌蝇测交。按两对基因的自由组合定律预测，预期产生 4 种表型的后代，分别为灰体长翅（BbVv）、灰体残翅（Bbvv）、黑体长翅（bbVv）、黑体残翅（bbvv），且比率为 1：1：1：1。实验结果发现只有灰体长翅和黑体残翅两种类型，且数目相同。既不符合孟德尔的自由组合定律，也与第一个试验结果不同。由实验结果分析，测交子代中没有重组型个体可知，基因间没有交换重组的发生，两种类型表型为亲本类型且数目相同可知 F_2 代的灰体长翅雄蝇只产生两种亲本型配子且数目相等（图 4-3）。雄性果蝇减数分裂期间同源染色体之间不发生交换，这种情况是极为少见的，目前已知除雄性的果蝇外，雌性的家蚕也属此特例。

  在摩尔根第一个测交试验中（图 4-2），位于同一条染色体上的多个非等位基因，由于减数分裂时非姐妹染色单体之间发生局部交换而重组，进而产生亲本型配子和重组型配子的现象称为不完全连锁（incomplete linkage）。在摩尔根的第二个测交试验中（图 4-3），同一染色体上的基因紧密连锁而不分开，仅产生亲本型配子，没有重组型配子。像这种位于同一染色体上的两个等位基因在遗传时总是连锁在一起，不因交换而重组的现象称为完全连锁（complete linkage）。

```
P      灰体长翅(BBVV) × 黑体残翅(bbvv)
                    ↓
F₁           灰体长翅(BbVv) ♂ × 黑体残翅(bbvv) ♀
                          ↓ 测交
F₂           灰体长翅        黑体残翅
             B_V_          bbvv
             50%            50%
             亲本型         亲本型
```

图 4-3　摩尔根的果蝇杂交试验（完全连锁）

　　连锁现象在生物界普遍存在，将位于同一对染色体上的基因群，称为一个连锁群（linkage group）。摩尔根等在 1914 年发现黑腹果蝇有 4 个连锁群。第Ⅰ连锁群包括全部伴性遗传的基因，因为果蝇的 1 号染色体为性染色体；第Ⅱ和第Ⅲ连锁群分别相当于两对大的 V 字形的第 2 和第 3 染色体；第Ⅳ连锁群的基因数目最少，相当于最小的点状 4 号染色体。在遗传学理论基础上，连锁群的数目都应该等于生物单倍体染色体数。

三、不完全连锁交换的细胞学基础

　　在同一染色体相互连锁的基因在遗传时，为什么会在其测交后代中出现一定频率的重组？即在两对基因连锁遗传时，形成亲代所不具备的新组合的遗传机制是什么？在摩尔根等确立遗传的染色体学说之前，有许多科学家研究了两栖类、昆虫和玉米等动植物的减数分裂过程及其相关的遗传学理论。詹森斯（F. A. Janssens）于 1909 年提出了交叉型假说（chiasmatype hypothesis）；1931 年，麦克林托克（B. McClintock）和克莱顿（H. Creighton）用具有特殊结构的玉米第 9 号染色体设计了著名的实验，为詹森斯的假说提供了强有力的细胞遗传学证据（图 4-4）。

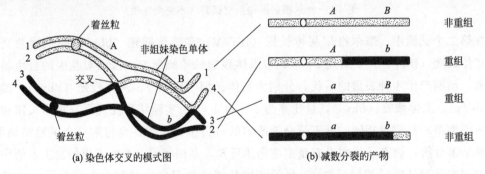

(a) 染色体交叉的模式图　　(b) 减数分裂的产物

图 4-4　交叉及其产物的模式图

　　在减数分裂Ⅰ前期，配对的同源染色体，在非姐妹染色单体间，有某些点上显示出交叉缠结的图像，在每一点上这样的图像称为一个交叉（chiasma）。交叉的出现意味着同源染色体间的非姐妹染色单体间发生过对应片段的交换（crossing over），交换导致了连锁基因间的重组。染色体间的局部交换发生在减数分裂Ⅰ前期的粗线期；可见的交叉缠结的图像是在前期Ⅰ的双线期，交叉在终变期消失。遗传物质的交换发生在交叉之前，交叉仅仅是同源染色体间实际发生过交换的位置所留下的痕迹，所以交叉是交换的结果。也就是说，遗传学上的交换发生在细胞学上的交叉之前。

由模式图 4-4 可见，交换曾发生在非姊妹染色单体 2 和 3 之间以及 2 和 4 之间，交叉带来连锁基因 A 和 B 的重组。如果交换发生在两个特定的所研究的基因之间，就会出现重组体。否则，交换发生在所研究的基因之外，则不会出现特定基因的重组体。

四、交换值与重组率

（一）交换值与重组率

一般情况下，两个基因之间的距离越远，则发生交换的频率也越大。因此，两个基因间的交换频率与这两个基因间的距离呈正相关。不同基因之间的连锁程度往往不一样，有些基因间容易发生交换，有些基因间发生交换的可能性要小得多。一般将染色体上两个基因间发生交换的频率称为交换值（crossing-over value），然而交换值无法直接通过细胞学观察进行计算，只有通过交换后产生的结果，即基因之间的重组来估算。遗传学上使用重组率（recombination frequency）这一概念来描述基因之间发生交换的可能性大小。重组率即双杂合体产生的全部配子中重组型配子所占配子总数的百分数，其公式为：

$$重组率(RF) = \frac{双杂合体所产生的重组型配子数目}{亲本型配子数 + 重组型配子数} \times 100\%$$

例如在 100 个性母细胞中，如果有 30 个性母细胞发生了单交换，则在产生的 120 个配子中有 60 个为重组型，重组率为 60/400＝15%。两个基因间发生交换的性母细胞的百分率，恰好是这两个基因间重组率的 2 倍。

（二）重组率的计算

1. 测交法

利用 F_1 与双隐性亲本测交，根据 F_1 配子的类型和比例计算重组率。

$$重组率(RF) = \frac{测交后代中重组型个体数目}{亲本型个体数 + 重组型个体数} \times 100\%$$

以贝壳颜色和形状这两对连锁基因为例，来说明估算重组率的方法。贝壳的有色（C）对白色（c）为显性，壳体形态饱满（Sh）对凹陷（sh）为显性。其中亲本 P_1（CCShSh）× P_2（ccshsh）杂交后的 F_1 代 CcShsh 与 ccshsh 进行测交，其 F_2 代 CcShsh、Ccshsh、ccShsh、ccshsh 实得个体数分别为 4032、149、152、4035，求其重组率及重组配子比例。

重组型配子数＝149＋152＝301，总配子数＝4032＋149＋152＋4035＝8368，则重组率＝（301/8368）×100＝3.6%，两种重组配子各 1.8%，比例为 1∶1。

2. 自交法

对于进行测交比较困难的生物可以用自交结果来估算重组率。前面讲述的香豌豆连锁遗传的资料就是利用自交方法获得的。以第一个试验为例（表 4-1），用紫花-长花粉的香豌豆和红花-圆形花粉粒香豌豆为亲本进行杂交的结果，F_1 代均为紫花长花粉粒，可见紫花长花粉粒为显性；F_2 的 4 种表型 P _ L _ 、P _ ll、ppL _ 、ppll 的个体数分别为 4831、390、393、1338，求其重组率及配子比例。

　　豌豆 F_2 代有四种表型，可以推断 F_1 产生四种配子，其基因组成为 PL、Pl、pL、pl，其中表现型为双隐性纯合个体 ppll 的配子必然是配子 pl，其 pl 配子频率的平方是双隐性纯合个体 ppll 的比例。其中，双隐性纯合个体 ppll 的比例为 1338/（4831＋390＋393＋1338）＝19.2％，则配子 pl 的比例为 $\sqrt{0.192}=0.44$，即 44％，那么对应另一个亲本 PL 的配子频率与 pl 相等，也为 44％，而重组型配子 pL 和 Pl 所占比例相等，为（100％－44％－44％）/2 ＝ 6％。于是，F_1 形成 4 配子的比例为 44PL∶6pL∶6Pl∶44pl。重组率是两种重组型配子数所占的比例，为 2×6％＝12％。

（三）重组率性质

　　重组率的变化范围在0～50％。在减数分裂过程中，当每个性母细胞中所研究的基因间都不发生交换时，则所产生的配子全部为亲本型，重组率为最小值0；如果每个性母细胞中同源染色体的两个连锁的基因之间只出现一个交叉，它只涉及 4 条染色单体中的任何两条非姐妹染色单体，即 4 条染色单体中只有两条是已交换的，另两条是未交换的，重组型占1/2。如果100％的性母细胞在特定的某两个连锁的基因之间都出现了一个交叉，则重组率为1/2×100％＝0.50。这就是两个特定基因间最大的交换值。当某两个连锁的基因相距较远时，其间可能发生两个或两个以上的交叉，即可能发生过两次或两次以上的交换，不同交叉点上涉及的非姐妹染色单体将不限于两条，可能是多线交换，在这种情况下，最大交换值是否仍为50％？对于两次以上的多交换，若非姐妹染色单体参与交换的机会相等，则偶数次交换结果与非交换的结果相同，奇数次交换与单交换的结果相同。综合起来，性母细胞减数分裂时，如果发生交换则产生的亲本型配子与重组型配子的比例为1∶1，算上未交换产生的亲本型配子，重组型配子所占的比例则小于50％。即使所有性母细胞都发生了交换，此时重组率最大为50％。

　　重组率是基因间交换程度的反映，特定基因间具有特定的重组率，即重组率具有相对稳定性。特定基因之间重组频率与基因在染色体上的距离具有一定的关系。假定染色体上各位点上基因发生交换是随机的。如果两个基因座位（gene loci）相距很近，由交换而分开次数较少，重组率就低；如果两基因座位距离很远，交换发生的次数较多，重组率就高。可以根据重组率的大小计算基因间的相对距离，把基因按照顺序排列在染色体上，绘制出遗传图谱。交换值也会受许多因素的影响，其中包括温度、性别、射线、化学物质等，但在一定条件下，相同基因间的交换值是相对稳定的。

（四）连锁交换与分离律和自由组合律的关系

　　连锁交换定律的基本内容是指处在同一染色体上的两个或两个以上基因倾向一起连锁遗传，且联合在一起的频率大于重组的频率。重组类型的产生是由于配子形成过程中，同源染色体的非姐妹染色单体间发生了局部交换的结果。可以通过重组率来判定基因间的遗传方式，若重组率等于50％，则说明基因之间不存在连锁，为自由组合的遗传方式；若重组率等于0%，则说明基因之间完全连锁；若0%＜RF＜50%，则说明基因之间为不完全连锁，在形成配子时，基因间在部分性母细胞中发生交换，产生了重组型配子。

分离定律侧重于一对等位基因间的遗传规律，自由组合定律和连锁定律是两对及以上基因间的传递规律。分离定律是自由组合和连锁定律的基础，后两者又是生物体遗传的性状发生变异的来源。自由组合由对性状变异的来源在于不同源的染色体及基因间的组合，重组类型是由染色体间重组造成，连锁定律对性状变异的来源是由同一对染色体所传递的，是染色体内重组所产生的重组类型。

第二节　基因定位

基因在染色体上的位置是相对恒定的，其依据是两个基因间交换值具有相对恒定性，而不同基因间的交换值是不同的。两个连锁基因之间的距离越大，越容易发生交换，交换值也越大，因此根据两个连锁基因间交换值的大小确定基因间的相对距离。交换值无法通过细胞学观察直接计算，只能由重组率进行估计，因此在基因定位和染色体作图中利用重组率标记基因间的距离。重组率的大小直接反映了基因在染色体上的相对距离。因此，根据基因彼此之间的重组率，可以确定它们在染色体上的相对位置。

根据重组率确定连锁基因在染色体上的相对位置和排列顺序的过程称为基因定位（gene mapping）。根据基因间的重组率，确定连锁基因在染色体上的相对位置而绘制的示意图称为连锁图（linkage map）或遗传图（genetic map）。在染色体作图中，两个连锁基因在连锁图上的相对距离的数量单位称为图距（map distance）。把两个基因之间1%的重组率称为一个图距单位（map unit），为了纪念遗传学的奠基人摩尔根，将图距单位称为厘摩（centi-Morgan，cM），即1%的重组率＝1个图距单位＝1cM，例如Cc与Ss两对基因间的交换值为3.6%，表示两对基因在染色体上相距3.6个遗传单位，即两对基因在染色体的相对距离为3.6cM。

在基因定位过程中，要确定基因在染色体上的相对位置和排列顺序，摩尔根的学生斯特蒂文特（A. H. Sturtevant）提出了"基因的直线排列"原理。他认为定位至少要同时考虑3个基因座之间的关系，若a、b、c基因连锁，需要分别测得a-b和b-c间的距离，那么a-c间的距离，必然等于a-b及b-c距离之和或差。以此为基础，由此而深化的理论和发展的方法为后人制定果蝇及其他生物在内的染色体图奠定了基础。基因定位的主要方法有两点测交和三点测交。

一、两点测交

两点测交是基因定位最基本的一种方法，通过一次杂交和一次测交试验来确定两个基因是否连锁，计算两个连锁基因间的重组率，进而确定这两个基因间的图距，从而确定基因在染色体上的位置。如果确定多个连锁基因间的相对距离，则需要进行多次测交试验。例如对3个连锁基因A-B-C绘制染色体图时，需要进行三次测交试验，分别计算A-B，B-C和A-C之间的重组率，然后根据重组率的大小确定3个基因之间的相对位置和距离。例如已知位于同一染色体上玉米籽粒的有色（C）对无色（c）为显性，饱满（Sh）对凹陷（sh）为显性，非糯质（Wx）对糯质（wx）为显性。为了确定这3个基因在染色体上的相对位置，需要进行3次测交试验，试验结果分别得出 C-Sh 和 C-Wx 的重组率为 5.3％ 和 1.1％，Sh 与 Wx 的距离是多少？从理论推测，取决于 C、Sh、Wx 这三个基因在染色体上的排列顺序，在这种情况下，有两种可能的排列，即 C-Wx-Sh 或者 Wx-C-Sh，决定哪一种是合理的排列就必须测定 Sh-Wx 的交换值。测交获得 Sh-Wx 交换值为 7.5％，可以判断出 Sh 和 Wx 在两边，C 基因在中间。因此，3个基因在染色体上的排列顺序为 Sh-C-Wx。两点测交的实验步骤繁琐，不容易将实验的环境条件控制在同一状态，且不能测出双交换值。

二、三点测交

在两点测交中，一次测交试验只能确定两个基因间的相对距离。摩尔根和他的学生斯特蒂文特（A. H. Sturtevant）提出了一个更为巧妙的方法，即在一次杂交和一次测交试验中同时观察 3 对基因的遗传，在同一次交配中包含 3 个基因，取其三杂合体与三隐性体进行测交的方法，称为三点测交（three-point testcross）。根据测交子代计算每两个基因间的重组率，确定 3 个基因的相对位置。与两点测交相比，三点测交不仅纠正了两点测验不能测出双交换的缺点，使得估计的重组率和图距更加准确，而且提高了基因定位的效率。

假设有 3 对连锁的基因，其在染色体上的顺序为 Aa，Bb 和 Vv。当 3 对基因的杂合体 ABV/abv 与三隐性个体 abv/abv 进行测交时，该杂合体产生的配子中，有 8 种配子类型，2 种为亲本型配子 ABV 和 abv，6 种为重组型配子 Abv、aBV、ABv、abV、AbV 和 aBv。6 种重组型配子的产生是由于三杂合体性母细胞在减数分裂时分别发生了 A-B 单交换、B-V 单交换和 A-V 双交换（图 4-5）。从图中可以看出亲本型配子最多，A-B 单交换、B-V 单交换产生的重组配子次之，而 A-V 间发生双交换的配子最少。原因是双交换是在 A、V 基因座间发生了两次交换，根据概率原理，A-V 双交换发生的概率远低于 A-B 单交换和 B-V 单交换，理论上为两次 A-B 单交换和 B-V 单交换概率的乘积。三杂合体产生的 8 种类型的配子，与三隐性个体的 abc 配子结合后，最终产生 8 种表型的子代。因此，在测交产生的 8 种子代中亲本型个体最多，单交换个体次之，双交换子代个体数最少。双交换配子 AbV 和

性母细胞

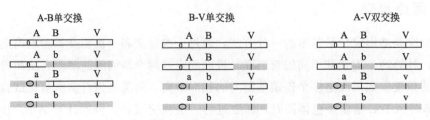

图 4-5　杂合体 ABC/abc 产生的 6 种重组型配子的交换方式

aBv 是在 A、V 基因座间发生了两次交换，与亲本型配子 ABV 和 abv 相对比，是两侧基因的相对位置不变，仅仅中间的基因发生变动，导致中间的基因显隐性关系发生了变化，这是双交换的特点，三点测交试验中就是根据这一特点判断基因的顺序。

以果蝇的三个基因为例说明三点测交的过程。在果蝇中有棘眼（echinus，ec）、截翅（cut，ct）和横脉缺失（cross-veinless，co）3 个 X 连锁的隐性突变基因。将棘眼、截翅个体（ec ct＋/Y）与横脉缺失个体（＋＋cv/＋＋cv）杂交产生三杂合体雌蝇（ec ct＋/＋＋cv），ec ct cv 的排列并不代表它们在 X 染色体上的真实顺序。再利用三杂合体雌蝇与三隐性雄蝇（ec ct cv/Y）进行测交，测交结果如表 4-3 所示。

表 4-3　三杂合体雌蝇（ec ct＋/＋＋cv）与三隐性雄蝇（ec ct cv/Y）测交结果

序号	杂合亲本配子	实得个体数	交换类型
1	ec ct ＋	2125	亲本型
2	＋ ＋ cv	2207	
3	ec ＋ cv	273	单交换Ⅰ型
4	＋ ct ＋	265	
5	ec ＋ ＋	217	单交换Ⅱ型
6	＋ ct cv	223	
7	＋ ＋ ＋	5	双交换型
8	ec ct cv	3	
合计		5138	

三点测交步骤如下：

归类并确定交换类型。测交子代中对应着测交杂合体亲本产生的 8 种基因型的配子，8 种配子共归为 4 类，其中数量最多的为亲本型，最少的是双交换型，其余两类为单交换型（表 4-3）。

确定基因间的顺序。对比亲本型与双交换型，根据双交换特点确定基因的顺序。在本例中亲本基因型为 ec ct＋和＋＋cv，双交换基因型为 ec ct cv 和＋＋＋。由表可见只有基因 cv 变换了位置，因为双交换的特点是两侧基因的相对位置不变，仅仅中间的基因发生变动，于是可以断定这三个基因正确排列次序是 ec-cv-ct 或 ct-cv-ec。

分别计算每两个基因间的重组率，计算某两个基因间的重组率的方法与两点测交相同。例如，计算 ec 和 cv 基因间的重组率时，可以暂时忽略 ct 基因，这种情况下 8 种配子中（ec＋cv）、（＋ct＋）、（ec ct cv）和（＋＋＋）为重组型。因此 ec 和 cv 基因间的重组率为 RF(ec－cv)＝(273＋265＋3＋5)/5318×100％＝10.27％。同理，RF(cv－ct)＝(217＋223＋3＋5)/5318×100％＝8.42％；RF(ec－ct)＝(273＋265＋217＋223)/5318×100％＝18.39％。

将基因间的重组率作为交换值，绘制连锁图。染色体图为一条直线，根据基因间的重组率将相应的基因标记在染色体上。ec-ct 间的重组率为 18.39％，并不等于 ec-cv 基因间的重组率和 cv-ct 基因间的重组率之和（10.27％＋8.42％＝18.69％），而是小于这两个重组率之和。这是由于位于两端的基因 ec 和 ct 间虽然同时发生了两次交换，但看不到重组，对于

ec-ct 来讲，双交换的结果等于不交换。只有当基因 cv 存在时，才能从表型上辨认出双交换。因此，在计算两端基因的重组率时，双交换类型虽然是在两个基因间发生了两次交换，但由于基因间并未重组而未归入重组率的计算。测交实验中有 8 个个体，（＋ ＋ ＋ 和 ec ct cv）属于双交换的产物，在计算 ec-cv 的重组率和计算 cv-ct 的重组率时两次都利用了这个数值，可是计算 ec-ct 的重组频率时却没有把它计算在内，因为它们间双交换的结果并不出现重组体。所以，ec-ct 之间的重组率应再加上 2 倍的双交换值（因为一次双交换相当于两次单交换），即 ec-ct 基因间的重组率应校正为 18.39％＋2×(3＋5)/5318×100％＝18.69％。校正后 ec-ct 基因间的重组率恰好等于 ec-cv 基因间的重组率和 cv-ct 基因间的重组率之和。因此，三个基因的连锁图如图 4-6 所示。

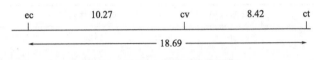

图 4-6　果蝇三个基因的连锁图

三、遗传干涉与并发系数

在上述三点测交中，如果每次单交换的发生是独立的事件，则预期的双交换率应为两次单交换率的乘积，即 ec-ct 基因间双交换的预期频率应是 10.2％×8.4％＝0.86％。但实际观察到的双交换率只有 (5＋3)/5318＝0.15％。可见，一次单交换可能影响它邻近发生另一次单交换的可能性，这种现象称为遗传干涉（interference，I）。干涉一般有两种情况：第一次交换发生后，降低邻近发生第二次交换的机会称为正干涉（positive interference）；或是第一次交换发生后，增加第二次交换的机会的现象称为负干涉（negative interference）。

与遗传干涉相关的另一个参数为并发系数（coefficient of coincidence，C），即为实际观察到的双交换率与预期的双交换率的比值，计算公式如下：

$$并发系数\ C=\frac{实际双交换值}{理论双交换值}=\frac{实际双交换值}{两次单交换值的乘积}$$

遗传干涉 I 与并发系数的关系是 $I=1-C$，例如前面果蝇三点测交中，并发系数为 $C=0.15％/(10.27％×8.42％)=0.17$，则遗传干涉 $I=1-0.17=0.83$。根据遗传干涉与并发系数的关系可知，当 $C=1$ 时，$I=0$，表明无干涉存在，此时实际双交换率与预期双交换率一致。当 $C=0$ 时，$I=1$，表明存在完全干涉，实际双交换率为 0，即某一区域交换的形成完全抑制了邻近区域另一次交换的发生。当 $1>C>0$ 时，$I>0$，表明存在正干涉，实际的双交换率小于预期，即某一区域交换的形成降低了邻近另一区域发生交换的概率。当 $C>1$ 时，$I<0$，表明存在负干涉，此时实际双交换率大于预期，即某一区域交换的形成增加了邻近另一区域发生交换的概率。负干涉非常少见，目前仅见于真菌的基因转变现象。

在配子形成的四分体时期，不仅不同区域的交换之间相互干扰，发生交换的染色单体间也存在干扰，即染色单体干涉（chromatid interference）。染色单体干涉（chromatid interference）是指一对同源染色体的 4 条染色单体参与多线交换机会的非随机性，即 4 条染色单体参与多线交换不是随机的，一般情况下，在一个四分体中，第二次交换可以随机地发生在非姐妹染色单体中的任何两条之间。

第三节 水产动物的基因定位与连锁图谱

水产动物体细胞中染色体相对较多，有些水产动物的染色体数目还未明确，所以水产动物的基因定位工作还有很大的进步空间。水产动物基因定位与人类及其他动植物相比存在一定的困难，这是由于存在很多实际的问题，包括：高密度遗传图谱需要的作图群体比较难获得，因为水产动物繁殖等特性影响杂交、测交和回交等交配方式，故高质量的作图群体较难获得。水产动物产生后代多，可以弥补一些作图群体的不足。尽管如此，遗传学家们还是能够通过遗传学的知识，不断地构建和完善基因定位及遗传图谱。

构建连锁图谱的主要目的是为该物种的基因组测序或进一步构建其物理图谱提供一个基本框架；另一个目的是在高密度连锁图谱的基础上进行 QTL 定位，为现代育种技术奠定基础，其决定性的基础条件就是高密度的连锁图谱。

构建高密度连锁图谱的原理与基因定位的原理一致，获取重组个体或者重组配子是作图的关键，进一步通过重组率来进行作图及定位。这就要求作图群体要能够进行分离，获得足够多的重组个体，才能够获得高密度的遗传图谱，覆盖整个基因组，所以其作图的标记不再限于数量有限的基因，而是采用了在基因组上密度更高、分布更均匀的分子遗传标记。

作图策略由先确定要研究的性状、再选合适的材料杂交和测交的经典方法，过渡到现在的现代方法，先选用差异较大的材料杂交并获得作图群体，然后选用具有多态信息含量高的标记，采用多点分析法及专业的分析软件构建连锁图谱。

一、遗传图谱的构建

高密度连锁图谱构建过程包括：创建合适的作图群体；确定合适的作图标记；作图群体的基因型分析；分离标记的连锁分析及图谱的构建。

（一）创建作图群体

作图群体的创建本质是通过减数分裂使目的基因或标记位点间发生重组，目的是获得尽可能多个位点的重组型配子及个体，很多生物能够通过有性杂交来构建作图群体。在创建作图群体的过程中需要考虑的因素包括：亲本的选择、分离群体类型的选择及群体大小的确定。

亲本的选择是构建图谱的关键环节，直接影响构建遗传连锁图谱的密度。一般需要亲本的选择遵循以下的几个原则：①亲本的 DNA 多态性应丰富，亲本间 DNA 多态性越丰富，能用于构建图谱的标记数越多，与性状连锁的标记数量也越多，图谱的经济价值就越大；②亲本应尽量选用纯度高的材料，并进一步通过近交进行纯化；③杂交后代的可育性，亲本间差异过大，异种染色体之间的配对和重组会受到抑制，导致连锁座位间的重组率下降，造成严重的偏分离，降低所建图谱的可信度和使用范围。

作图分离群体包括 F_1 群体、F_2 群体、F_3 群体、F_4 群体、回交（Backcross BC）群体、三交群体、重组近交系（Recombination Inbred Lines RIL）和双单倍体（Double Haploid

DH），其中应用非常广泛的是 BC 群体、DH、F_2 群体。根据遗传稳定性，作图群体分为非固定性分离群体（也称临时性群体）和固定性分离群体（也称永久性群体），非固定性群体包括 F_1 群体、F_2 群体、F_3 群体、F_4 群体、BC 群体、三交群体；非固定性群体分离单位是个体，一经自交或近交其遗传组成将会发生变化，无法永久使用，但这类群体较易获得。固定性群体包括 RIL 和 DH，这类群体可以通过自交或者近交繁殖后代，而不会改变作图群体的遗传组成，可以永久使用。

作图群体的选择要根据作图目标、不同物种创建作图群体的难易程度及对图谱分辨率的要求而定。作图效率表现在两个方面：一是父母本基因组的位点在杂交后形成的作图群体中组成各种组合对作图的有效与否；二是杂交方式产生的位点分离在小群体中被检测到的位点有多少符合孟德尔分离比例。

目前在水产动物作图过程中，应用广泛的是 F_2 群体和 BC 群体，其中 F_2 含有亲本所有可能的等位基因组合，作图信息量最大，常用于容易得到近交系的物种；BC 群体亲本的两对同源染色体分别只有一条产生了重组，往往存在较强的连锁不均衡性，因此在构建高密度的遗传连锁图谱时 F_2 群体要优于 BC 群体。

作图群体的大小影响作图精度和图谱的应用范围。群体越大，作图精度越高，但实验投入和工作量随之增加，且由于受群体类型、亲本的杂合度及标记的分离等因素的影响，所以应根据物种、目标和实际情况来确定作图群体的大小。从目前已构建的水生生物遗传图谱来看，常用的分离群体一般不超过一百个个体。从作图效率考虑，作图群体大小取决于随机分离结果可以辨别的最大图距和两个标记间可以检测到重组的最小图距。因此，构建分子标记骨架连锁图，可采用大群体中的一个随机小群体，当需要精细地研究某个连锁区域时，可针对性地在骨架图的基础上扩大群体。这种大小群体相结合的方法，不仅能达到研究的目的，还能减轻工作量。同时，作图群体的大小取决于所用群体的类型，一般而言达到彼此相当的作图精度，所需群体大小顺序为 $F_2 > RIL > BC_1$ 和 DH。

（二）遗传标记的选择

遗传标记（Genetic Markers）是基因组中易于识别的 DNA 变异形式，是可以追踪染色体、染色体的某一节段、某个基因或某一特定序列在家系中传递轨迹的任何一种遗传特征。

理想的遗传标记有以下特点：多态性高；遍布整个基因组，且分布均匀；检测手段简单、快速；能明确辨别等位基因；共显性遗传，即利用分子标记可鉴别二倍体中杂合和纯合基因型；选择中性（即无基因多效性）；开发成本和使用成本尽量低廉；实验重复性好。

SSR 和 SNP 是较理想的两种分子标记。由于水产动物的分子遗传研究基础较薄弱的特点，AFLP 在早期水产动物的遗传图谱构建中也有大量应用。

（三）连锁分析及数据统计

构建遗传连锁图谱首先要对大量标记之间的连锁关系进行统计分析，为此必须借助计算机软件。水产动物遗传连锁图谱构建中常用的软件有：Linkage（Suiter 等，1983）、MAPMAKER/EXP3.0（Lander 等，1987）、Manager QTXb16（Manly 等，2001）、Join-Map3.0（Stam 等，1993）和 LINKMFEX2.3（http://www.uoguelph.ca/~ rdanzman/

software/ LINKMFEX) 等。

二、水产动物的连锁图谱

水产动物的基因组作图起步晚于陆地生物，但近几年发展很快，差距越来越小。鲑鳟、罗非鱼、鲶、对虾和牡蛎均已构建了中等密度或高密度的连锁图谱，其他几个水产品种也进行了相应的作图工作，掀起了研究水产动物连锁图谱构建的小高潮。迄今为止，遗传图谱的构建主要使用微卫星、AFLP标记和SNP标记，将来会有越来越多的分子标记被整合到图谱上。有关水产动物的连锁图谱进展情况概括见表4-4。

表4-4　水产生物连锁图谱进展情况

作图种类	作图群体	标记类型	标记数量	连锁群数	参考文献
大西洋鲑	远交	SNP、SSR	859	31（29~30）	Thomas 等，2008
尼罗罗非鱼	种间杂交	SNP、SSR	784	30（22）	Liu F 等，2016
斑点叉尾鮰	远交	SNP	4768	32（29）	Zhang S Y 等，2019
日本牙鲆	F₁群体	SSR	396	25~27（24）	高峰涛，2012
		SSR	529	25~27（24）	庞仁谊等，2012
中国对虾	拟测交	AFLP、RAPD、SSR	435	35~36（44）	刘博，2009
	F₁家系	SNP	180	16	张建勇，2011
太平洋牡蛎	F₁群体	SNP	1488	10（10）	王家丰等，2011
栉孔扇贝	群体杂交	SNP	3806	19~20（19）	付晓腾，2014

第四节　性别决定与性染色体连锁基因的遗传

一、性连锁遗传

性连锁（sex linkage）遗传是连锁遗传的一种表现形式，指性染色体上的基因所控制的某些性状总是伴随性别而遗传的现象，也称为伴性遗传（sexlinked inheritance）。位于性染色体上的基因所控制的性状，在遗传上总是与性别相关联。

（一）性连锁遗传试验

1910年，美国遗传学家摩尔根和他的学生布里吉斯（C. Bridges）在野生红眼果蝇中发现了一只白眼雄蝇，为了能查明白眼和红眼的遗传关系，将这只白眼雄蝇与野生红眼雌蝇交配，F₁代都是红眼，可见红眼对白眼为显性，用F₁代互交得F₂代，F₂代中红眼果蝇和白眼果蝇，比例为3：1（图4-7），说明红眼对白眼是显性的，而且它们只有一对基因的差异，但值得注意的是F₂群体中，所有白眼果蝇都是雄性而没有雌性，为什么白眼都出现在雄果蝇身上呢？摩尔根又做了回交试验，让子一代的红眼雌果蝇与最初发现的那只白眼雄蝇交配，结果生出的果蝇无论雌雄都是红眼、白眼各占一半，这也符合孟德尔遗传定律（图4-8）。这说明红、白眼这一对性状的传递一定与性染色体有关。

```
P        红眼♀  ×  白眼♂
                  ↓
F₁            红眼
              ↓自交
F₂    红眼♀ 红眼♀ 红眼♂ 白眼♂
      红眼：白眼=3：1
      红眼♂：白眼♂=1：1
```

```
P       F₁的红眼♀ × 白眼♂
                  ↓
B₁    1/4红眼♀：1/4红眼♂：1/4白眼♀：1/4白眼♂
```

图 4-7　果蝇白眼性状遗传图解　　　　图 4-8　F1 代红眼雌蝇与白眼雄蝇回交图解

（二）性连锁遗传的理论解释

摩尔根根据这些试验结果进行了深入思考，并提出假设，认为决定果蝇眼睛颜色的基因存在于性染色体中的 X 染色体上，雄果蝇的一对性染色体由 X 染色体和 Y 染色体组成，Y 染色体上没有眼睛颜色对应的基因。只要 X 染色体上有白眼基因，就表现出来白眼性状。雌果蝇的性染色体是一对 X 染色体，因为白眼是隐性性状，只有一对 X 染色体上都有白眼基因才会表现为白眼性状。根据这种假设，将白眼突变基因定位在 X 染色体上，用 X^+ 代表显性红眼基因，X^W 代表突变的白眼基因，Y 染色体上没有相应的等位基因，就可解释上述试验结果。

纯种红眼雌蝇与白眼雄蝇交配为正交（图 4-9），白眼雄蝇的基因型是 $X^W Y$，产生两种精子：一种精子含 X^W；另一种精子含 Y，上面没有相应的白眼基因。红眼雌蝇的基因型是 $X^+ X^+$，产生的卵都带有 X^+，上面都有一野生型基因。两种精子（X^W 和 Y）与卵（X^+）结合，子代雌蝇的基因型是 $X^+ X^W$，因为＋对 W 是显性，所以表型是红眼，雄蝇后代的基因型是 $X^+ Y$，表型也是红眼，所以 F₁ 代全为红眼。白眼雌蝇与红眼雄蝇交配为反交（图 4-10），白眼雌蝇只产生 X^W 一种卵子，红眼雄蝇产生 X^+ 和 Y 两种精子，卵子与精子相互结合，后代雌蝇均为红眼，雄蝇均为白眼。当 F₁ 代的红眼雌蝇与红眼雄蝇交配时（图 4-11），红眼雌蝇（$X^+ X^W$）产生两种卵子：一种是 X^+；另一种是 X^W。红眼雄蝇产生 X^+ 和 Y 两种精子。卵子与精子相互结合，后代雌蝇都是红眼（$X^+ X^+$ 和 $X^+ X^W$），而雄蝇中一半是红眼（$X^+ Y$），一半是白眼（$X^W Y$），表型比例是 2：1：1。F₁ 代红眼雌蝇与白眼雄蝇交配时（图 4-12），红眼雌蝇（$X^+ X^w$）产生 X^+ 和 X^w 两种卵子，白眼雄蝇产生 X^w 和 Y 两种精子。卵子与精子相互结合，后代红眼与白眼比例为 1：1，雌蝇与雄蝇的比例也为 1：1。

```
P      红眼♀  ×  白眼♂
       X⁺X⁺       XᵂY
              ↓
F₁  精子   Xᵂ      Y
    卵子
    X⁺   X⁺Xᵂ    X⁺Y
         红眼♀   红眼♂
```

```
P      白眼♀  ×  红眼♂
       XᵂYᵂ       X⁺Y
              ↓
F₁  精子   X⁺      Y
    卵子
    Xᵂ   X⁺Xᵂ    XᵂY
         红眼♀   红眼♂
```

图 4-9　纯种红眼雌蝇与白眼雄蝇杂交（正交）　　　图 4-10　白眼雌蝇与红眼雄蝇杂交（反交）

F$_1$　红眼♀ × 红眼♂

X^+X^W　X^+Y

↓

F$_2$ 精子 / 卵子	X^+	Y
X^+	X^+X^+ 红眼♀	X^+Y 红眼♂
X^W	X^+X^W 红眼♀	X^WY 白眼♂

2红眼♀ : 1红眼♂ : 1白眼♂

图 4-11　F$_1$ 代红眼雌蝇与红眼雄蝇交配

F$_1$　红眼♀ × 白眼♂

X^+X^W　X^WY

↓

F$_2$ 精子 / 卵子	X^W	Y
X^+	X^+X^W 红眼♀	X^+Y 红眼♂
X^W	X^WX^W 红眼♀	X^WY 白眼♂

1红眼♀ : 1白眼♀ : 1红眼♂ : 1白眼♂

图 4-12　F$_1$ 代红眼雌蝇与白眼雄蝇交配

从上述试验结果可以看到性连锁遗传的三个特点：①正、反交的结果不同，即正交子代雌雄蝇中都有红眼、白眼，反交子代中雌蝇为红眼，雄蝇为白眼；②后代性状的分布与性别有关，性状的分离比在两性间不一致，即白眼在雄蝇出现机会较多；③常成一种交叉遗传，即白眼雄蝇的白眼基因随着染色体传给 F$_1$ 代的雌性果蝇，再由雌性果蝇传递给 F$_2$ 代的雄蝇。摩尔根这项研究的意义是第一次把一个特定基因定位于一个特定染色体上，并且其性连锁遗传理论十分完美地解释了各种试验结果，为遗传学的发展做出了杰出的贡献。

（三）伴性连锁遗传

伴 X 隐性（sex-linked recessive，XR）遗传是指一些遗传性状的隐性基因在 X 染色体上的一种遗传方式，又称 X 连锁隐性遗传。人类红绿色盲遗传、血友病遗传等都属于伴 X 隐性遗传。人类红绿色盲遗传和血友病（hemophilia）是由 X 染色体携带的隐性基因的遗传方式，其遗传特点是发病率有明显的性别差异。在人群中男性患者的频率显著高于女性，而且致病基因的频率越低，女性患者在群体中越少见，但是隐性致病基因往往以杂合状态存在于女性中。常见病例有红绿色盲（color blindness）、血友病（hemophilia）等。

伴 X 隐性遗传特点：具有隔代交叉遗传现象（外公→女儿→外孙）；患者中男多女少；女性患者的父亲及儿子一定是患者；正常男性的母亲及女儿一定正常。

A 型血友病若女性是携带者（X^+X^h），与正常男人结婚，所生女儿的基因型有两种，X^+X^+ 和 X^+X^h 都是正常的，儿子的基因型也有两种，一种是 X^+Y，表型正常，另一种是 X^hY，是血友病患者，即男孩中有 1/2 会是血友病患者。可见男性血友病基因不传儿子，只传女儿，但女儿不显现血友病，却能生下患血友病的外孙，这样两代间出现明显的不连续现象（图 4-13），称为交叉遗传。

亲代　携带者(女) × 正常(男)

X^+X^h　X^+Y

↓

配子	X^+　X^h	X^+　Y
后代	X^+X^+	X^+Y
	X^+X^h	X^hY
	女	男
	1正常 : 1携带者	1正常 : 1血友病患者

图 4-13　女性携带者与正常男性婚配及后代

伴 X 显性遗传（X-linked dominant inheritance，XD）是指决定一些遗传性状的显性基因在 X 染色体上的遗传方式，又称 X 连锁显性遗传。抗维生素 D 佝偻病、遗传性肾炎、深褐色齿等属于伴 X 显性遗传。由于性染色体在雌性和雄性个体中组成不同，这类性状遗传规律在群体中往往具有连续遗传现象、患者中雌性多于雄性的遗传特点。

（四）与性别有关的其他遗传类型

限性遗传（sex limited inheritance）是指某些性状只局限于在雄性或者雌性上表现，控制性别的基因可能在常染色体或性别染色体上。限性遗传与伴性遗传不同，只局限于一种性别上表现。限性遗传的性状多与激素的存在与否有关。例如某些甲虫的雄性有角等。

从性遗传是由常染色体上基因控制的性状，在表型上受个体性别影响。从性遗传与伴性遗传的表现型都与性别有密切关系，但它们属于两种不同的遗传方式。伴性遗传的基因位于性染色体上，而从性遗传的基因位于常染色体上，所以从性遗传是指常染色体基因控制的性状，在表现型上受个体性别影响。

限性遗传、从性遗传和伴性遗传三者的根本区别在于：①限性遗传和从性遗传是常染色体基因控制的性状，而伴性遗传是性染色体基因控制的性状；②限性遗传只发生在一种性别上，而从性遗传发生在两种性别上，但受个体差异影响；③伴性遗传发生在两种性别上，和性别的发生频率有差异。

二、巴氏小体与剂量补偿效应

在 1949 年，加拿大学者巴尔（M. L. Barr）首先发现在雌猫神经元间期核中有一个染色很深的染色质小体，雄猫中未见。此后在人类大部分正常女性表皮、口腔颊膜、羊水等细胞的间期核中也找到一个特征性的、浓缩的染色质小体。此小体与性别及 X 染色体数目有关，在细胞分裂间期处于浓缩状态，是一种惰性的异染色质化的小体，故称为性染色质体（sex-chromatin body），又名巴氏小体（Barr body）。体育运动会上的性别鉴定主要采用巴氏小体法。巴氏小体是雌性的间期细胞核中一种浓缩的、惰性的异染色质化的小体。细胞学的研究发现巴氏小体的数目正好是 X 染色体数目减 1，即 $n-1$，例如：XXX 女性有 2 个巴氏小体，但是在雌性生殖细胞中，已失活的染色体在细胞进入减数分裂前的时刻重新被激活，因此在成熟的卵母细胞里，两条 X 染色体都是有活性的。

在 XY 型性别决定的动物中，X 染色体上的基因在正常（二倍体）雌体中有两份，而雄体细胞中只有一份，可是雌体和雄体除了与性别有关的性状不同外，其他性状看不出任何显著的差别。这说明在雌体或雄体中，由 X 染色体上基因编码产生的酶或其他蛋白质在数量上相等或相近，这种现象的遗传机制叫剂量补偿效应，即 X 染色体连锁基因在两种性别中有相等的或近乎相等的有效剂量效应。剂量补偿有两种情况：一种是雌体中只有一条 X 染色体保持活性，其余的失活，哺乳类和人类属于这种情况；另一种是雌雄中 X 染色体上基因的转录速度不同，如果蝇雌体的两条 X 染色体都是有活性的，但转录速率低于雄体的单条 X 染色体，因此，雌雄体中 X 染色体上基因产物在量上相等或相近。

思 考 题

1. 试述连锁遗传与独立遗传的表现特征及细胞学基础。

2. 在杂合体 ABy//abY 内，a 和 b 之间的交换值为 8%，b 和 y 之间的交换值为 12%。在没有干扰的条件下，这个杂合体自交，能产生几种类型的配子？在并发系数为 0.26 时，配子的比例如何？

3. a 和 b 是连锁基因，交换值为 14%，位于另一染色体上的 d 和 e 也是连锁基因，交换值为 10%。假定 ABDE 和 abde 都是纯合体，杂交后的 F_1 又与双隐性亲本测交，其后代的基因型及其比例如何？

4. a、b、c 3 个基因都位于同一染色体上，让其杂合体与纯隐性亲本测交，得到下列结果：

+ + +	74	a + +	106
+ + c	382	a + c	5
+ b +	3	a b +	364
+ b c	98	a b c	66

试求这 3 个基因排列的顺序、距离和并发系数。

5. 基因 a、b、c、d 位于果蝇的同一染色体上。经过一系列杂交后得出如下交换值：基因 a 与 c 交换值 40%，a 与 d 的交换值 25%，b 与 d 的交换值 5%，b 与 c 的交换值 10%，试描绘出这 4 个基因的连锁遗传图。

6. 果蝇的长翅（Vg）对残翅（vg）是显性，该基因位于常染色体上；红眼（W）对白眼（w）是显性，该基因位于 X 染色体上。现让长翅红眼的杂合体与残翅白眼的纯合体交配，所产生的基因型如何？

7. 杂合体 AaBbCcDd 测交后代的基因型及数目如下：ABCD/abcd 为 42，abcd/abcd 为 41，aBCD/abcd 为 42，Abcd/abcd 为 40，ABcD/abcd 为 8，abCd/abcd 为 9，aBcD/abcd 为 10，AbCd/abcd 为 8，试指出 a、b、c 和 d 基因的关系。

8. 果蝇的 y，Sn 和 v 三对基因的遗传图是

将基因型为 ＋＋v/＋＋v 的果蝇与基因型为 ySn＋/ySn＋ 的果蝇杂交，写出在没有干扰和干扰系数为 0.4 时的情况下，F_1 果蝇产生的配子基因型及比例。

9. 鱼类的抗病基因 Pi-zt 与性别晚熟基因 lm 都是显性，两个基因连锁遗传，交换值 2.4%。用抗病、晚熟与感病、早熟个体进行杂交，欲在 F_3 选出抗病、早熟的 5 个纯合个体，F_2 群体至少要多少个个体？

10. 何谓伴性遗传、限性遗传和从性遗传？人类有哪些性状是伴性遗传的？

第五章 染色体变异

生物染色体具有相对的恒定性，但在生物界会发生各种变异。染色体变异（chromosome variation）包括染色体结构和数目的改变。

第一节 染色体结构变异

染色体结构变异主要有四大类：缺失（deletion）、重复（duplication）、倒位（inversion）、易位（translocation）。

一、缺失

1. 缺失的类型

缺失（deletion）指染色体上丢失了一段片断，导致位于这个片段上的基因也随着丢失的现象。染色体缺失的位置可分为顶端缺失和中间缺失两种类型。顶端缺失（terminal deficiency）是在染色体的长臂或短臂的外端发生断裂，造成该染色体缺少远端一段的现象。顶端缺失比较少见。某染色体没有愈合的断头如果同缺失的顶端断片重接，重建的染色体仍是单着丝粒的，是稳定染色体，也能遗传下去。如果有断头的染色体同另一个有着丝点的染色体断头重接，就形成一个不稳定的双着丝粒染色体，它在细胞分裂的后期向相反两极移动，所产生的拉力会使其发生断裂，再次造成结构的变异。这就是"断裂-融合-桥"循环。例如，某染色体各区段的正常基因顺序是 ab·cdef（·代表着丝粒），缺失 ef 区段就成为顶端缺失；缺失 de 区段就成为中间缺失，如图 5-1 所示。缺失 ef 和 de 区段无着丝粒，称为短片。

中间缺失（interstitial deficiency）是在染色体的长臂或短臂的臂内发生断裂和重接后的现象，即染色体缺失的区段是长臂或短臂的内段。顶端缺失和中间缺失二者的丢失片段都能产生无着丝点的断片。如果体细胞内的一对染色体一条是正常的，另一条是缺失的，该个体称为缺失杂合体（deficiency heterozygote）；如果一对染色体在同一位置上都是缺失的，该个体称为缺失纯合体（deficiency homozygote），如图 5-1 所示。

2. 缺失的细胞学鉴定

细胞内是否发生过染色体的缺失不太容易鉴定。在最初发生缺失的细胞进行分裂时，一般可以见到遗弃在细胞质里无着丝粒的染色体断片。该细胞经多次分裂后的子细胞内就很难找到断片了。如果中间缺失的染色体区段较长，就会在缺失杂合体的粗线期，正常染色体与缺失染色体所联会的二价体，常会出现环形或瘤形突出，如图 5-2 所示。这个环或瘤是正常染色体的没有缺失区段无配对时，被排挤出来形成的。倘若顶端缺失的区段较长，缺失杂合体形成的二价体常出现非姊妹染色单体的末端长短不等的现象。

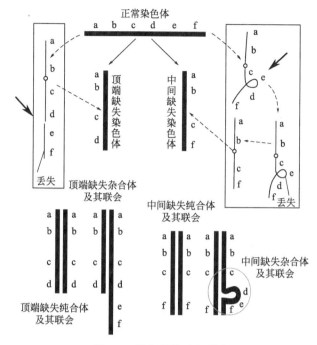

图 5-1 缺失的类型和形成

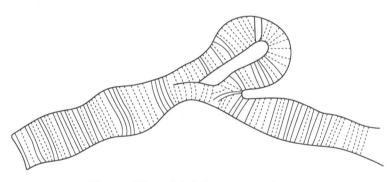

图 5-2 果蝇唾腺染色体结构变异的缺失环

3. 缺失的遗传效应

（1）影响染色体上基因的正常功能——生活力降低

染色体的某一区段缺失后，缺失染色体自然丢失了许多基因，它必然影响到生物体的生长和发育，其有害程度因缺失区段长短及基因的重要性而不同。缺失纯合体通常难以存活，缺失杂合体的生活力也很差。含缺失染色体的雄配子是不育的，含缺失染色体的胚囊能成活。因此，缺失染色体主要是通过雌配子而遗传。

人类染色体缺失显示了严重的遗传病。如果缺失的区段较小，对个体生活力损伤不严重时，存活下来的含缺失染色体的个体，常表现各种临床症状。如人类中第 5 染色体短臂缺失的个体称为猫叫综合征（cri-du-chat syndrome），该个体生活力差、智力低下、面部小、最明显的特征是患儿哭声轻、音调高、常发出咪咪声，通常在婴儿期和幼儿期夭折。另外人类第 4、13、18 染色体的杂合缺失也都伴有生理和智力上的缺陷。

（2）假显性（pseudominance）

它是指染色体发生缺失后，在缺失杂合体中隐性基因得以显现的现象。如控制玉米植株颜色的一对相对性状表现为紫色（显性性状）和绿色的基因分别为 PL 和 pl，在第 6 染色体长臂的外段。紫株玉米 PLPL 与绿株 plpl 杂交的 F_1 植株 PLpl 应该都是紫色的。用 X 射线照射后的紫株玉米的花粉与正常绿株授粉，照射后花粉的第 6 染色体缺失了 L 基因，于是未发生丢失的另一个正常染色体上的 pl 基因显示了它的作用，杂交后代会出现绿苗，这就是缺失导致的假显性现象。

（3）改变基因间的连锁强度

发生染色体中间缺失后，再经各种方式交配，可形成缺失纯合体，而缺失之外的基因相互连接起来，使相距较远的基因连锁强度增强，交换率下降。

二、重复（duplication）

1. 重复的类型

重复是指某条染色体多了自身的某一区段。重复一般分为顺接重复（tandem duplication）和反接重复（reverse duplication）两大类型，如图 5-3。顺接重复是指重复的区段内基因顺序同源染色体上的正常顺序相同。反接重复是指重复的区段内基因顺序与原染色体上的正常顺序相反。如某染色体各区段的正常基因顺序是 a b·c d e f，如果"c d"区段重复了，顺接重复染色体上的基因顺序是 a b·c d c d e f；反接重复染色体上的基因顺序是 a b·c d d c e f。重复区段内不能有着丝粒。如果着丝粒所在的区段重复了，重复染色体变成双着丝粒染色体，就会继续发生结构变异，断裂-融合-桥循环很难稳定成型。

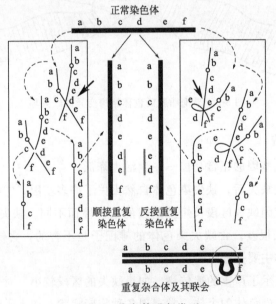

图 5-3 染色体重复类型

2. 重复染色体仍可采用重复杂合体联会

倘若重复的区段较长，重复染色体在和正常染色联会时，重复区段就会被排挤出来，成为二价体的一个突出的环（图5-3）。倘若重复区段极短，联会时重复染色体区段可能收缩一点，正常染色体在相对的区段可能伸张一点，于是二价体就不会有环或瘤突出，镜检时就很难察觉是否发生过重复了。一旦在显微镜下观察到染色体联会成环，可采用以下方法将缺失和重复分开。利用联会后染色体长度进行比较，若某个二价体上有环状突起，但长度与正常染色体相等，必为重复环；若染色体已缩短，必为缺失环。利用多线染色体上的带纹进行比较，若某条联会的染色体有环状突起，但带纹数与正常相比不变，此环为重复环；若有环的染色体带纹数减少了，则表明该染色体发生了缺失。

3. 重复的遗传效应

重复对表现型的影响主要是扰乱了基因的固有平衡体系，呈现出随着基因数目的增加，表型效应发生改变的现象；对细胞、生物体的生长发育可能产生不良影响。过长区段的重复或带某些特殊基因的重复也会严重影响生活力、配子育性，甚至引起个体死亡；重复还导致基因在染色体上的相对位置改变、重复区段两侧基因间连锁强度降低；重复也是生物进化的一种途径，导致染色体DNA含量增加，为新基因产生提供材料。

（1）剂量效应（dosage effect）

重复个体的性状变异因重复区段载有基因不同而异。某些基因可能表现剂量效应，随着细胞内的基因拷贝数增加，基因的表现能力和表现程度也会随着增加。因此，细胞内基因拷贝数越多，表现型效应越显著。有些多个拷贝的隐性基因甚至会掩盖其显性等位基因的表现。

果蝇的棒眼遗传是剂量效应的一个重要例证。野生型果蝇的每个复眼大约由780个红色小眼组成。若果蝇X染色体的16区A段因不等交换而重复了，则小眼数量显著减少；重复杂合体的红色小眼数只有358个左右，不到野生型的红色小眼数的一半。重复纯合体的红色小眼数更少，只有68个左右，是野生型红色小眼数的1/11，如图5-4。

（2）位置效应（position effect）

对果蝇棒眼的深入研究发现同样具有4个16区A段，红色小眼数也有所不同。出现这种差异是因为其中一个雌蝇的4个16区A段平均分配在两个染色体上，而另一个雌蝇的4个16区A段之中有3段在一个染色体上，另一段16区A段在另一个染色体上（图5-4）。这是说，染色体上重复区段的位置不同，表现型的效应也不同，这种现象称为位置效应。

三、倒位（inversion）

1. 倒位的类别

倒位（inversion）是指染色体的某一区段的正常直线的基因顺序颠倒了。倒位是染色体上一段区域的位置颠倒。根据染色体发生倒位的位置，染色体倒位有两种形式：①臂内倒位（pracentric inversion），指倒位的区段在染色体的某一个臂内，倒位片段不含着丝粒；②臂间倒位（pericentric inversion），指倒位区段内有着丝粒，或倒位的区段涉及染色体的两个

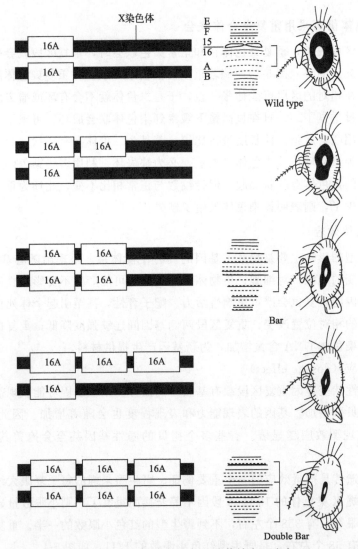

图 5-4　果蝇 X 染色体 16A 区段的重复的遗传效应（改自 Klug，2002）

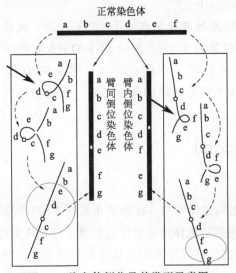

图 5-5　染色体倒位及其类型示意图

臂，倒位片段包含着丝粒。一条正常区段顺序为 ab.cde 的染色体 A，在 c-d 间发生断裂，区段倒转重接后形成臂内倒位染色体（ab.dce）B（图 5-5）；如果在 b-d 发生断裂，区段倒转重接后形成臂间倒位染色体（adc.be）B。如果细胞内某对染色体中一条为倒位染色体而另一条为正常染色体，则该个体为倒位染色体杂合体（inversion heterrozygote）C，而含有一对发生相同区段倒位同源染色体的个体称为倒位染色体纯合体（inversion homozygote）。

2. 倒位的细胞学鉴定

根据倒位杂合体在减数分裂联会时的图像可鉴别是否发生了倒位。若倒位区段很长，倒位染色体可反转过来，倒位区段仍与正常染色体的同源区段进行联会，其他区段就只得保持分离，呈现一种"桥"的形状；若倒位区段较短，常常是倒位的区段不能配对，结果中间有疏松区；若倒位区段不长，则倒位染色体与正常染色体所联会的二价体会在倒位区段内形成"倒位圈或环"，如图 5-6。

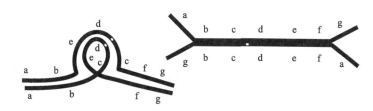

图 5-6　倒位染色体联会形成的倒位环和桥

3. 倒位的遗传学效应

（1）倒位可抑制或大大降低倒位环内基因的重组或交换　对倒位杂合体来说，只要非姊妹染色单体之间在倒位圈内发生了交换，所产生的染色单体或配子有 4 种：①臂内倒位杂合体交换后产生无着丝粒断片，在后期 I 丢失了；②臂内倒位杂合体的交换产生了双着丝粒的缺失染色体单体，后期桥折断后，形成两个缺失染色体，含此染色体的配子不育；③两种倒位杂合体染色单体交换后产生单着丝粒的重复缺失染色体和缺失染色体，含此染色体的配子仍是不育的；④未发生交换，含有正常或倒位染色单体的配子是可育的。

（2）改变基因间的交换率或重组值　当染色体出现倒位区段之后，倒位区段内的那些基因的直线顺序也就随着颠倒了。因此，倒位纯合体同未发生倒位的正常生物体比较，倒位区段内的各个基因与倒位区段外的各个基因之间的重组值（交换值）改变了。

（3）影响基因间的调控方式　因为基因间的关系是生物进化形成的，一旦发生染色体倒位，使基因调控方式发生了根本性的变化，可使正常表达的基因被迫关闭，也可能使原来关闭的基因被激活。

四、易位

1. 易位的类型

易位（translocation）是指某染色体的一个区段易接在非同源的另一条染色体上。它分为两类：一种是相互易位（reciprocal translocation），指两个非同源染色体都断裂后，这两个断裂了的染色体及其断片随后又交换地重新结合起来，如两条非同源染色体 ab. cde 与 wx. yz，发生区段 cd 与 z 互换，形成两条易位染色体 ab. cz 和 wx. yde；另一类是简单易位（simple translocation）或单向转移，指染色体的某一区段嵌入到非同源染色体的一个臂内的现象。相互易位最常见。如 ab. cde 的 d 区段插入 wx. yz 的 yz 之间，形成易位染色体 wx. ydz，而另一条染色体就成为缺失染色体 ab. ce（图 5-7）。易位杂合体（translocation heterozygote）指两对同源染色体各含一条易位染色体和一条正常染色体。易位纯合体（translocation homozygote）是指两对同源染色体都是相同区段的易位，形成的两对易位染色体。

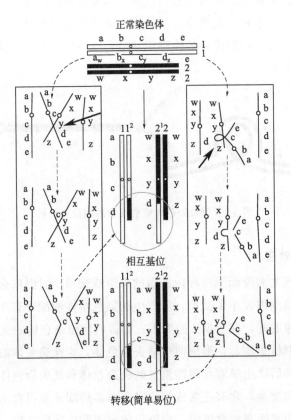

图 5-7　易位的各种类型及其形成过程示意图

2. 易位的细胞学鉴定

鉴定易位的方法是观察易位杂合体在减数分裂联会时的图像。根据同源区域相互配对原则，一条易位的染色体片段仍与同源染色体的片段相联会，结果形成"十"字形。这种易位杂合体形成的两对染色体联会在后期Ⅰ染色体分离时，有两种分离方式：一是交叉式分离，即以着丝粒分离或同源染色体分离，4 条染色体交叉着被拉向两极，结果形成"8"字形；二是邻近式分离，即相邻的两条染色体到达一极，另两条染色体到达另一极，再加上有交叉端化现象，结果形成 4 条染色体的大环，为"四体环"。这些图像都是鉴定易位的重要依据（图 5-8）。

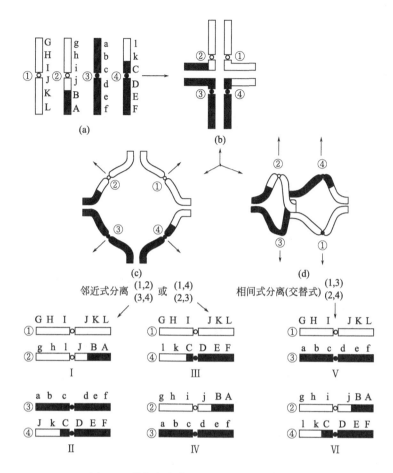

图 5-8 易位杂合体联会后期 I 染色体分离

3. 易位的遗传学效应

（1）半不育（semi-sterility）现象 易位杂合体在产生配子时，若后期 I 交叉式分离，最后产生的配子或者得到两条正常的染色体，或者得到两条易位染色体，它们都是可育的；若后期 I 是邻近式 2/2 分离，就只能产生含重复、缺失染色体的配子，它们都不可育。由于发生交叉式分离和邻近式分离的机会一般大致相等，于是易位杂合体常表现半不育。

（2）易位可降低易位接合点附近某些基因间的重组率 原因是易位点附近的染色体区段在联会时不太紧密，交换的概率下降，重组率必然降低。

（3）易位可使两个正常的连锁群改组为两个新的连锁群，出现假连锁现象。原来属于一个连锁群的一部分基因，改为两个连锁群，与仍然留在原连锁群的那些基因反而成为独立遗传关系。同理，原来属于两个连锁群的某些基因改为同一连锁群。像这样本不属于一个连锁群的某些基因由于易位而连锁在一起的现象称为假连锁（pseudolinkage）。

（4）易位可造成染色体融合（chromosomal fusion），从而导致染色体数目的减少。由于两个易位染色体中，一个从两个正常染色体得到的区段很小，在产生配子时丢失；另一个从两个正常染色体得到的区段很长，成为一个更大的易位染色体在形成配子时存留下来。于是这个易位杂合体的子代群体内，有可能出现少了一对染色体的易位纯合体。这种现象在人类中经常发生，如罗伯逊易位（Robertsonian translocation），最常见的是第 14 号和 21 号染色体之间的易位。

（5）易位可激活致癌基因。

第二节　染色体结构变异的应用

一、基因定位

（一）利用缺失进行基因定位

利用缺失的细胞学鉴定与假显性现象确定基因在染色体上的大致区域，这种方法称为缺失定位（deficiency mapping）。这种基因定位的方法是使载有显性基因的染色体发生缺失，让它的隐性等位基因有可能表现假显性，对表现假显性现象的个体进行细胞学鉴定，发现某染色体缺失了某一区段，说明该显性基因及其等位的隐性基因位于该染色体的缺失区段上。如玉米紫株基因 PL 缺失的条件下，其隐性等位基因 p1 使绿色隐性性状得以表现，从而确定该隐性基因 p1 的位置。果蝇的缺失区段可以结合唾腺染色体横纹观察进行更精确的鉴定，因而许多果蝇基因最初都是通过缺失定位（包括中间缺失）确定其在染色体上的位置。

（二）利用易位进行连锁分析

通常易位杂合体所产生的可育配子中一半含两个正常染色体（1 和 2），一半含两个易位染色体（1^2 和 2^1），所以在它的自交子代群体内：1/4 是完全可育的正常个体（1122），2/4 仍然是半不育的易位杂合体（11^22^1），1/4 是完全可育的易位纯合体（$1^21^22^12^1$）。由此可见，易位染色体上的易位点也符合一对等位基因的遗传方式。可以将易位点当作一个具有配子半不育表型的显性基因（T），正常染色体上的等位点相当于一个隐性基因（t），具有配子可育表型。尽管易位纯合体（TT）也表现为可育，但在测交后代群体只有杂合体（Tt）和一种纯合体（tt 或 TT），所以根据配子可育性可以将两者区别开来。依据这一原理，易位点与相邻基因间的重组率可通过两点或三点测验进行定位。

二、用于基因突变的检测

CIB 测定法（crossover suppress-lethal-Bar technique）用于检测果蝇 X 染色体上的隐性突变和致死突变，并测定其隐性突变的频率。这一方法由穆勒于 1928 年在果蝇 CIB 品系的基础上创建，是对倒位交换抑制效应巧妙的应用之一。CIB 品系是穆勒从 X 射线照射的果蝇子代群体中筛选的一种特殊的 X 染色体倒位杂合体（$X^+ X^{CIB}$），具有 1 条结构正常、通常带野生型显性基因的 X 染色体（X^+）和 1 条 CIB 的 X 染色体（X^{CIB}）。在 CIB 染色体上 C 表示该染色体上存在 1 个倒位区段，可抑制 X 染色体间交换；Ⅰ表示该倒位区段内的 1 个隐性致死基因，Ⅰ基因纯合胚胎在最初发育阶段死亡；B 表示倒位区段外的 16A 区段重复，具有显性棒眼表型。由于 I 基因的作用，$X^{CIB}X^{CIB}$ 与 $X^{CIB}Y$ 类型均不能存活。

　　CIB 法测定 X 染色体上某基因的隐性突变率（诱变率）的基本步骤如图 5-9 所示。①用射线（如 X 射线）处理 X 染色体正常的显性雄果蝇（X^+Y）；部分 X 染色体上的显性基因突变（X^+X^-）；带 X x 染色体的配子有两种类型：X^+ 和 X^-，由于不能直接将其区分开，可用 X^* 表示。②用该雄果蝇与 X^+X^{CIB} 交配；由于倒位区段抑制交换，后者只产生两种类型的配子，分别带 X^+ 和 X^{CIB} 染色体；杂交子代存活个体有 3 种类型：X^*X^{CIB}（棒眼雌性）、X^*X^+（正常眼雌性）和 X^+Y（正常眼雄性）；此时仍然不能根据表型鉴定前两种个体的 X' 染色体上基因是否突变。③再用后代中棒眼雌性（X^*X^{CIB}）与显性雄果蝇（X^+Y）交配；由于倒位仍然抑制 X^* 与 X^{CIB} 交换，因此棒眼雌性（X^*X^{CIB}）也只产生两种类型的配子，分别含 X^* 和 X^{CIB} 染色体。后代中 $X^{CIB}Y$ 雄果蝇不能存活，存活的 X^*Y 雄性个体中，X^* 染色体上的基因呈半合状态，其中未突变的为 X^+，表现显性性状，而发生隐性突变为 X^-，表现隐性性状。④雄果蝇中隐性个体的比例就是该基因的诱变（突变）频率。

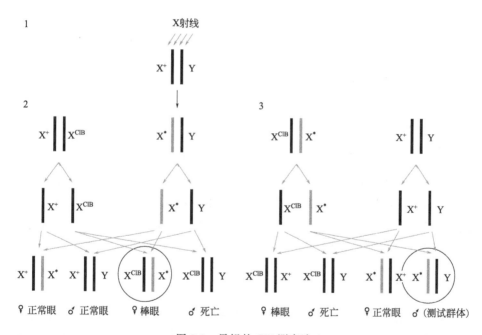

图 5-9　果蝇的 CIB 测定法

　　理论上，诱导处理的雄果蝇 X 染色体上所有显性基因突变频率都能通过一次 C 测验来测定。另外，由于诱变处理通常具有较高的突变频率，如果在最后的子代雄果蝇中没有发现隐性个体，则可能是发生了高频率的隐性致死突变。

三、用于保存致死基因

　　致死基因虽对生物有害，但对于研究它的遗传规律、致死效应和机理以及它与其他性状的关系都有重要的意义，所以有必要保存致死基因。一般情况下，致死基因不易保存，纯合时个体死亡，为此只能以杂合状态予以保存。Muller 在 1918 年发现果蝇的翻翅基因（Cy）

是一个纯合致死的显性基因；而另一个隐性致死基因（1）也是纯合致死。Cy基因和1基因分别位于一对染色体的不同位置上，而且这对染色体的两基因之外有倒位区段。在两致死基因的杂合体Cy＋/＋1中，由于倒位抑制了交换，只形成Cy＋和＋1配子，近交后代可有3种基因型：Cy＋/Cy＋、＋1/＋1和Cy＋/＋1，前两种基因型死亡，只存活最后一种（Cy＋/＋1），表型全翻翅。像这种各代存活的个体都是杂合体，无须选择而能保存致死基因，并能真实遗传的品系称为平衡致死品系（balance lethal system）。

四、重复、倒位在生物进化中的应用

重复虽对生物的生活力影响不大，但在生物进化中有非常重要的意义。因为重复所增加的片段很可能有独特的功能，可能更适应环境的变化，有利于生物的生存。现已知在真核生物中，有许多重复序列尤其是中度重复序列，大多是与蛋白质合成有关的DNA序列。可推测这些重复序列很可能是由染色体多次重复形成的。倒位改变了基因与基因之间固有的关系从而造成变异，通过种间杂交，根据其减数分裂时的联会情况，可以分析亲本种的进化历史。如欧洲百合（*Lilium martagon*）和竹叶百合（*L. hasnonii*）这两个不同的种间的分化就在于一个种的6个染色体，是由另一个种的相同染色体发生臂内倒位形成的。

五、染色体结构变异在育种中的应用

（一）利用重复进行育种

染色体结构变异是育种选材工作中的遗传变异重要来源之一。由于基因的剂量效应，重复区段基因拷贝数增加可能导致性状变异，诱导特定基因所在染色体区段重复可能提高其性状表现水平。其中，最具前途的应用包括植物抗逆相关基因、营养成分或特定次生代谢产物相关的基因。例如，诱导大麦的a-淀粉酶基因所在染色体区段重复，可大大提高其a-淀粉酶表达量，从而显著改良大麦品质。

（二）利用易位进行育种

染色体易位是迄今为止在育种中应用最为传统也最富有成果的物种间基因转移方法。利用易位创造玉米核不育系的双杂合保持系。曾有人提出利用易位来创造核雄性不育系的双杂合保持系。以位于第6染色体上的不育基因ms_1不育系（ms_1ms_1）为例，其双杂合保持系为：育性基因杂合（Ms_1ms_1）、第6染色体杂合（66^999-包含一条正常的第6染色体和一条6-9易位染色体，但具有一对正常的第9染色体）、可育基因Ms_1，位于易位染色体上（6^9）。其中，第9染色体也可以是任意其他染色体，如图5-10所示，这种双杂合保持系可以从6-9相互易位杂合体（66^999^6）与正常染色体、育性基因杂合体杂交后代中筛选得到。双杂合保持系产生2种小孢子：带有Ms1基因的花粉为重复—缺失小孢子，因而是败育的；带有ms1基因的小孢子染色体组成正常，因而可育。雄性不育系与双杂合体杂交子代植株都是ms1 ms1的雄性不育株，雄性不育性得到保持（图5-10）。

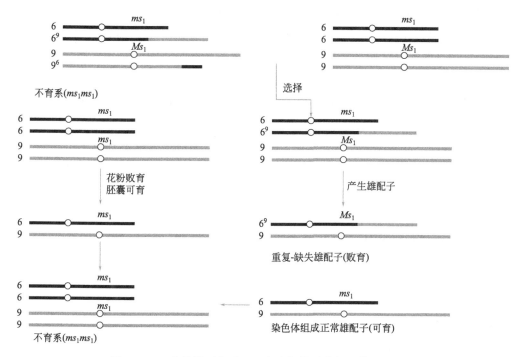

图 5-10　玉米雄性不育系、双杂合保持系获得及其应用机理

第三节　染色体数目变异

一、染色体组和染色体数目变异的类型

（一）染色体组的概念和特征

在二倍体生物中，能维持配子正常功能的最低数目的一套染色体称为染色体组或基因组（genome），是细胞内形态、结构和载有的基因均彼此不同的各个染色体的集合。一个染色体组所含染色体的数目就是染色体基数（x）。在动物的体细胞核中一般含有两个染色体组，即为二倍体，$2n=2x$。染色体基数具有种属的特性，不同属往往具有独特的染色体基数。如小麦属 $x=7$，该属中各个不同物种的染色体数都是以 7 为基数变化的，野生一粒小麦 $2n=2x=14$，野生二粒小麦 $2n=4x=28$，普通小麦 $2n=6x=42$。不同种属的染色体组所包含的染色体数可能相同，也可能不同。如大麦属 $x=7$，高粱属 $x=10$，烟草属 $x=12$，稻属 $x=12$。

（二）染色体数目变异的类型

染色体数目变异即指在一个细胞内染色体与通常染色体组型内数目的差异。染色体数是 x 整倍数的个体或细胞称为整倍体（euploid）。整倍体变异（euploid variation）是指在二倍体生物的基础上增减个别染色体组所引起的变异，实际上整倍体的细胞内部含有完整的染色体组。整倍体变异分为 2 大类。其中，单倍体（haploid）指细胞内含有配子染色体数目的个体，染色体组成用 n 表示。在二倍体物种中 n＝x，而在多倍体物种中 n＞x。多倍体（polyploid）是指细胞内含有 3 个或 3 个以上染色体组的个体，有三倍体、四倍体、六倍体等。同源多倍体是指增加的染色体组来自同一物种，一般是由二倍体的染色体直接加倍得到；异源多倍体（allopolyploid）是指增加的染色体组来自不同物种，一般是由不同种、属间的杂交种染色体加倍形成的。

非整倍体变异（aneuploid variation）是指在二倍体基础上增减个别条染色体所引起的变异。通常，染色体数少于 2n 的非整倍体统称为亚倍体（hypoploid），如单体、缺体、双单体，如图 5-11 所示。单体（monosomic）是指在 2n 体细胞内缺少一条染色体，即 2n－1。缺体（nullisomic）是在 2n 体细胞内缺少一对同源染色体，即 2n－2。双单体（double monosomic）是在 2n 体细胞内缺少两条非同源染色体，即 2n－1－1。染色体数多于 2n 的非整倍体称为超倍体（superpioid），如三体、双三体、多体等。三体（trisomic）是在 2n 个体中增加了一条染色体（2n+1），即在合子中某一染色体为三条，而其他染色体为成对存在。双三体（double trisomic）是在 2n 个体中增加了两条非同源染色体，即 2n+1+1。多体（polysomic）是在 2n 体细胞内增加 3 条或 3 条以上染色体，如人类的性染色体存在 48XXXX（四体）和 49XXXXX（五体）等。

名称	染色体组	
单体 2n-1	ХХ ХХ ХХ Х	(ABCD)(ABC_)
双单体 2n-1-1	ХХ ХХ Х Х	(ABC_)(AB_D)
缺体 2n-2	ХХ ХХ ХХ	(ABC_)(ABC_)
三体 2n+1	ХХХ ХХ ХХ ХХ	(ABCD)(ABCD)(A)
四体 2n+2	ХХХХ ХХ ХХ ХХ	(ABCD)(ABCD)(AA)
双三体 2n+1+1	ХХХ ХХХ ХХ ХХ	(ABCD)(ABCD)(AB)

图 5-11　非整倍体变异类型

二、整倍体

（一）同源多倍体

同源多倍体（autopolyploid）是指多倍体细胞内的多个染色体组来源于一个物种。染色体倍数的增加可能给生物体带来一系列的变化。例如，二倍体的西葫芦（*Cu-curbita pepo*）的果实为梨形，而同源四倍体的果实是扁圆形的。同源多倍体在形态上一般表现巨大型的特征，倍数越多，细胞体积和细胞核体积越大，组织和器官也有趋大的倾向，如四倍体葡萄的果实明显大于其二倍体。

同源多倍体会产生剂量遗传效应，由于多倍体的每个基因位点有多个基因成员，基因产物必然增多，结果糖类、蛋白质等含量显著提高。细胞体积明显增大，细胞分裂速度降低，生育期延长。偶数的同源多倍体育性部分降低，现以同源四倍体（4n）为例进行说明。由于体细胞中每号染色体都有 4 条，在减数分裂时，同源染色体联会有多种方式（表5-1），而以 2/2 联会（Ⅱ＋Ⅱ）占多数，它们在后期Ⅰ能正常分离，形成的配子都是可育的。有时也会有其他联会方式：Ⅳ（四价体）、Ⅲ＋Ⅰ（一个三价体和一个单价体）、Ⅱ＋Ⅰ＋Ⅰ（一个二价体和两个单价体），这些联会方式在后期Ⅰ分离时可能形成 2/2 式均衡分离，也可能会形成 3/1、2/1 等不均衡分离，产生的配子中染色体数目不平衡，结果导致同源四倍体的部分不育。奇数的同源多倍体由于分离的不均衡导致后代高度不育。

表 5-1　同源四倍体的联会形式和染色体分离结果

联会类型	后期Ⅰ分离方式	配子可育情况
Ⅱ＋Ⅱ	2/2	均衡可育
Ⅳ	2/2 或 3/1	高度可育
Ⅲ＋Ⅰ	2/2 或 3/1 或 2/1	少部分配子不育
Ⅱ＋Ⅰ＋Ⅰ	2/2 或 3/1 或 1/1	少部分配子不育

（二）异源多倍体（allopolyploid）

异源多倍体在植物界广泛存在，是物种演化的一个重要因素。在动物中，异源多倍体极为罕见，马蛔虫（*Parascarisequorum*）有 2n＝2 的和 2n＝4 的个体可能是唯一的实例。人工诱发异源多倍体在育种中具有重要的应用价值，可以克服远缘杂交的不孕性，克服远缘杂种的不育性，创造远缘杂交育种的中间亲本。例如白菜与甘蓝杂交不能得到种子，但将甘蓝加倍成为同源四倍体，再与白菜杂交，正反交均能得到种子。在进行种间杂交前，将一个亲本种加倍成同源多倍体，是克服种间杂交不孕性的有效途径之一。

三、单倍体

根据单倍体细胞内含有的染色体组数，可把单倍体分为以下几类，一倍单倍体（monohaploid）是细胞内含有一个染色体组的单倍体。如雄蜂，n＝X＝16，真菌的营养菌丝多属此类。二倍单倍体（dihaploid）是细胞内含有两个染色体组的单倍体。如陆地棉的花粉及由花粉培育成的植株都属此类（n＝2X＝26）。多倍单倍体（polyhaploid）是细胞内含有 3 个或 3 个以上染色体组的单倍体，如普通小麦是异源六倍体（2n＝6X＝42），其花粉及培育成的植株都是单倍体（n＝3X＝21）。

单倍体的遗传学效应包括：①生活力降低，由于单倍体只含有体细胞染色体数的一半，基因产物必定减少，也不存在等位基因间的相互作用（即异质性），所以大多数动植物的单倍体不能存活，人工诱导的单倍体在表型上往往细胞体积小，体型小，生活力较差；②缺乏等位基因间的显隐性关系，各种性状都可直接显现；③自然界的单倍体能正常可育，人工培育的单倍体高度不育。自然界中的单倍体（如雄蜂）不经过典型的减数分裂即可形成配子。

尽管单倍体的高度不育特性对自身的繁衍不利，但它对于人类有着非常重要的理论意义和实用价值。遗传学理论上，可直接探讨基因的功能。单倍体植物中的所有基因无显隐性差别，都可发挥作用，所以可直接研究基因的性质和功能及定位。利用单倍体可探讨染色体组的起源和进化。在单倍体减数分裂时，如果个别的染色体发生联会，可推测它们有同源性，从而追溯物种染色体的起源。利用单倍体培育纯合自交系，进而配制杂交种。

四、非整倍体

（一）亚倍体

1.亚倍体的来源

在动物中，有些物种的正常个体是单体，而单体染色体主要是性染色体。如许多昆虫（蝗虫、蟋蟀、某些甲虫）的雌性为 XX 型（2n），雄性为 X 型（2n−1）；一些鸟类的雄性为 ZZ 型（2n），雌性是 Z 型（2n−1）。动物中也会出现不正常的单体。例如，果蝇 2n=8=4 Ⅱ，雌性是 XX 型，雄性是 XY 型，曾经发现一种单体Ⅳ果蝇，其 Y 染色体丢失了，从而变成 X 型（2n−1）。人类的唐氏综合征患者的性染色体组成为 XO（2n−1），缺少了 1 条性染色体。

2.亚倍体的遗传学特点

亚倍体的遗传学特点有：①生活力降低；②二倍体生物中的亚倍体常常死亡或高度不育；③基因分离比例不规则。在减数分裂时，特定的单体常形成一个单价体，后期Ⅰ的分离是随机的，可能移向一极，也可能丢失，结果产生 n 和 n−1 配子，而且二者的生活力也不相等，n−1 雌配子多能正常生存，但雄配子往往死亡，因而子代的分离比非常不规则。

理论上单体应该产生 1∶1 的 n 型和 n−1 型配子，自交后代应表现出双体∶单体∶缺体=1∶2∶1 的分离。实际上并非如此，分离的比例变化很大。研究表明，成单的那个染色体在减数分裂时无联会对象，后期Ⅰ不能正常分离，常常会被遗弃，所以 n−1 型配子的频率高于理论预期值。例如普通小麦 21 种单体中参与受精的 n−1 型胚囊平均占 75%，正常的 n 型胚囊平均只占 25%。对于花粉而言，由于 n−1 型花粉生活力较差，在受精过程中竞争不过正常的 n 型花粉，所以尽管产生的 n−1 型花粉比例较大，但参与受精的数量却很少。普通小麦单体参加受精的 n−1 型花粉平均只占 4%（变异范围为 0~10%），而 n 型花粉的传递率平均为 96%（变异范围为 90%~100%）（表 5-2）。

表 5-2　小麦单体自交子代群体各种类型的比例

♀	♂	
	n（21 Ⅰ）96%	n−1（20 Ⅰ）4%
n（21 Ⅰ）25%	双体 2n（21 Ⅱ）24%	单体 2n−1（20 Ⅱ＋Ⅰ）1%
n−1（20 Ⅰ）75%	单体 2n−1（20 Ⅱ＋Ⅰ）72%	缺体 2n−2（20 Ⅱ）3%

3.亚倍体的应用

利用亚倍体进行基因定位，利用缺体研究基因与染色体的关系。由于不同染色体的缺体表现不同性状，所以可据此明确控制这个性状的基因位于哪个染色体上。例如已用此方法确定了控制小麦籽粒颜色遗传的 3 个独立分配的异位同效基因是 R1-r1、R2-r2、R3-r3，分别位于 3D、3A、3B 染色体上。在农业育种上可有目标地更换个别染色体。

（二）超倍体

染色体数多于 2n 的非整倍体称为超倍体（hyperploid），如三体、双三体、多体等。三体（risomic）是超倍体最重要的一种，由于超倍体其他类型应用较少，所以重点介绍三体。

1. 三体的性状特征

在三体细胞中，由于有一对染色体由 2 条增加为 3 条，该染色体上的基因剂量（gene dosage）也随之改变，从而会使三体或多或少地产生不同于正常双体的表型效应。一般情况下，不同染色体载荷的连锁基因群不同，不同染色体的三体会有不同的表现型。人类经常会出现三体，性染色体三体（XXX、XXY、XYY）的发生率相对较高。据报道，在异常胎儿中，有 47.8％为三体。在流产胎儿中，有 11.9％为三体。

2. 三体的基因分离

三体的染色体在减数分裂时多形成三价体，常呈现 2/1 式分离，结果非常复杂。假定某三体上的基因与着丝粒间未发生交换，而且染色体可随机地 2/1 式分离（不考虑染色单体的分离），那么两种杂合体（二显体 AAa 和单显体 Aaa）的分离比例见表 5-3。

表 5-3　三体的测交和自交后的表现

基因型	配子比例	n 与 n+1 配子均成活可育		仅 n 配子成活可育	
		测交后代表型比例	自交后代表型比例	测交后代表型比例	自交后代表型比例
AAA	1AA：1A	全 A	全 A	全 A	全 A
AAa	2A：1AA：2Aa：1a	5A：1a	35A：1a	2A：1a	8A：1a
Aaa	2Aa：2a：1aa：1A	1A：1a	3A：1a	1A：2a	5A：4a
aaa	1aa：1a	全 a	全 a	全 a	全 a

为了更易理解以二显体 AAa 为例说明配子的形成过程，若 n+1 配子和 n 配子均能成活，且 A 对 a 是显性，则 AAa 个体测交后代分离比例为 5A：1a，自交后代为 35A：1a（表 5-4）。如果只有 n 配子成活，则测交后代表型比为 2A：1a，自交后代为 8A：1a。单显体的分离（Aaa）同理可证。在实际生活中，并非所有的配子都能成活，而是在不同性别中的生殖能力不同。一般情况下，n 配子在雌雄生殖能力都相同，但 n+1 配子在雌雄体中差距非常大。通常是 n+1 雌配子能生存，而 n+1 雄配子死亡。在此，必须以两类配子所占的比例列成棋盘格，然后进行归纳整理，得出后代的表型种类和比例。

表 5-4　三体的二显体 AAa 自交分离结果分析

♀ ＼ ♂	2A	1AA	2Aa	1a
2A	4AA	2AAA	4AAa	2Aa
1AA	2AAA	1AAAA	2AAAa	1AAa
2Aa	4AAa	2AAAa	4Aaaa	2Aaa
1a	2Aa	1AAa	2Aaa	1aa

思 考 题

1. 什么是染色体畸变，染色体结构变异如何产生的？

2. 什么是缺失？缺失有哪些遗传学效应？如何利用它？

3. 什么是重复？如何鉴定重复？有何遗传学效应？

4. 什么是倒位，有哪些遗传学效应？

5. 什么是易位，有哪些遗传学效应？如何利用它？

6. 单倍体有何遗传学效应，如何利用它？

7. 同源多倍体和异源多倍体有何异同点？分别举例说明。

8. 单体有哪些遗传学效应？如何利用它？

9. 植株是显性 AA 纯合体，用隐性 aa 纯合体的花粉给它授粉杂交，在 500 株 F_1 中，有 2 株表现为 aa。如何证明和解释这个杂交结果？

10. 某生物有 3 个不同的变种，各变种的某染色体的区段顺序分别为：ABCDEFGHIJ、ABCHGFIDEJ、ABCHGFEDIJ。试述这 3 个变种的进化关系。

11. 普通小麦的某一单位性状的遗传常常是由 3 对独立分配的基因共同决定的，这是什么原因？用小麦属的二倍体种、异源四倍体种和异源六倍体种进行电离辐射处理，哪个种的突变型出现频率最高？哪个最低？为什么？

12. 四倍体的马铃薯 2n＝48，曾获得单倍体，经细胞学检查，发现该单倍体在减数分裂时形成 12 个二价体。据此，你对马铃薯染色体组成成分是怎样认识的，为什么？

13. 玉米花粉植株（n＝10）形成可育配子的概率多大？自然产生种子的概率又如何？

第六章　基因突变

基因突变（gene mutation）和遗传重组是生物发生遗传变异的两个基本过程。生物适应自然环境不断进化的基本动力也来源于基因突变，如果没有突变，生物的遗传多样性就会消失，难以适应环境的变化，进化也失去了动力，也就不会出现新的物种。引起基因突变的因素多种多样，基因在自然状态下可以极低的频率发生突变，在诱变物质的作用下，突变的频率可大幅提高。导致DNA损伤的化学过程以及检测、纠正这些损伤的修复过程，往往处于动态平衡，这是由于生物体中存在各种各样的修复系统。

第一节　突变的概念

基因突变也称点突变（pointmutationn），是指染色体上某一基因位点内部发生化学性质的变化，是DNA碱基对的性质、数目或序列的改变。基因突变后与原来的基因形成了对性关系，即成为原来基因的等位基因。例如由高秆基因D突变为矮秆基因d，D与d就是一对等位基因。发生突变基因而表现突变性状的细胞或个体称为突变体（mutant）或称为突变型。基因突变只能通过遗传学方法看它是否在杂交后代呈孟德尔式分离来鉴定。一般生物的遗传物质是DNA，DNA的分子结构特点决定了遗传信息不仅具有稳定性，而且具有可变性。DNA的精确复制是遗传稳定性的基础，基因突变是遗传信息改变的根源。同时，基因突变与生物的进化、动植物和微生物的育种实践以及人类的身体健康等都有着密切联系。

基因发生突变后，由原来基因控制的性状就会发生变异，而且这种改变是能够遗传的，因而基因突变可以大大丰富新的生物类型。在自然界里，基因突变是普遍存在的。人类通过选择，曾育成了不少品种，如有名的矮脚安康羊（图6-1）就是利用基因突变选育出来的。基因突变是生物进化发展的根本源泉，也是育种资源的重要源泉。

图 6-1　正常腿的山羊和矮脚安康羊

基因突变可以在自然情况下发生，这称为自发突变，也可以人为地利用某些理化因素诱发基因突变，这称为诱发突变。由于诱发突变出现的频率较高，所以诱发突变已成为创造育种材料的一种重要手段。

第二节　基因突变的一般特征

一、突变的稀有性和独立性

基因突变在自然界是广泛存在的，但单指某一个基因来说，其突变率（mutationrate）却是很低的。不同生物和不同基因的突变率有着很大的差别。在自然条件下，高等生物中基因突变率为 $1/10^5 \sim 10^8$，即在 10 万至 1 亿个配子中只有一个发生突变，说明基因在遗传中比较稳定。在低等生物中，如细菌，基因突变率为 $10^4 \sim 10^{10}$，即在 1 万至 100 亿个细菌中才可以看到一个突变体。在有性生殖生物中，突变通常用每一配子发生突变的概率，即用一定数目配子中突变配子数表示。据测定，玉米籽粒 7 个基因的自然突变率彼此各不相同，其中有的较高，如 R 基因，在每百万个配子中平均突变率为 492，有的较低，如 Sh 基因，仅为 1.2，两者相差高达 500 倍；而非糯性 Wx 基因的突变在百万个配子中一次都没有发生，说明其突变率更低，在遗传上更稳定。在无性繁殖的细菌中，突变率是每个细胞世代中一细菌发生突变的概率，即用一定数目的细菌在一次分裂的过程中发生突变的次数来表示。

基因突变通常也是独立发生的，即某一基因位点上发生基因突变时，一般不影响其他基因发生突变，这称为基因突变的独立性。由于基因突变频率很低，所以在一对等位基因中通常只有其中一个而不是两个基因同时发生突变。

二、突变的随机性

基因在生物生长发育的什么时期突变，以及哪一个细胞哪一个基因发生哪一种性质的突变是随机的。例如摩尔根在饲养的许多红色复眼的果蝇中偶然发现了一只白色复眼的果蝇，这一事实说明基因突变是随机发生的，基因突变的随机性还表现在突变体与环境条件之间没有对应关系，也就是说基因突变不是适应环境的结果。例如德尔布吕克（M. Delbruck）在 1943 年证明了大肠杆菌中的抗噬菌体细胞的出现与噬菌体的存在无关。

三、突变的可逆性和重演性

基因突变是可逆的，即显性基因 A 可以突变为隐性基因 a，而隐性基因 a 也可突变为显性基因 A。一般把显性基因突变为隐性基因称为正突变或隐性突变，把隐性基因突变为显性基因称为反突变或显性突变。通常以 U 表示正突变率，以 V 表示反突变率。

正突变与反突变的发生频率是不一样的，在多种情况下，正突变率总是高于反突变率，即 $U > V$。例如大肠杆菌中显性基因 his^+（野生型，能合成组氨酸）突变为隐性基因 his^-（突变型，失去合成组氨酸的能力）的正突变率为 2×10^{-6}，而反突变率为 1×10^{-9}，相差约 2000 倍。这是因为一个正常野生型的基因内部许多座位上的分子结构（如成对碱基）都可能发生改变而导致基因突变，但是一个突变基因内部只有那个被改变了的结构恢复原状，才能回复为正常野生型，所以两者的突变率有很大的差别。不过，除了基因内部发生缺失（如碱基缺失）引起的基因突变外，一切突变基因都有可能恢复为原来的基因结构，所以反突变也是能够发生的。

同一突变可以在同种作物的不同个体间多次发生，这称为突变的重演性。玉米籽粒在多次试验中都出现过类似的突变。

四、突变的多方向性

同一基因不仅能多次重复产生一种突变，而且能多方向地产生几种突变。例如基因 A 可以突变为基因 a，也可以突变为 a_1、a_2、a_3 等。这些突变基因对 A 来说都是隐性基因，它们之间以及它们与 A 之间都存在有对性关系，但它们控制的生理功能与性状表现又各不相同，表现性状具多样性。如果用其中表现型不同的两个纯合体杂交，由于等位基因的分离，F_2 都将呈现 3∶1 或 1∶2∶1 的性状分离比例。

具有对性关系的基因是位于同一个基因位点上的。位于同一基因位点上的各个等位基因，在遗传学上称为复等位基因。复等位基因存在于同一物种的群体中，而同一个体只含有复等位基因中的两个（指二倍体物种，同源多倍体是例外）。复等位基因广泛存在于生物界。

人的 ABO 血型遗传是复等位基因的另一个事例。ABO 血型是由三个复等位基因 I^A、I^B 和 i 决定的。I^A、I^B 对 i 均为显性；I^A、I^B 间无显隐性关系；两者同时存在时，能表现各自的作用。因此，这一组复等位基因可组成如下 6 种基因型和 4 种表现型（表 6-1）。

表 6-1　人的 ABO 血型的基因型和表现型关系

表现型	A		B		AB	O
基因型	$I^A I^A$	$I^A I^O$	$I^B I^B$	$I^B I^O$	$I^A I^B$	$I^O I^O$
基因型频率	p_A^2	$2p_A p_O$	p_B^2	$2p_B p_O$	$2p_A p_B$	p_O^2
表现型频率	$P_{A\_}=p_A^2+2p_A p_O$		$P_{B\_}=p_B^2+2p_B p_O$		$P_{AB}=2p_A p_B$	$P_{OO}=P_O^2$

五、突变的有害性和有利性

大多数基因的突变对生物的生长和发育往往是有害的。因为现存的生物都是经历长期自然选择进化而来的，它们的遗传物质及其控制下的过程，都已达到相对平衡和协调状态。如果某一基因发生突变，原有的协调关系不可避免地遭到破坏或削弱，生物赖以正常生活的代谢关系就会被打乱，从而引起程度不同的有害结果，一般表现为生育反常，极端的会导致死亡。这种导致个体死亡的突变，称为致死突变。例如植物的隐性白苗突变基因（w）处于纯合状态时，幼苗因缺乏合成叶绿素的能力，当种子中的营养消耗尽时，幼苗即死亡，这称为隐性纯合致死（图 6-2）。也有少数显性致死突变，它们在杂合状态下就会导致个体死亡。例如人的神经胶症显性致死基因，在杂合状态下可引起皮肤畸形生长、严重智力缺陷、多发性肿瘤等，年轻时即死亡。基因突变也并不都是有害的。有些基因仅仅控制一些次要性状，它们即使发生突变，也不会影响生物的正常生理活动，因而仍能保持其正常的生活力和繁殖力，为自然选择保留下来。这类突变一般称为中性突变。例如小麦粒色的变化、水稻芒的有无等。还有少数突变不仅对生物的生命活动无害，反而对它本身有利。例如抗倒伏性、早熟性等。

图 6-2　植物的隐性致死突变的白化苗

　　突变的有害性有时在一定的条件下可以转化为有利。例如在高秆作物的群体中出现矮秆的突变体，在这种场合下，矮秆植株因受光不足，发育不良，表现为有害性。但是在多风或高肥地区，矮秆植株因有较强的抗倒伏能力，生长更加茁壮，有害反而变为有利。

　　动、植物基因突变的有害性和有利性对人类需要与生物本身有时是不一致的。有的突变性状对生物本身有利，而对人类则有害，例如谷类作物的落粒性。相反地，有些突变对生物本身有害却对人类有利，例如玉米、高粱等作物的雄性不育性，它可作为人类利用杂种优势的一种良好材料，免除人工去雄的繁重劳动。

第三节　突变发生的时期、突变率的测定和性状表现

一、突变发生的时期

　　突变可以发生在生物个体发育的任何时期，无论体细胞或者性细胞都能发生基因突变，但是性细胞的突变频率比体细胞的突变频率要高，因为性细胞在减数分裂末期对外界环境条件具有较大的敏感性。

　　性细胞发生突变，可以通过受精过程直接传递给后代。如果体细胞发生了突变，则突变了的体细胞在生长过程中往往竞争不过周围的正常细胞而受到一定程度的抑制甚至最终消失。因此，要保留体细胞突变，可从母体上分割下来，通过无性繁殖予以保存，或者设法通过有性繁殖的途径传递给后代。果树中的芽变就是体细胞突变，许多果树新品种利用芽变选育而成。著名的温州早橘就是源于温州蜜橘的芽变。

二、突变率的测定

　　突变率是指某一细胞或某一个体一个世代中发生某一突变的概率。

1. 利用花粉直感现象以估算基因的突变率最为简便

　　如测定玉米胚乳的非甜粒突变为甜粒（Su-su）等都可用此法测定控制这些性状的基因突变频率。如为了测定玉米籽粒由非甜粒变为甜粒（Su-su）的突变率，可用甜粒玉米纯种（susu）作母体，由经诱变处理非甜粒玉米纯种（SuSu）作父本，严格控制杂交。已知非甜粒（Su）对甜粒（su）为显性。按理说，授粉后的果穗上应该完全结出非甜籽粒，但如果有若干 Su 突变为 su，就会在授粉当代的果穗上结出甜粒玉米。假定在 20000 个籽粒中出现 2 粒甜粒玉米，就是说在父本的 20000 粒花粉中有 2 粒花粉的 Su 基因突变为 su，这样就测知基因 Su 的突变频率为万分之一。

2. 根据 M2 代出现的突变体占观察总个数的比例来估算

三、性状表现

1. 突变的性状与发生突变的器官有关

成对基因中往往仅有其中一个发生突变，即 AA-Aa 或 aa-Aa，因此，在性细胞中如果发生显性突变，它在后代中立即可以表现出来。第二代中已能出现纯合个体，但直至第三代才能将纯合突变体检出；如果是隐性突变，它们的作用就会被显性基因所掩盖而在 M_1 代不能表现，只有等到第二代（M_2）当突变基因处于纯合状态时才能表现出来，并可随即检出突变纯合体。可以看出，显性突变表现早而获得纯合体晚，隐性突变表现晚而获得纯合体快（图 6-3）。

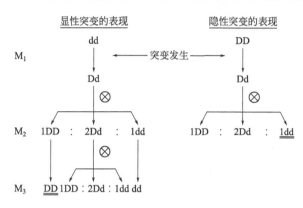

图 6-3　显性突变和隐突变

若体细胞中发生显性突变，多细胞生物的当代就会表现出来与原来的性状并存，形成镶嵌现象。镶嵌范围的大小取决于发生突变时期的早晚。突变发生越早，镶嵌范围越大；发生越晚，镶嵌范围越小。果树叶芽早期发生突变，由此成长的整个枝条就会表现突变性状；晚期花芽发生突变，突变性状则只是局限于一个花朵或果实，甚至仅限于它们的一部分。

如果体细胞发生隐性突变，由于处于杂合状态，显性基因遮盖了隐性基因的作用，因此，在当代个体中隐性突变性状是表现不出来的，也难以检出，除非该细胞在体内繁殖并形成繁殖器官，经自交后才能表现出来。

2. 突变性状的表现与作物繁殖方式和授粉方式有关

当发生隐性突变时，自花授粉作物只要通过一代自交繁殖，突变性状就会分离出来；异花授粉作物则不然，它会在群体中长期保持异质结合而不表现，只有进行自交或杂合体间互交后，才有可能出现纯合的隐性突变体。

第四节　突变的分子机理

一、碱基损伤

1. 自发损伤

脱嘌呤作用和脱氨基作用是两种常见的 DNA 自发损伤，均可导致突变的发生。通常，脱嘌呤作用更普遍。在自然状态下，哺乳动物的一个细胞在一个细胞周期内，其 DNA 就可发生 10000 次脱嘌呤作用。这些新产生的脱嘌呤位点（AP 位点），绝大多数随后就被细胞的修复系统正确修复。不过，在一定的条件下，也有极低的频率发生不太准确的修复，在跨过 AP 位点的互补链会随机插入一个碱基，而这常常会导致突变的发生。胞嘧啶脱氨后形成尿嘧啶，尿嘧啶如果不被修复，就会在下一轮复制中与腺嘌呤配对，导致 G∶C 转换为 A∶T。5-甲基胞嘧啶（在真核生物和原核生物中，胞嘧啶碱基的甲基化很常见）也会发生脱氨反应产生胸腺嘧啶，因此，在 5-甲基胞嘧啶位点也经常发生由 C 到 T 的转换。不过，尿嘧啶不是 DNA 的正常碱基，可被细胞中的尿嘧啶糖苷酶修复；5-甲基胞嘧啶脱氨产生的胸腺嘧啶是 DNA 的正常组分，不能被细胞中的任何糖苷酶修复，因而由胞嘧啶脱氨导致的突变并没有 5-甲基胞嘧啶脱氨产生的突变多。多种生物的基因突变热点分析表明，5-甲基胞嘧啶残基是多数突变的热点。

2. 碱基的氧化损伤

碱基的氧化损伤是另一种导致突变的自发损伤。活性氧类都是正常有氧代谢的副产品，它们可造成 DNA 及其前体（例如 GTP）的氧化损伤，引起碱基配对发生变化，进一步导致突变。受损的鸟嘌呤残基 8-氧代-7-羟基-脱氧鸟嘌呤经常与 A 错配，导致高频率的 G 变为 T 的颠换。这些突变导致人类的许多疾病。

3. DNA 复制中的误差

在 DNA 复制过程中，碱基的互变异构、重复 DNA 序列的滑动、DNA 复制酶的校正误差、修复系统和重组系统的错误是产生突变的另一类重要来源。

二、碱基的替换

点突变时，DNA 分子中的一个碱基对（实际上是核苷酸对，简称碱基对）发生改变，又称碱基置换（base substitution）。

转换（transition）发生在同类型碱基之间的替换，即碱基对中一种嘌呤被另一种嘌呤替换，或一种嘧啶被另一种嘧啶替换。例如，A 被 G 替换，或 C 被 T 替换等。

颠换（transversion）发生在不同类碱基之间的替换，即碱基对中嘌呤被嘧啶所替换，或是相反。例如，A 被 C 替换，或 G 被 T 替换等。

点突变的效应有如下几种情形。

1. 基因编码区发生突变

根据突变后的密码子对原密码子性质和内容的影响，基因编码区发生的突变在蛋白质水平上可分为：

（1）同义突变（synonymous mutation）　突变后的密码子与原密码子编码同一种氨基酸，由于密码子的简并现象，有些氨基酸密码子的第三位碱基可发生摆动，并不影响最终所编码的氨基酸，因此称为同义突变，或沉默突变。同义突变并非一定不影响基因的表达，有时因为密码子（使用）偏好（codonbias）的不同，与该密码子对应的 tRNA 在库中的丰度差异，同义突变会影响其蛋白质的表达效率，严重时可能会出现某些明显的表型效应。同义突变还有可能影响 RNA 的剪接或稳定性，从而影响基因的功能。

(2) 错义突变（missense mutation） 突变后的密码子所编码的氨基酸与原密码子所编码的氨基酸不同，也称为非同义突变（nonsynonymous mutation）。错义突变对蛋白质功能的影响与其发生氨基酸替换的性质与位置有关，有时突变发生在蛋白质的重要结构域或酶的活性中心，或者严重影响蛋白质高级结构的位置，或替代的氨基酸性质完全不同。例如由碱性变为酸性，亲水性变成亲脂性，半胱氨酸、脯氨酸为其他氨基酸取代等，则对基因产物功能影响很大；人镰状细胞贫血血红蛋白 P 链的第六位谷氨酸被缬氨酸替换，突变后导致其产物功能降低或酶活性下降；完全失去功能的则被称为无效突变（null mutation）；发生同类性质氨基酸的替换，对产物的结构、功能影响很小，或没有影响的，为保守型错义突变（conservative missense mutation），是中性突变（neutral mutation）的一种类型。

(3) 无义突变（nonsense mutation） 突变后的密码子变成三个终止密码之一，就会导致蛋白质合成中途停止，产生不完整的多肽，往往丧失功能。如果该突变发生在靠近编码区的 3' 端，则根据其失去多肽的重要性，所产生截断的多肽可能还具有部分功能。

改变蛋白编码区的起始、终止和拼接位点的突变蛋白起始密码突变，可能导致翻译起始失败或启用隐秘的起始位点，终止密码突变则会导致翻译继续进行，直到新的终止密码出现。在内含子和外显子交界区的保守拼接位点发生突变，可能导致不正常的 RNA 剪接变异体出现，最终影响蛋白质的功能。

2. 基因非编码区及调节区发生突变

基因可转录的非编码区包括 5'非编码区、3'非编码区及内含子序列；基因转录起始点前的启动子区是基因转录调控的主要区域。这些区域发生突变，一般可影响基因表达的效率，例如启动子区主要顺式作用元件的突变可能影响 RNA 聚合酶、转录因子及其他转录调节蛋白对其的识别与结合，直接影响转录的启动。而 5'非编码区和 3'非编码区的突变（例如核糖体结合位点、加尾信号等）也可能严重影响 mRNA 的加工、成熟，翻译的起始、效率和寿命等。内含子中的点突变一般不影响基因的表达，但若发生在 RNA 拼接位点、分支位点附近的保守序列，也可能导致不正常的 RNA 剪接变异体产生。

分析不同个体基因组 DNA 序列，往往可以发现其中存在大量的单个核苷酸的多态性，即单核苷酸多态性（SNP），它们都是碱基替换的结果，其中人类的有些 SNP 可能与某些性状有关联，甚至与某些疾病密切相关，它们可以作为某些疾病诊断的分子标记。碱基替换正常情况下，A 与 T 配对，G 与 C 配对。但这些正常碱基总有较低的频率出现异构化，而这些不太稳定的异构体与正常构型总是处于动态平衡之中。稀有的异构化碱基与正常碱基的配对性质不同，当其参与 DNA 复制，就可能导致异常配对的出现。

三、碱基的插入/缺失突变

除了点突变，DNA 还可以发生小片段的插入与缺失（insertion and deletion，indel），称为插入/缺失突变，是一类广泛存在的变异，其数量仅次于 SNP，有些 indel 可影响基因的表达和功能。如果这种突变发生在基因的编码区，并且导致非 3 倍数的碱基对的 indel，有可能引起蛋白质翻译从该突变位点开始发生移码，直到新的终止密码出现，从而引起基因产物的失活，这种突变称为移码突变。值得注意的是，一个基因如果发生两次移码突变，前者若增加一个碱基，后者减少一个碱基，两个突变位点相距不远，且不涉及基因产物重要的部位（活性中心、结构域等），则除了两个突变位点之间的序列有所变化，突变基因产物的功能有可能不受影响。

在 DNA 复制中碱基的互变异构可以导致碱基替换，而重复序列的滑动及重组过程中的不等交换则可产生碱基的插入和缺失，吖啶类诱变物质可以使配对的碱基发生倾斜，产生不等交换，导致移码突变。移码突变只有在基因编码区才能影响基因表达产物的完整性和功能。移码突变由于碱基的缺少或插入，使原来碱基的数目发生减少或增加的变化，mRNA 上的三联体密码的阅读框架发生一系列的变化。例如，原来 mRNA 上的三联体密码序列为 GAAGAAGAAGAA……按照这一密码序列合成的是一个谷氨酸多肽，如果开头增加一个 G，那么 mRNA 上的三联体密码序列就成为 GGAAGAAGAAGAA……GGA 是甘氨酸，AGA 是精氨酸，于是按照这一密码序列合成的是一个以甘氨酸开头的精氨酸多肽。分子遗传学把这种由于碱基的缺失或插入所引起的三联体密码的变动，称为移码。

第五节　突变诱发

在自然条件下，各种动、植物基因的突变频率总是比较低的，这表明基因有相对的稳定性。如果人为地应用某些物质进行诱发，可以提高基因突变频率。能够诱使基因发生突变的，称为诱变因素。

1927 年，穆勒最先证实了外界因素可以诱发基因突变。他用 X 射线处理果蝇，证明 X 射线可以显著地提高果蝇性连锁隐性致死突变频率。差不多在同一时期，斯特德勒用 X 射线处理萌发的大麦和玉米种子，也获得了许多变异。之后的研究发现，α 射线、β 射线、中子、质子以及紫外线都有诱变作用。20 世纪 40 年代又证实了某些化学药物也有诱发基因突变的效应，这类化学药物称为化学诱变剂。

由于诱发突变可以几十倍、几百倍甚至上千倍地提高突变频率，因而诱发突变已成为创造育种和遗传实验材料的一种重要手段。利用诱变育种已育成了一些有价值的新品种，例如在印度，1969 年育成的一个蓖麻品种，生育期比原品种提早了 150 天，产量也有增加；1968 年，日本育成了一个水稻突变品系，生育期提早 60 天，蛋白质含量增加了一倍。应用诱发突变配合人工选择，获得了青霉素产量和品质显著提高的新菌种。诱变因素可分为物理因素及化学因素两种。

一、物理诱变

物理因素诱变基因突变需要相当大的能量。因此，细胞必须在得到大量的能量以后，基因才能突变，而辐射是很好的能量来源。能量低的辐射，如可见光，只能产生热量；能量较高的辐射，如紫外线，除产生热量，还能使原子激发。能量很高的辐射，如 X 射线、γ 射线、α 射线、β 射线、中子等，除产生热能和使原子激发，还能使原子"电离"。长期以来，人们利用各种能源使原子激发和电离以诱发基因突变。应该指出，辐射诱变的作用是随机的，不存在特异性，即性质和条件相同的辐射可以诱发不同的变异。相反，性质和条件不同的辐射，可以诱发相同的变异。因此，当前只能期望通过辐射处理得到变异，还不能期望通过一定的辐射处理得到一定的变异。

（一）电离辐射诱变

1. 电离辐射

能使被照射物质产生离子化的射线，称之为电离射线。它包括 α 射线、β 射线、中子等粒子辐射，还包括 X 射线和 γ 射线等电磁波辐射。在这几种射线中，最早用于诱发变异的是 X 射线，随后主要是用 γ 射线。^{60}Co（钴）和 ^{137}Cs（铯）是 γ 射线的主要辐射源。中子的诱变效果最好，近年来应用日渐增多。经中子照射的物体带有放射性，人体不能直接接触，必须注意防护。X 射线、γ 射线和中子都适应于"外照射"，即辐射源与接受照射的物体之间要保持一定的距离，让射线从物体之外透入物体之内，在体内诱发基因突变。α 射线和 β 射线的穿透力很弱，故只能用于"内照射"。在实际内照射时，一般不用 α 射线，只用 β 射线。β 射线常用的辐射源是 ^{32}P 和 ^{35}S，尤以 ^{32}P 使用较多。一般可以用浸泡或注射的方法，使其透入生物体内，在体内放出 β 射线进行诱变。

2. 诱变原因

电离辐射能使基因发生突变，是因为它能使构成基因的化学物质直接发生电离作用。这些化学物质的分子是由原子构成的，每个原子又由数量相等的质子和电子构成。质子全部在原子核内，其中一半同电子结合成中子，另一半在原子核内保持独立。电子除去一半已在原子核内与质子结合为中子，另一半层层包围在原子核的外围。因此，正常的原子是中性的。当电离辐射的射线碰撞基因任何分子时，射线的能量使该基因分子的某些原子外围的电子脱离轨道，于是这些原子从中性变为带正电荷的离子，这称为"原发电离"。在射线经过的通道上，在形成大量离子对的过程中所产生的电子，多数尚有较大的能量，能引起第二次电离，称为"次级电离"。由于从一个原子外层脱离轨道的电子必然被另一个原子所捕获，所以离子是成对出现的，称为离子对。次级电离的结果，轻则造成基因分子结构的改组，产生突变了的新基因，重则造成染色体断裂，引起染色体结构的畸变。在电离辐射的作用下，基因突变和染色体畸变常常是交织在一起的。

辐射诱变的总趋势是辐射的剂量越大，原发电离数越多；原发电离数越多，次级电离越重；次级电离越重，基因突变率越高。辐射剂量是指单位质量被照射的物质所吸收的能量数值。

据研究，单就基因突变来说，不管所用的诱变剂是电磁波辐射还是粒子辐射，基因突变的频率都与辐射剂量成正比，即剂量增加一倍，突变频率增加一倍。但是，基因突变率不受辐射强度的影响。辐射强度是指单位时间内照射的剂量数，即剂量率。倘若照射的总剂量不变，不管单位时间内所照射的剂量是多还是少，基因突变率总是保持一定。

（二）紫外线诱发突变

紫外线诱变是属于非电离辐射诱变中常用的一种。

1. 紫外线的直接诱变作用

紫外线（UV）的光波较长，故能量较小。虽然诱变效应也属显著，但因它的能量不足以使原子电离，只能产生激发作用，所以比 X 射线的效应要小。它容易在一些化合物中被吸收，特别是含有嘌呤和嘧啶的物质，如 DNA。胸腺嘧啶和胞嘧啶对它特别有接受能力，引起电子激发，从而造成基因分子键的离析，或使得同键上邻近的嘧啶核苷酸之间形成多价的联合。通常的结果是促使胸腺嘧啶联合成二聚体，使 DNA 在复制时受阻或在重组时发生差错，于是出现基因突变（图 6-4）。

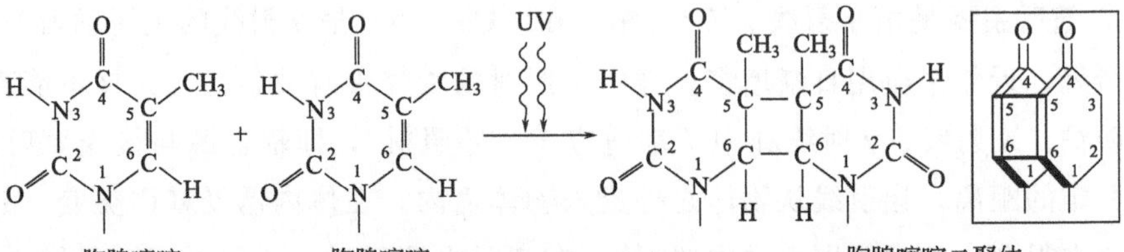

图 6-4　紫外线的在两种嘧啶上的直接效应

2. 紫外线还有间接诱变作用

用经紫外线照射过的培养基去培养微生物，结果使微生物的突变率增加。这是因为紫外线照射过的培养基内产生了过氧化氢（H_2O_2）。氨基酸经过氧化氢处理就有使微生物突变的作用。

因为紫外线能量较小，限制了它往组织内部穿透的能力，所以紫外线一般适用于照射微生物和植物的花粉粒。据研究，用紫外线照射玉米花粉粒时，一般也只有30％的紫外线能够穿透花粉粒的外壁。

二、化学诱变

第二次世界大战时期，奥尔巴赫（Auerbach C.）和同事以果蝇为实验材料，首次发现芥子气可以诱发基因突变，他们的实验资料具有经典性。化学诱变剂的发现，为人工诱变开辟了一个新途径。

化学诱变剂的诱变机制及其作用的特异性主要有以下四个方面：

（1）妨碍 DNA 某一成分的合成，从而引起 DNA 结构的改变，这类诱变物质有 5-氨基尿嘧啶、8-乙氧基咖啡因、6-巯基嘌呤等。前两种碱基妨碍嘧啶的合成，后一种妨碍嘌呤的合成，从而导致被处理的生物发生突变。

（2）碱基类似物替换 DNA 分子中不同碱基，引起碱基对的改变如 5-溴尿嘧啶（5Bu）、5-溴去氧尿嘧啶、2-氨基嘌呤等。这些与 DNA 碱基类似的化合物，常常能进入 DNA 分子中去，好像是它的正常组成成分。它们对 DNA 的复制影响不大，而是在 DNA 复制时引起碱基配对上的差错，最终导致碱基对的替换，引起突变。例如，5-溴尿嘧啶的分子结构与胸腺嘧啶的基本相同，只是在 C_5 位置上的 CH_3 代之以 Br。它的氢键原子也和胸腺嘧啶完全一样，常常以酮式状态和腺嘌呤配对（A-5BUT）。但溴原子对碱基的电子分布有明显的影响，经常使得正常的酮式结构转移成互变异构体烯醇式结构（5-BUe），烯醇式结构具有胞嘧啶的氢键特性，容易和鸟嘌呤配对。因此，当 DNA 复制时，醇式的 5-溴尿嘧啶和鸟嘌呤配对成 G-5BUe 的核苷酸对。下一次复制时，鸟嘌呤按正常情况和胞嘧啶配对，引起 AT-GC 的改变。同样，G-C 也可以改变成 A-T（图 6-5）。

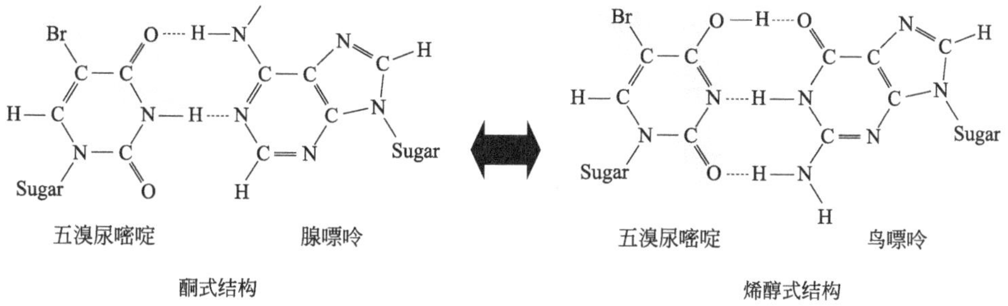

图 6-5　5-溴尿嘧啶（5-BU）互变特性引起 DNA 碱基对的变化

（3）直接改变 DNA 某些特定的结构。凡是能和 DNA 起化学反应并能改变碱基氢键特性的物质，称为 DNA 诱变剂。属于这类诱变剂的有亚硝酸、烷化剂和羟胺等。亚硝酸可以在 pH 5 的缓冲溶液中通过氧化作用，以氧代替腺嘌呤和胞嘧啶 C_5 位置上的氨基，使腺嘌呤和胞嘧啶脱氨变成次黄嘌呤（H）和尿嘧啶（U）（图 6-6）。改变了的碱基，它的氢键特性也改变了。H 的配对特性像 G，容易和 C 配对成 H-C；U 的配对特性像 T，容易和 A 配对成 A-U。在下一次 DNA 复制时，完成 AT-GC、CG-AT 的转换。

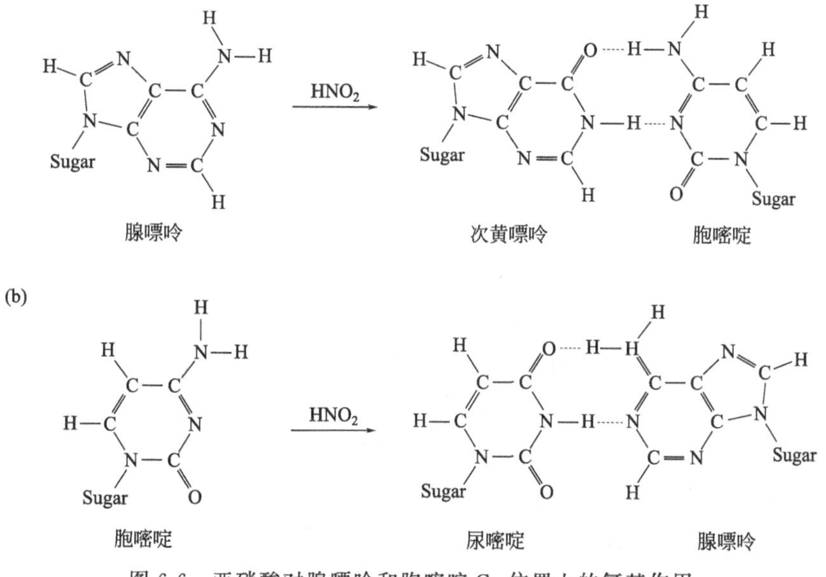

图 6-6　亚硝酸对腺嘌呤和胞嘧啶 C_5 位置上的氨基作用

烷化剂是目前应用广泛而有效的诱变剂。它们都带有一个或多个活泼的烷基，这些烷基能够移到其他电子密度较高的分子中去，使碱基许多位置上增加了烷基（如乙基或甲基），从而在多方面改变氮键的结合能力。烷化作用主要发生在碱基的 N_1、N_3、N_7 位置上。最容易发生在碱基的 G 的 N_7 位置上，形成 7-烷基鸟嘌呤。7-烷基鸟嘌呤可与胸腺嘧啶配对，从而产生 GC-AT 的转换。

烷化作用使 DNA 的碱基容易受到水解而从 DNA 链上裂解下来，造成碱基的缺失。碱基缺失的结果会引起碱基的转换与颠换（图 6-7）。烷化剂的另一个作用是与磷酸结成不稳定的磷酸酯，磷酸酯水解成磷酸和脱氧核糖，使 DNA 链断裂，从而引起突变。常用的主要烷化剂有甲基磺酸乙酯（EMS）、硫酸二乙酯（DES）、乙烯亚胺（EI）等。

羟胺是一种非常方便的诱变剂，它的作用比较专化，往往和胞嘧啶起作用，使胞嘧啶 C_6 位置上的氨基羟化，变成像 T 的结合特性，DNA 复制时和 A 配对，形成 GC-AT 的转换。

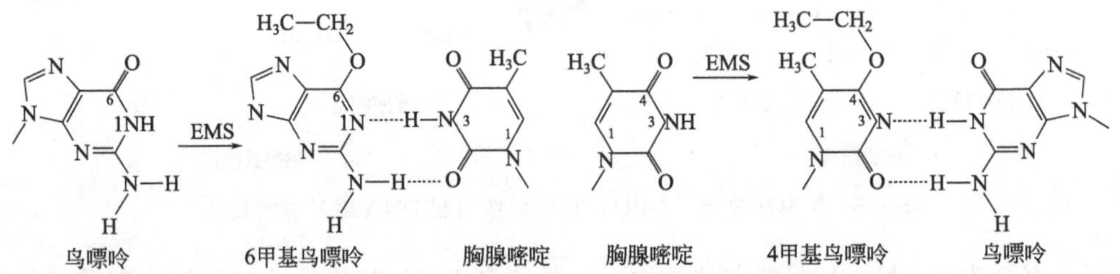

图 6-7　烷化作用引起碱基的转换与颠换

（4）引起 DNA 复制的错误某些诱变剂。如 2-氨基吖啶、能嵌入 DNA 双链中心的碱基之间，引起单一核苷酸的缺失或插入。经过大量实验，已经发现了很多化学诱变剂。

第六节　突变的修复

许多自发损伤和 DNA 复制错误引起的自发突变，以及环境中各种诱变剂引起的诱发突变，都改变了基因的碱基组成，使 DNA 复制的忠实性受到了严重的威胁。在长期的进化中，生物形成了各种修复系统，用以保障生物原有的体系。

一、光复活

光复活（photo reactivation）是专一地针对紫外线引起的 DNA 损伤而形成的胸腺嘧啶二聚体在损伤部位就地修复的修复途径。光复活作用是在可见光（300～600nm）的活化作用下，由光复活酶（photo reactivating enzyme，PR 酶）催化完成的。在暗处，光复活酶能识别紫外线照射所形成的嘧啶二聚体（如胸腺嘧啶二聚体），并和它相结合，形成酶-DNA 的复合物，当照以可见光时，这种酶利用可见光提供的能量使二聚体解开成为单体，然后酶从复合物中释放出来，完成修复，见图 6-8。

二、切除修复

暗修复又称切除修复（excision repair），它并不是表示修复过程只在黑暗中进行，而是说光不起任何作用。这种修复机制是利用双链 DNA 中一段完整的互补链，去恢复损伤链所丧失的信息，就是把含有二聚体 DNA 的片段切除，然后通过新的核苷酸再合成进行修补，所以又称切除修复。其修复过程见图 6-9。具体如下：①UV 照射后，会形成胸腺嘧啶二聚体；②一种特定的核酸内切酶识别胸腺嘧啶二聚体的特定位置，在二聚体附近将一条链切断，造成缺口；③DNA 聚合酶以未受伤的互补 DNA 链为模板，合成新的 DNA 片段，弥补 DNA 的缺口，DNA 的合成方向为由 $5'-3'$；④专一的核酸外切酶能够切除含有二聚体的一段多核苷酸链；⑤DNA 连接酶把缺口封闭，DNA 回复原状。

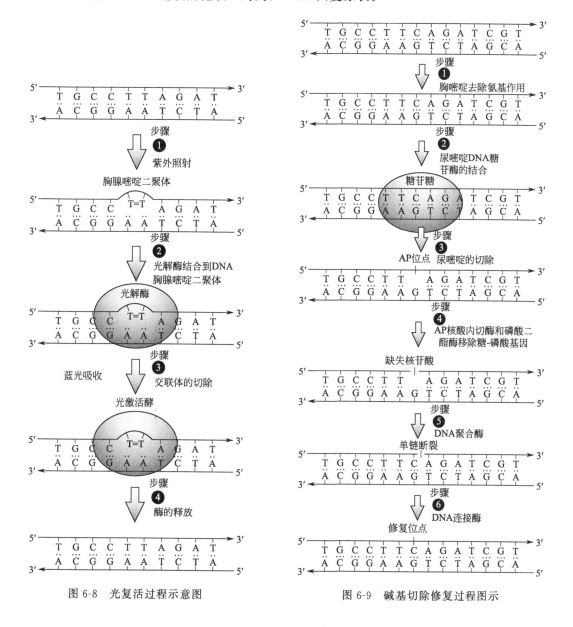

图 6-8　光复活过程示意图　　　　　　图 6-9　碱基切除修复过程图示

三、重组修复

重组修复（recombinational repair）是在 DNA 进行复制的情况下进行的，故又称复制后修复。它是一种越过损伤部位而进行的修复途径，大致分为三个步骤，包括复制、重组和再合成，其中最重要的一步是重组。其修复过程如图 6-10 所示。具体如下：①DNA 分子的一条链上有嘧啶二聚体；②DNA 分子复制，越过嘧啶二聚体，在二聚体对面的互补链上留下缺口；③核酸内切酶在完整的 DNA 分子上形成一个切口，使有切口的 DNA 链与极性相同的但有缺口的同源 DNA 链的游离端互换；④二聚体对面的缺口现在由新核苷酸链片段（粗线）弥补起来，这个新片段是以完整的 DNA 分子为模板合成的；⑤DNA 连接酶使新片段与旧链衔接，重组修复完成。

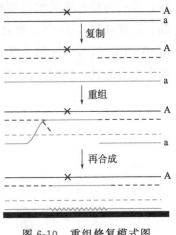

图 6-10　重组修复模式图

四、SOS 修复

"SOS" 是国际上通用的紧急呼救信号。SOS 修复是指 DNA 受到严重损伤、细胞处于危急状态时所诱导的一种 DNA 修复方式，修复结果只是能维持基因组的完整性，提高细胞的生成率，但留下的错误较多，故又称为错误倾向修复。错误倾向修复使细胞有较高的突变率。

SOS 修复的定义：一种能够引起误差修复的紧急呼救修复，是在无模板 DNA 情况下合成酶的诱导修复。在正常情况下，有关酶系无活性，DNA 受损伤而复制又受到抑制情况下发出信号，激活有关酶系，对 DNA 损伤进行修复，其中 DNA 聚合酶起重要作用，在无模板情况下，进行 DNA 修复再合成，并将 DNA 片段插入受损 DNA 空隙处。

在正常情况下，修复蛋白的合成处于低水平状态，这是由于它们的 mRNA 合成受到阻遏蛋白 LexA 的抑制。细胞中的 RecA 蛋白也参与了 SOS 修复。当 DNA 的两条链都有损伤并且损伤位点邻近时，损伤不能被切除修复或重组修复，这时在限制性核酸内切酶和核酸外切酶的作用下造成损伤处的 DNA 链空缺，再由损伤诱导产生一整套的特殊 DNA 聚合酶-SOS 修复酶类，催化空缺部位 DNA 的合成，这时补上去的核苷酸几乎是随机的，仍然保持了 DNA 双链的完整性，使细胞得以生存，但这种修复带给细胞很高的突变率。SOS 修复机制见图 6-11。

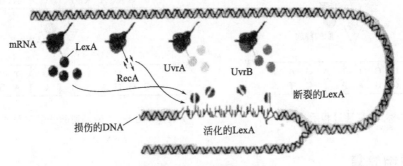

图 6-11　SOS 修复机制

损伤的 DNA 与 RecA 结合，活化的 LexA 自身断裂，SOS 修复酶类得以合成，应该说目前对真核细胞的 DNA 修复的反应类型、参与修复的酶类和修复机制了解还不多，但 DNA 损伤修复与细胞突变、寿命、衰老、肿瘤发生、辐射效应、某些毒物的作用都有密切的关系。

思 考 题

1. 为什么基因突变大多是有害的？

2. 突变的平行性说明了什么问题？有何实践意义？

3. 在高秆小麦田里突然出现一株矮化植株，怎样验证它是由于基因突变还是由于环境影响产生的？

4. 试述物理因素诱变的机理，辐射诱变的遗传学效应有哪些？

5. 诱发突变有何意义？

6. 化学诱变剂有哪几类，诱变机理是什么？有哪些遗传效应？

7. 紫外线照射生物体后，有哪些损伤？其修复途径主要有哪些？

8. 损伤修复后，为什么还有变异？损伤修复的生物学意义主要有哪些？

第七章　细胞质遗传

随着遗传学研究的不断深入，人们发现生物性状的遗传并不都是按照孟德尔方式进行，细胞核遗传并不是生物的唯一遗传方式。1909 年，植物学家柯伦斯（C. Correns）首先报道了不符合孟德尔遗传定律的遗传现象。他使用紫茉莉进行杂交试验，发现紫茉莉花斑叶的母本与绿色叶的父本杂交后，子代都是花斑叶；绿色叶母本与花斑叶父本的杂交子代却都是绿色叶。从正反交的结果来看，后代叶色只由母本传递。因为母本为合子提供了主要细胞质成分，所以人们推测细胞质中可能存在遗传物质。在 1953～1964 年相继获得在线粒体和叶绿体中存在 DNA 的直接证据。此后，人们对线粒体和叶绿体中含有的遗传物质进行了详细的分析，明确了线粒体和叶绿体中含有的核外遗传物质构成了独特的线粒体 DNA（mitochondria DNA，mtDNA）和叶绿体 DNA（chloroplast DNA，ctDNA），对线粒体 DNA 和叶绿体 DNA 的结构、功能等方面所进行的大量研究表明，这些细胞器都是半自主性的，是细胞中的核外遗传体系。它们的基因组能为自身行使功能所需要的 rRNA、tRNA 以及某些蛋白质编码，线粒体和叶绿体中的核糖体在细胞器中装配和行使功能，其编码的基因不仅对于自身功能具有重要意义，而且对于维持整个细胞的功能是不可或缺的。

第一节　细胞质遗传的概念和特点

一、细胞质遗传的概念

遗传学研究发现，细胞内的遗传物质主要存在于核内，但是细胞质内有遗传物质存在。细胞质内的遗传物质主要存在于线粒体、叶绿体、动粒体、中心粒、膜体系等细胞器中，也存在于细胞的非固定成分如附加体（episome）、共生物（symbiont）等中。细胞质内的遗传物质统称为细胞质基因组（plasmon）。细胞质基因控制的性状和细胞核基因控制的性状有很大区别。由细胞质内的基因即细胞质基因所决定的遗传现象和遗传规律称为细胞质遗传（cytoplasmic inheritance）或核外遗传（extranuclear inheritance），即研究细胞核染色体以外的遗传物质的结构、功能及遗传信息传递的知识体系，细胞核染色体以外的遗传物质主要指细胞质中细胞器（线粒体、叶绿体）内的遗传物质。

目前，细胞内发现的含有核外遗传物质的细胞器官有线粒体（存在于真核生物）、叶绿体（仅存在于植物）和具有核外基因组特性的质粒（存在于原核生物）以及与细胞共生、寄生的病毒、细菌等，动物细胞存在的核外遗传物质主要是线粒体基因组。细胞质遗传不遵循孟德尔遗传定律，高等动物线粒体基因组（mtDNA）严格遵循母系遗传。

二、细胞质遗传的特点

1909 年，柯伦斯（C. Correns）使用紫茉莉进行杂交试验，发现紫茉莉花斑叶（叶绿体）的遗传不符合孟德尔遗传定律的遗传现象。实验用的紫茉莉中有一种花斑植株，它由纯绿色、白色和花斑三种枝条所组成，分别以这种植株上着生在绿色、白色和花斑枝条上的花作母本，同时以三种枝条的花粉分别授给三种母本，组成九个杂交组合方式，杂交后代表现如表 7-1。

表 7-1 紫茉莉的细胞质遗传特点

母本枝条表型	父本枝条表型	子代表型
白色	白色	白色
	绿色	
	花斑	
绿色	白色	绿色
	绿色	
	花斑	
花斑	白色	白色
	绿色	绿色
	花斑	花斑

试验结果表明，来自白色枝条上的任何杂交组合后代皆为白苗，来自绿色枝条上的各组合后代皆为绿苗，而来自母本为花斑枝条上的各组合后代有绿苗、白苗和花斑苗，且比例不相同。显然，杂种植株所表现的性状完全由母本决定，而与父本无关。研究者发现，杂种后代的绿色组织细胞内有正常叶绿体，而白色组织细胞只存在无叶绿素的白色体，某些细胞里既有叶绿体也有白色体。由此得出结论：植物的这种花斑现象是叶绿体的前体——质体变异造成的。显然，紫茉莉花斑叶的这种遗传方式与叶绿体和叶绿体基因组中决定色素的遗传信息密切相关。研究表明，在一些连续的细胞分裂过程中，来自胞质杂合祖先细胞的遗传组成不同的细胞器能够分离进入不同的细胞中，被称为细胞质分离（cytoplasmic segregation），而这种不同基因型细胞器的分配过程也被称为细胞质分离和重组（cytoplasmic segregation and recombination）。以上例子说明，在紫茉莉配子形成、合子发育和植株生长过程中，叶绿体和白色体这两种细胞器可以随着细胞质的分离和重组而发生质的改变，后代细胞有的有叶绿体，基因组正常，含有正常的叶绿素，能进行光合作用，因而表现为绿色；有的仅有白色体，其叶绿体基因组发生了基因突变，缺乏叶绿素，不能进行光合作用，叶绿体成为无色的白色体，因而表现为白色；有的两者兼而有之，对于绿白斑枝条，其中白色的部分是仅有白色体的细胞，绿色的部分有正常的叶绿体的细胞，因而使其枝叶呈现出不同的颜色。

细胞学的研究表明，在真核细胞的有性繁殖过程中，卵细胞内除了细胞核，还有大量细胞质及所含有的各种细胞器；精子内除细胞核，有少量细胞质及相对较少的细胞器。这些核外遗传因子存在于线粒体或叶绿体基因组中，它们能够自主复制，通过细胞质进行世代间的传递。因此，这种遗传传递行为不是按照核基因的方式进行的，在杂交子代中往往只表现出母本的性状，即出现母体遗传（maternal inheritance）现象。所以在受精时，卵细胞为子代提供其核基因，也为子代提供其全部或者绝大部分细胞质基因；精子能为子代提供其核基因和少量的细胞质基因。因此，受细胞质基因所决定的性状其遗传信息主要通过卵细胞遗传给子代，因此细胞质遗传具有以下特点：遗传方式是非孟德尔遗传的，杂交后代一般不表现出一定比例的分离。正交和反交的遗传表现不同，F_1 代通常只表现为母本的性状；通过连续回交能将母本的核基因几乎全部置换，但是母本的细胞质基因及其所控制的性状不消失。

第二节　线粒体遗传

　　线粒体是真核细胞中广泛存在的具有独立基因组的细胞器，是物质代谢的重要场所，通过氧化磷酸化产生能量，负责细胞的能量供应，是细胞产生呼吸酶系、呼吸释放能量的场所。线粒体具有独立于细胞核外的遗传物质，形成线粒体遗传系统，能够进行线粒体 DNA 及其所含基因的复制、转录及某些蛋白质的合成。线粒体遗传系统受核基因的控制，与核基因互作来参与遗传物质的传递。

一、线粒体遗传现象及其发现过程

　　酵母菌中的"小菌落"的遗传具有典型的线粒体遗传现象。酿酒酵母是一种子囊菌，除通过出芽生殖进行无性繁殖外，还能通过不同交配型单倍体细胞的融合进行有性生殖，形成二倍体的合子，合子经过减数分裂产生 4 个单倍的子囊孢子。

　　1949 年，伊夫鲁西（B. Ephrussi）等在固体培养基上研究酵母的生长情况，在有氧呼吸或发酵培养过程中，发现在正常通气情况下，每个酵母细胞在培养基上都能产生 1 个圆形菌落，且大部分菌落大小相近。也存在 1%～2% 的菌落，其直径是正常菌落的 1/3～1/2，这些称为小菌落（petite）。这些小菌落生化分析表明它们缺少细胞色素 a、b 及 c 氧化酶，所以在糖类代谢中不能利用氧气，即使在通气条件下，细胞生长速率比野生型缓慢，只能长成很小的菌落，所以将这种突变型称作小菌落。因此，小菌落基本上不能进行有氧呼吸，它们主要是从发酵中获得能量。多次实验表明，当用大菌落进行培养时，经常产生少数的小菌落，而用小菌落进行培养只产生小菌落，小菌落很稳定，并不再恢复到正常的大菌落。伊夫鲁西将小菌落酵母菌（接合型 A）同野生型的酵母菌（接合型 a）杂交，再将其减数分裂所得的 4 个单倍体子囊孢子分别培养，结果决定接合型的核等位基因（A，a）仍按 1:1 分离，然而菌落表型出现差异，一种小菌落型酵母与野生型酵母杂交后，合子减数分裂后所得的 4 个子囊孢子表型都是正常的，而另一种小菌落型（抑制型）酵母与野生型酵母杂交后，合子减数分裂后所得的 4 个子囊孢子全是小菌落表型（图 7-1），这一结果表明核基因决定的性状按照 1:1 分离，而小菌落性状没有表现出 1:1 分离。原因在于决定小菌落酵母菌表型的遗传物质存在于细胞质中，其遗传行为与核基因不同，事实上，这种遗传物质就位于细胞质的线粒体中，虽然线粒体遗传物质自身能够复制，但不同于核基因在减数分裂中按照孟德尔方式进行的分离，不同来源的线粒体在细胞质内共存且含有多个拷贝，在细胞减数分裂时随机分配到子细胞中，因此，有酵母子代由线粒体基因决定的表型出现均一化的现象。只要子囊孢子获得正常的线粒体，由它们长成的菌落就都是正常的。事实上，通过氯化铯密度梯度离心，检测出小菌落的线粒体 DNA 与大菌落的线粒体 DNA（mitochondrial DNA，mtD-NA）的主要差别在于小菌落突变体不含线粒体 DNA 或者线粒体 DNA 发生大片段缺失。这一试验表明，线粒体含有重要的决定生物表型的遗传物质，其正常行使功能对于生物体至关重要，一旦突变或缺失导致线粒体不能正常执行其功能，或者线粒体蛋白质合成受阻，都能够造成表型的缺陷。

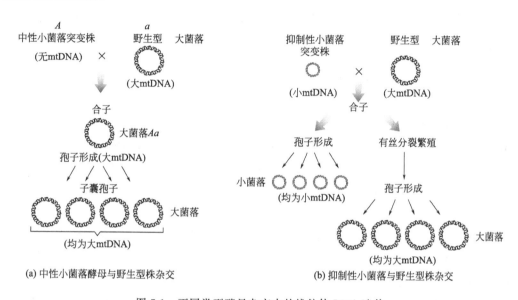

图 7-1 不同类型酵母杂交中的线粒体 DNA 遗传

二、线粒体基因组

（一）线粒体基因组的一般性质

线粒体所包含的 DNA 构成了线粒体基因组，线粒体基因组是 20 世纪 60 年代通过电子显微镜在线粒体内观察到的纤维状物质，后来通过物理、化学方法将其提取出来，确定了它的 DNA 特征。随着遗传重组技术的出现，对线粒体的研究更加详细，目前已经对多个物种的线粒体 DNA 完成了测序，其中人类线粒体 DNA 序列，全长 16569bp，在 1981 年由剑桥大学的 Fred Sanger 完成，是第一个完整测序的基因组。

线粒体 DNA 是裸露的 DNA 双链分子，主要为闭合环状结构，少数呈线形，位于线粒体基质中称为拟核（nucleoid）的高度浓缩结构，遍布线粒体基质中，不限于一个位点。线粒体 DNA 的单个拷贝非常小，仅仅是核 DNA 的十万分之一，线粒体 DNA 的两条单链的密度不同，其中一条为轻链，一条为重链，线粒体 DNA 的碱基组成中 GC 的含量比 AT 少，线粒体 DNA 没有重复序列，其浮力密度低。

每个线粒体通常含有多个拷贝的线粒体 DNA 分子，酵母细胞中有 1～45 个线粒体，每个细胞又含有多个线粒体，因此每个细胞含有的线粒体 DNA 分子数量多。此外，每个物种的线粒体基因组大小不一，动物细胞中的线粒体基因组较小，为 10～39kb，均呈环状，其中人类的线粒体大小为 16569bp，酵母的为 60～80kb；而四膜虫属（*Tetrahymena*）和草履虫等原生动物的线粒体大小为 50kb。线粒体 DNA 在细胞总体 DNA 中所占比例很小。

（二）线粒体 DNA 的组成

线粒体作为细胞内的细胞器，在漫长的进化过程中丢失了大部分功能基因，仅保留了为少量线粒体自身所需的蛋白质和 RNA 编码的基因，大部分基因及产物由基因组为其编码。虽然不同动物种类的线粒体基因组的构成上有差异，线粒体基因组大小变化较大，但线粒体基因组的基本结构是相似的。线粒体 DNA 的两条链都具有编码功能，拥有独立的启动子，在相似的位点都能以相反方向转录形成两个大的转录本，因此转录后的精确加工十分必要。

线粒体基因组排列非常致密紧凑，无内含子。人线粒体 DNA 含有 13 个可能的蛋白质结构基因，编码 13 个蛋白质，它们分别是细胞色素 b（cytochrome b，Cyt b）、细胞色素氧化酶的 3 个亚基（Cox 1～Cox 3）、ATP 合成酶的 2 个亚基以及 NADH 脱氢酶的 7 个亚基（ND1～ND6，ND4L）的编码序列。另外编码 22 个 tRNA 基因，分别位于 rRNA 和 mRNA 基因之间。线粒体基因组两条链均具有编码功能，其中除 ND6 蛋白和 12 个 tRNA 基因由轻链编码外，其余蛋白质、rRNA 和 tRNA 基因均由重链编码，因此线粒体基因多是重叠的，但两条链的使用上不平衡，重链执行更多的编码功能。

酵母线粒体基因组约 80kb，较哺乳动物大 5 倍，而且 DNA 组成上具有显著特征。酵母线粒体含多个独立的转录单位，每个转录单位含有不止一个基因，其核糖体大小亚基的两个 rRNA 基因相距达 25000kb，中间是大的非编码序列；同时酵母线粒体有两个断裂基因，如编码细胞色素 c 氧化酶亚基 1（Cox 1）的基因以及细胞色素 b 的基因均有若干个内含子。作为真核生物，酵母的核基因中也较少有内含子的存在，因此酵母线粒体基因中内含子的发现多少令人感到意外，而且酵母线粒体基因的内含子具有自剪切功能，可以将它们自身从 RNA 转录物中剪切除去。很显然，这种自剪切过程是一种 RNA 所介导的催化作用。

三、线粒体 DNA 的复制、转录与翻译系统

线粒体 DNA 的复制与核基因一样是半保留复制，复制形式主要以 D 环复制，少数采用 θ 型以及滚环方式复制。但是，不同于核 DNA 复制与细胞分裂的同步性，线粒体 DNA 与细胞分裂是不同步的。有些线粒体 DNA 分子在细胞周期中复制多次，而另一些可能一次也不复制。线粒体 DNA 复制的动力学研究显示，细胞内线粒体 DNA 复制的调节与核 DNA 复制的调节是彼此独立的，但线粒体 DNA 的复制仍受核基因的控制，因此，线粒体是半自主性的细胞器。线粒体所含有的 DNA 能以独立的周期进行稳定地复制并在细胞分裂后传递给后代，同时线粒体基因能转录和翻译其自身编码的遗传信息，合成所需要的部分多肽，即线粒体的遗传信息的传递和表达是独立于核基因组之外进行的。然而，线粒体内为完成上述基本功能所需蛋白质的基因绝大多数由核基因编码，尤其是 DNA 复制、RNA 转录所需的酶类大部分是由核基因编码，合成后转运到线粒体内的；线粒体也是为细胞提供能量而进行三羧酸循环和氧化磷酸化的场所，为完成这一功能的绝大多数蛋白质是由核基因编码的，这种受

核基因组和线粒体基因组共同控制的现象，体现了二者共生进化的关系，也为某些生物学表型的产生提供了重要的内在机制。

线粒体不仅在功能上是半自主的，而且其表达系统具有半自主性。线粒体蛋白质表达体系具有独特性，在线粒体的基因组中，mRNA 没有 5′端的帽子结构，起始密码子常常位于mRNA 5′端。这一结构特点表明线粒体蛋白质的合成装置与细胞质中核糖体有所不同。但不同真核生物线粒体内的核糖体都由大小两个亚基组成，大小范围从 55S 至 80S 不等，从核糖体组分来源看，每个亚基含有一条由线粒体 DNA 转录而来的 rRNA 分子，而线粒体核糖体蛋白质则全部由核基因编码，在细胞质核糖体上合成，然后转运到线粒体中。

线粒体遗传密码体系与核基因并不完全相同。经过对酵母、果蝇及人类线粒体中全部三联密码的分析，发现多个差异密码子。线粒体的遗传编码体系的独特性主要包括：

① 密码子的独特性，例如密码子 AUA 在线粒体内编码甲硫氨酸，而不是编码通用的异亮氨酸，且在人类线粒体中 AUA 还兼有起始翻译的功能；线粒体内 UGA 编码色氨酸而不是终止信号；人线粒体内 AGA 和 AGG 也不编码精氨酸，而是终止密码子；相反，动物线粒体内 UGA 不编码终止密码子而是编码色氨酸。

② 密码子的摇摆性更明显，密码子的摇摆性是指在密码子与反密码子的配对中，前两对核苷酸严格遵守碱基配对原则，第三对核苷酸有一定的自由度，因而使某些 tRNA 可以识别 1 个以上的密码子。在线粒体中常见的密码子-反密码子配对规则比较宽松，例如，线粒体基因组以 CU 开头的全部 4 个密码子均编码苏氨酸，因为线粒体基因组的 tRNA 可以识别反密码子的第三位置上 4 个核苷酸（A、U、G、C）中的任何一个，这样就大大增加了tRNA 对密码子的识别范围，因此，尽管线粒体基因组仅编码 22 个 tRNA，远远低于细胞质中的 tRNA 种类，但线粒体 tRNA 足以保证线粒体蛋白质合成的需求。

综上所述，线粒体含有 DNA，具有复制转录和翻译功能，构成非染色体遗传的遗传体系。线粒体能合成与自身结构有关的部分蛋白质，同时依赖于核基因编码的蛋白质的参与。因此线粒体是半自主性的细胞器，与核基因遗传体系相互依存。

第三节　叶绿体遗传

一、叶绿体遗传现象

叶绿体（chloroplast）起源于前质体，属于质体的一种，是植物细胞内除线粒体之外的由双层膜包围的结构。叶绿体的生物合成及其结构和功能的维持依赖于核基因组与叶绿体基因组的相互协调来完成。

衣藻是单细胞藻类，通常进行无性生殖，但有时通过接合型不同的配子进行有性生殖，是最早的叶绿体遗传研究材料。一个衣藻细胞中含有一个包含叶绿体基因组的叶绿体，衣藻的接合型是由细胞核内一对等位基因 mt$^+$ 和 mt$^-$ 所决定的。配子融合形成合子，而合子萌发后发生减数分裂，形成 4 个单倍体产物，其中决定配子交配型的核基因按 2∶2 分离。有一些基因包括影响光合作用能力的基因、一些抗性基因却表现为母体遗传。天然衣藻是链霉素敏感型的，基因型为 sm^{-s}，当敏感型衣藻与从衣藻中分离得到的对链霉素具有抗性的突变体 sm^{-r}，进行杂交时，显示出典型的母体遗传。当接合型 $mt^{+}sm^{-r}$ 与 $mt^{-}sm^{-s}$ 杂交时，几乎所有的子代都是链霉素抗性的；反交时（$mt^{+}sm^{-s}$ 与 $mt^{-}sm^{-s}$ 杂交），则几乎所有子代都是链霉素敏感型的，这是一种典型的依赖于叶绿体基因组的母体遗传现象，而且母体遗传现象并不只限于链霉素抗性型，还有其他与叶绿体相关的一些性状的遗传也符合这一规律。

二、叶绿体遗传的分子基础

（一）叶绿体基因组

在高等植物中，叶绿体基因组所含有的 DNA（chloroplast DNA，cpDNA）大小为 120～160kb，每种植物所含有的叶绿体数目不同，每个叶绿体含有的 cpDNA 的数目也有差异。藻类的 cpDNA 分布范围更广泛，衣藻类仅含有一个叶绿体，但每个叶绿体含有 100 个 cpDNA 分子，而另一种单细胞生物绿眼虫则含有大约 15 个叶绿体，每个叶绿体含有 40 个 cpDNA 分子，因此每个物种所含有的 cpDNA 的总数量取决于其所含叶绿体的数量和每个叶绿体中 cpDNA 的拷贝数。此外，叶绿体的数目在植物的一生中不是固定不变的，cpDNA 的数量会随着叶绿体的老化而逐渐减少。

cpDNA 多是裸露的环状双螺旋分子，有一些物种含有大的线状 cpDNA，cpDNA 位于叶绿体的拟核区，同一物种含有相同的 cpDNA，而不同物种的 cpDNA 组织排列有所不同，但其编码的基因非常相似。另外，叶绿体基因组与核基因组最大的化学组成区别在于其不含有 $5'$ 甲基胞嘧啶，这一特点可作为鉴定 cpDNA 提纯程度的指标。

（二）叶绿体基因组的结构特征

大多数植物的叶绿体基因组呈双链环状，所有 cpDNA 分子在不同的物种中，这些基因以不同的方式排列。在结构上 cpDNA 上含有两个高度保守的反向重复（inverted repeat，IR）序列，2 个 IR 序列相似但不完全相同，IR 序列很少发生突变，推测 IR 序列对于稳定叶绿体的结构具有重要作用。两个 IR 序列之间由两段一大一小的单拷贝序列分隔开，分别是长单拷贝序列（LSC）和短单拷贝序列（SSC）。因为 IR 序列的存在，在 cpDNA 复性过程中每条单链上的两个重复恰好可以互补形成稳定的双链结构，而它们两侧的非重复区则形成大小不等的两个单链 DNA 环，这两个单链序列分别称为大、小单拷贝序列。不同植物中叶绿体的差异主要体现在大、小单拷贝区的长度上。

（三）叶绿体 DNA 的复制、转录和翻译系统

叶绿体拥有一个相对独立的遗传系统。其一，cpDNA 能够自主的进行半保留复制，DNA 复制的酶及绝大多数参与蛋白质合成的组分都是由核基因编码。其二，大部分蛋白质在细胞质中合成后转运到叶绿体都是由核基因编码，在细胞质中合成后转运入叶绿体。叶绿体基因组含有相对独立的转录翻译系统，由叶绿体 DNA 编码，在其叶绿体核糖体上合成。它的核糖体属于 70S 型，组成 50S 和 30S 小亚基的 23S、4.5S、5S 和 16S rRNA 基因都是由

叶绿体 DNA 编码。叶绿体核糖体蛋白质基因中约有 13 个也是由叶绿体 DNA 编码，另外，叶绿体基因组还含有 30 多个 tRNA 基因的编码序列。有些蛋白质由核 DNA 编码，在细胞质核糖体上合成，然后转运到叶绿体中，如光合系统 Ⅱ cha/b 蛋白质。有些蛋白质由核 DNA 与叶绿体 DNA 共同编码，如 1,5-二磷酸核酮糖羧化酶的大小亚基分别由叶绿体基因组和核基因组编码，它们分别在叶绿体和细胞质合成后在叶绿体整合为全酶。由此可知，叶绿体基因组只能编码组成叶绿体的部分多肽，而整个叶绿体的生物发生、增殖以及其机能的发挥却依赖于核基因组和叶绿体基因组的共同控制，所以叶绿体也是半自主性细胞器。

叶绿体基因组不仅拥有总量高于线粒体基因组的基因组成，而且基因的表达调控更加精细、复杂，主要表现在两条链具有更加均衡的编码功能，转录本众多，分布于正反两条链上，呈交叉排列。

第四节　共生体和质粒决定的核外遗传

一、共生体的遗传

在某些生物的细胞质中存在着一种以某种共生形式存在的细胞质颗粒，这些称为共生体，其并不是细胞生存的必需组成部分。这些共生的细胞质颗粒能够进行自我复制，或者在寄主细胞核基因的作用下进行复制，连续存在于寄主细胞中，并对寄主细胞产生一定的影响，类似于细胞质遗传的效果。

最常见的共生体颗粒的遗传实例是草履虫的放毒型遗传。草履虫是一种种类众多的原生动物，每种草履虫都含有大核和小核两种细胞核，大核是多倍体，主要负责营养，小核是二倍体，主要负责遗传。草履虫既能通过有丝分裂进行无性生殖，也能通过接合的方式进行有性生殖。在草履虫中有一种特殊的品系，它能产生一种草履虫素的物质，这种物质对自己无害，但对不同品系的草履虫却有致死效应，这种能产生草履虫素的品系称为"放毒型"。这个草履虫放毒型品系的细胞质内有一种放毒型颗粒即卡巴粒，这种"微粒"现已证实是一种共生型细菌（放毒菌），由它合成毒素（草履虫素），能够杀死其他无毒的敏感型品系。但卡巴粒的存在依赖于核基因 K，只有当核内存在 K 基因时，细胞质中的卡巴粒才能复制、增殖，世代间持续存在。放毒型的遗传基础为细胞质中有卡巴粒，同时核内存在显性基因 K。

纯合放毒型（KK＋卡巴粒）与敏感型草履虫（kk＋无卡巴粒）作为亲本杂交，两者接合后，成为 Kk 基因型的接合后体。根据接合时间的长短，后体的遗传表现有两种情况，接合时间短，两个亲本交换各自两个小核中的一个，每个亲本的保留小核与换来的小核在各自体内结合，于是交换后两个亲本的基因型都是 Kk。由于接合时间短，一般在接合过程中并不交换细胞质及所含有的卡巴粒，所以一个接合后体 Kk 是放毒型，因为它细胞质中有卡巴粒；另一个接合后体已经改变为 Kk 基因型，因为细胞质中没有卡巴粒仍是敏感型。这两个个体以后各自无性繁殖形成一个系统，经过自体受精，产生 1KK：1kk 的纯合子。在已经成为 Kk 杂合的放毒型自体受精后代中，KK 个体仍为放毒型；kk 个体由于从上代中得到部分卡巴粒，起初仍能保持放毒特性，经过几代无性繁殖后，由于其核基因是 kk，卡巴粒不能增殖，因此随着重复多次的细胞分裂，卡巴粒的逐渐减少以至消失而变成敏感型了。原来细胞质中没有卡巴粒的敏感型接合后体 Kk，虽然后代中也分离出 KK 和 kk，但由于其细胞质中原来没有卡巴粒，因而后代都是敏感型。当放毒型与敏感型接合时间延长，这时不仅交换核基因 K 和 k，细胞质及所含有的卡巴粒也进行了相互交流，亦即接合后体核基因都是 Kk，细胞质中的卡巴粒也从放毒型草履虫转移到敏感型草履虫中，所以接合后体都成了放毒型（Kk＋卡巴粒），当它们自体受精后；KK 和 kk 基因型均能放毒。经若干次细胞分裂后，KK 个体仍保持放毒特性，kk 个体则最终变为敏感型。

上述实验说明，放毒型的毒素是由细胞质中的卡巴粒产生的，但是卡巴粒的增殖有赖于核基因 K 的存在。如果没有 K 基因，kk 个体中的卡巴粒经过 5～8 代的分裂，就会消失而变为敏感型。卡巴粒一旦消失就不能再生，除非从另一个放毒型中获得。如果细胞质内没有卡巴粒，即使有 K 基因存在，也不能产生卡巴粒，所以仍然是敏感型。

卡巴粒这种颗粒的外层有两层膜，内膜具有典型的细胞膜结构，内含有 DNA、RNA、蛋白质和脂类物质。这些物质的含量与普通细菌含量相似。卡巴粒的 DNA 碱基比与草履虫的核和线粒体 DNA 的碱基比不同。卡巴粒含有的核糖体 RNA，全沉降系数和细菌的核糖体 RNA 相同，而和草履虫细胞质中的核糖体 RNA 不同。考虑到草履虫没有卡巴粒也能正常生存，因此有人推测卡巴粒是在进化历史的某个时期进入草履虫内的细菌。经过若干代的相互适应后建立了一种特殊的共生关系。卡巴粒它存于细胞质内，表现出细胞质遗传的特点。

二、质粒的遗传

质粒（plasmid）指染色体外一切能进行自主复制的遗传单位，包括共生生物、真核生物的细胞器和细菌中除染色体外的单纯的 DNA 分子。目前已普遍认为质粒仅指细菌、酵母和放线菌等生物中除染色体外的单纯 DNA 分子。质粒几乎存在于每一种细菌细胞中，正像核基因一样，细菌质粒也有一定的表型效应，其遗传具有类似细胞质遗传的特征。

细菌的质粒是共价闭合的双链 DNA，是一种自主的遗传成分，能独立地进行自我复制。大部分质粒在染色体外，某些质粒既能独立存在于细胞质中，又能整合到染色体上，这一种质粒则称为附加体。

大部分质粒独立于染色体进行复制、转移，并且决定细菌的某些性状，其遗传具有细胞质遗传的特征。大肠杆菌的 F 因子是质粒的一种，其遗传特征最具代表性。大肠杆菌一般进行无性繁殖，有时进行接合生殖，F 因子是促成接合的必要条件。当 F^+ 与 F^- 两类个体进行接合生殖时，F^+ 个体表面能产生性纤毛或者接合管，使得二者细胞发生联系，从而使 F 因子从 F^+ 个体转移到 F^- 个体中去，使 F^- 个体获得 F 因子后转变为 F^+ 细菌，并且获得了 F^+ 细菌的一切特性。F 因子由 F^+ 细菌向 F^- 细菌转移的频率在 10％以上。在一个 F^+ 和 F^- 两种细菌杂居的群体中，经过若干时间后，整个群体便成为 F^+ 群体，F^- 个体就不复存在。F 因子也可能自发丢失，如一旦丢失就不能再自己恢复，除非再从 F^+ 细菌中得到 F 因子。除 F 因子外，R 质粒和 col 质粒也是重要的染色体外遗传的例证。

第五节 母性影响

在核遗传中，正交和反交的子代表现型是一样的，因为双亲在核基因的贡献上是相等的，同样的环境下表现型是一样的。细胞质遗传的典型特征是在正反交时，子代仅表现出雌性亲本的表型，其机理在于该表型取决于核外遗传物质而不是核遗传物质。但是，有时由于母体中核基因的某些产物积累在卵母细胞的细胞质中，子代表型不能真实反映自身的基因型，而出现与母体表型相同的遗传现象，称为母性影响（maternal effect）。母性影响与细胞质遗传有相似之处，但不同于细胞质遗传，决定母体影响的性状的基因位于核内，是由于母体核基因产物在卵母细胞残留导致子一代基因型出现延迟表达的现象。母性影响一种是短暂的，只影响子代个体的幼龄期；另一种是持久的，影响子代个体终生。

一、短暂的母体影响

欧洲麦粉蛾（*Ephestiakuhuniella*）皮肤及复眼颜色的遗传就是典型的短暂母性影响的例子。野生型欧洲麦粉蛾幼虫的皮肤中含有色素，成虫复眼为深褐色，由一对基因 Aa 控制，有色个体与无色个体 aa 杂交，不论正交或反交，其子一代均为有色的，但当子一代 Aa 与 aa 个体杂交时，则后代的表型取决于有色亲本的性别，如果父本为 Aa，则半数后代幼虫的皮肤是有色的，成虫复眼为深褐色，而另一半后代幼虫无色，成虫复眼为红色。相反，当以 Aa 为母本进行测交时，后代幼虫皮肤都是有色的，但到成虫时，其中半数为褐色眼，半数为红眼。这种独特的结果不同于核基因的测交，也不同于细胞质遗传（图 7-2）。原因在于基因 Aa 杂合体中基因 A 的产物能使幼虫体着色，因为卵母细胞中有基因 A 存在，经减数分裂产生的卵不论基因型是 A 或 a，它们的细胞质中都含有基因 A 的产物。因此，当以 Aa 基

幼虫体色	有色Aa♂ × a♀ 无色		有色Aa♀ × aa♂ 无色	
成虫眼色	褐色	红眼	褐眼	红眼
	↓		↓	
	1/2Aa	1/2aa	1/2Aa	1/2aa
幼虫体色	有色	无色	有色	有色
成虫眼色	褐色	红眼	褐眼	红眼

图 7-2 欧洲麦粉蛾幼虫体色和成虫眼色的遗传

因型个体为母本进行测交时，子一代基因型无论是 Aa 或 aa 都表现出幼虫有色的表型，这一表型类似于细胞质遗传。然而，这一基因的产物仅在幼虫阶段起作用。随着发育的进行，由于这种个体缺少基因 A，而决定幼虫颜色的母体基因产物渐渐消失，所以到成虫时又恢复了红眼表型。相反，当以 Aa 基因型个体为父本进行测交时，子代所得的表型分离比与普通核基因遗传完全一致。母性的影响是暂时的，随着发育的进行，母体基因产物的消失，核基因的表型会逐渐显现出来，因为母体细胞质中的色素物质是由核基因型决定的。

二、持久的母体影响

有些母体基因产物仅虽然存在于子代中时间短，但由于该基因产物的作用产生了不可逆的效应时，母体影响也会是持久的。在椎实螺的外壳旋转方向的研究中，人们观察到母体基因对后代表型的持久影响。

椎实螺是雌雄同体的软体动物，椎实螺外壳的旋转方向有右旋和左旋两种，自然界中以

右旋为主，由一对等位基因控制，右旋 D 对左旋 d 为显性。右旋 DD 雌性与左旋雄性 dd 交配时，F_1 代全为右旋，如果 F_1 代自体受精，其 F_2 代仍然都是右旋。在 F_2 自交后的 F_3 代才出现右旋和左旋的分离，且分离比例为 3∶1。如何解释 F_2 代外壳全为右旋而 F_3 代才表现出性状分离的结果？首先需要从椎实螺外壳旋转方向的形成机制入手。椎实螺外壳的旋转方向取决于受精卵第一次和第二次分裂时的纺锤体分裂方向。受精卵纺锤体向中线右侧分裂时为右旋，向中线的左侧分裂时为左旋。纺锤体的这种分裂行为是由受精前的母本基因型决定的。当母本基因型为 Dd 时，母体中的核基因 D（右旋）的产物积累在卵母细胞的细胞质中，使 F_2 代中的 dd 个体的表型也为右旋。当雌性亲本为左旋（dd），雄性亲本为右旋（DD）进行反交时，尽管基因型为 Dd，但因母体的 d 基因产物在卵母细胞质中，所以 F_1 代全是左旋。自交到 F_3 代才表现出与基因型一致的表型，即右旋与左旋之比为 3∶1 的分离，因此该现象称为延迟遗传。

思 考 题

1. 请举例说明细胞质遗传的特征？
2. 请简述线粒体和叶绿体基因组的半自主性？
3. 请简述线粒体和叶绿体基因组的结构特征？
4. 请简述线粒体翻译体系与细胞质翻译体系的差别？
5. 请简述如何区分细胞质遗传与母体影响？

第八章 数量遗传学基础

前面各章所讨论的性状都有一个共同的特点，即相对性状之间差异显著。例如孟德尔遗传试验中选用豌豆的红花与白花，豆粒的黄色与绿色。这些性状的变异是不连续的且很容易根据表型进行区分，界限分明。在杂种后代的分离群体中，不同个体的性状间表现为明显的差异，可以明确地分组，计算出不同组之间的比例，进而研究它们的遗传规律。

自然界还广泛存在另一类只能用数值形式才可精确表示的性状，如鱼类的生长速度、贝类的产量、虾蟹类的体重以及水产生物的产卵量等重要经济性状，中间会有一系列的过渡类型，每个性状之间无明显的界线。这些性状呈连续变异的数量变异而不是质的改变，诸如池塘中同一品种水产生物的体重从最低到最高呈现一个很宽广的连续变化范围，同一品种的不同个体间产卵量也有不同的差别。这些性状在群体内个体间不易于归类和分组，因此不能通过杂交、测交等经典遗传学的方法来进行遗传分析，而只能采用数理统计的方法来进行遗传规律研究。特别是那些具有经济价值的经济性状的变异都可以被测量，且都有其复杂的遗传基础和特殊的遗传规律。遗传的差异与环境因素的影响共同造成了上述性状的复杂表现。因此，研究这类性状遗传规律的学科为数量遗传学（quantitative genetics）有时也称为统计遗传学（statistical genetics）。数量遗传学是根据遗传学原理，运用适宜的遗传模型和数理统计的理论和方法，探讨生物群体内个体间数量性状变异的遗传基础，研究数量性状遗传传递规律及其在生物改良中应用的一门理论与应用学科，它是遗传学原理和数量统计学结合的产物，属于遗传学的一个分支学科，与育种学有着密切的关系。

1918 年，英国数理统计学家费歇尔（Fisher R. A.）正式出版了第一本数量遗传学著作——《根据孟德尔遗传假设的亲属间相关研究》，该书较为系统地论述了数量遗传学的研究对象和方法，从此数量遗传学诞生了。1925 年，费歇尔提出的方差分析（ANOVA）方法，英国的遗传学家霍尔丹（Haldane J. B. S.）和美国遗传学赖特（Wright S.）的卓越贡献都为数量遗传学奠定了重要基础。

影响数量变异的基因与决定质量变异的基因具有相同的遗传法，因此，数量遗传学是以孟德尔原理为基础的，只是数量变异的遗传由孟德尔遗传的研究范畴扩展至群体水平。因此，数量遗传学是生物自然和人工进化的理论基础，其实际用途主要服务于生物的育种实践。基于数量遗传学理论基础，目前我国在水产经济动物，包括鱼、虾和贝类等的育种实践中已经取得了令人瞩目的成就。

本章将讲述数量性状的特征、遗传规律、数量遗传分析的统计学基础和数量性状遗传参数估算及其应用。

第一节　数量性状及其特征

在一个自然群体或杂种后代的分离群体内，不同个体的性状都表现为连续的变异，很难进行明确的分组，需要用统计学方法对性状进行分析，我们把这些性状称为数量性状（quantitative character 或 quantitative trait，QTL）。这类性状呈连续变异，它不可以严格地分类，呈现出一系列程度上的差异；带有这些差异的个体没有质的差别，只有量的不同。在数量性状的遗传中，F_1 代的性状分布表现为中间的表型，F_2 代显示连续的表型分布，这些性状对人类具有重要的经济价值，所以必须进行深入的研究。

一、数量性状的概念及基本特征

数量性状是受多个基因控制，表现为数量上或程度上连续性变异的一类性状。水产生物中与人类生产有关的性状一般属于数量性状，如个体的大小和体积、有关产品的产量、营养素含量以及一些抗逆性状等均属典型的数量性状。数量性状的遗传研究对于动植物的遗传改良、资源保护、食品安全乃至医疗保健均具有十分重要的意义。

数量性状大致又可分为三类。第一类数量性状受微效多基因控制，其基因数目众多，各个基因的效应不一定相等，但单个基因的效应微小且对环境反应敏感，分离世代一般呈现单个正态分布，单个基因的效应难以从表型区分，需要借助生统遗传学的方法对多基因系统中基因的遗传效应进行分析。这类数量性状实际中多为生物的产量性状而具有经济意义故也经常称为经济性状（economy trait）。第一类为可数性状（meristic trait）：在群体中表现为间断性的并只能计数的数量性状。如所产的后代数或产卵数、鱼的鳍条数、鳞片数等。第三类为阈性状（threshold trait）是指群体中存在着某个阈值，当个体的倾向性超过这个阈值时处于一种状态，小于这个阈值时就处于其他状态，这个阈值是不能直接观测的或潜在的，群体中变异由几个不连续的状态所组成，每个个体只处于其中的某个状态，而个体所处的状态是由多基因和环境共同决定的。

二、数量性状的基本特征

从遗传群体的变异分析可知，作为数量遗传学研究对象的生物数量性状其特点一般可归纳为以下几点：

1. 数量性状是可以度量的

如鱼的体长、体重、生长速度、繁殖性能等都可直接度量。

2. 数量性状呈连续性变异

杂交后的分离世代不能明确分组，例如鱼的体重、体长、虾的产量等性状，不同种、品种或品系间杂交的 F_2、F_3 等后代群体存在广泛的变异类型，不能明确地划分为不同的组，分析各组的分离比例，只能用一定的度量单位进行测量，采用统计学方法加以分析。

3. 数量性状的表现容易受到环境的影响

控制数量性状的基因在不同环境下基因表达的程度可能不同，这种不同是数量性状易受环境的影响而发生变异的基础，所以数量性状一般都存在基因型与环境的互作。这种互作导致的变异一般是不遗传的，它往往和那些能够遗传的变异相混淆，使问题更加复杂化。

例如同一个水产品种，养殖在不同的水域，在考察产量时发现，尽管每一群体所有个体的基因型是相同的，各区域产量在一定范围内均呈现出连续性变异，而不是集中在某一个特定的数值上。这种连续性变异是由于水域的温度、盐度、光线等环境条件不一致而产生的，一般是不遗传的。这种基因型与表型之间非对应的关系很大程度上掩盖了孟德尔规律对遗传特性表述的准确性。因此，充分估计外界环境的影响，分析数量性状遗传的变异实质，对提高数量性状育种的效率是很重要的。

4. 控制数量性状的遗传基础一般是多基因系统（polygenic system）

数量性状一般是由大量基因效应微小而且可累加的基因控制，每个单个基因在不同世代间的传递行为都服从孟德尔原理。多基因间可累加的基因效应值的组合系统是数量性状表现出连续变异的内在遗传原因，而其外部原因则是不遗传的环境因素。正是在这种遗传和不遗传的内外因素的共同作用下，使得数量性状表现为连续性变异。

例如，表 8-1 表中是某种鱼体长不同的两个品系 P_1 和 P_2 进行杂交，前者体长明显优于后者体长。将这两个品系杂交后 F_1 代个体长介于两亲本之间，呈中间型；F_2 代个体的长度表现明显的连续变异，不容易分组，因而也就不能求出不同组之间的比例。同时，由于环境条件的影响，即使基因型纯合的亲本和基因型杂合一致的杂种一代 F_1，各个个体的体长也呈现连续的分布，而不是只有一个长度。在亲本和 F1 代各自的群体中，个体的基因型是一致的，但是个体之间依然存在着差异，显然，这些差异是由于环境因素所造成的。F_2 群体既有由于基因所造成的基因型差异，又有由于环境的影响所造成的差异，所以 F_2 的连续分布比亲本和 F_1 都更广泛。F_2 代群体则存在着基因型和环境的综合作用，变异更加广泛，如图 8-1 所示。因此，充分估计外界环境的影响，分析数量性状遗传的变异实质，对提高数量性状育种的效率是很有益的。遗传学家运用数量遗传学的原理与方法研究群体中的可连续变异特性的遗传学问题，其核心还是预测不同表型的个体杂交后将产生怎样的后代。

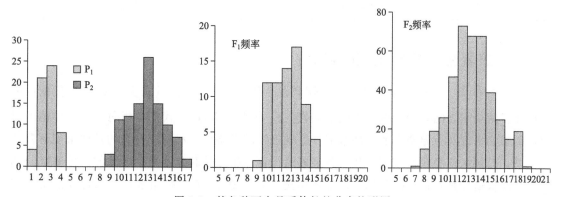

图 8-1　某鱼种两个品系体长的分布柱形图

表 8-1　某鱼种两个品系体长的均值（cm）

体长（x_i）	5	6	7	8	9	10	11	12	13	14	15	16	17	18	19	20	21
亲本 P_1 频率（f_i）	4	21	24	8													
亲本 P_2 频率（f_i）									3	11	12	15	26	15	10	7	2
F_1 频率（f_i）					1	12	12	14	17	9	4						
F_2 频率（f_i）					1	10	19	26	47	73	68	68	39	25	15	19	1

三、数量性状与质量性状的联系和区别

生物体的性状分为数量性状和质量性状，两者既有联系也有区别，主要表现为如下几点。控制性状的基因都存在于染色体，都遵循遗传规律。某些性状既有质量性状特点，也有数量性状特点，实际结果根据研究目的和区分标准的不同而异。例如小麦粒色，红粒对白粒，根据孟德尔遗传定律，可以分为 3∶1 或者 15∶1，表现为质量性状，但是如果对红粒进行严格划分，发现小麦的粒色实际上是一个由浅入深的渐变过程，而颜色的深浅是由数量性状的微效多基因所决定的。同一性状由于杂交亲本类型或有差异的基因数不同，可能表现为数量性状或质量性状。例如，豌豆的株高，一般情况下为数量性状，但在孟德尔杂交试验中，将株高简单划分为高植株和矮植株两种表型，将数量性状简化为质量性状去分析。为更好理解这两类性状，表 8-2 中列举了数量性状与质量性状间的异同。

表 8-2　质量性状与数量性状的比较分析

项目	质量性状	数量性状
性状类型	品种特征、外貌特征	生产、生长性状
遗传基础	少数主基因控制 遗传关系较简单	微效多基因系统控制 遗传关系复杂
变异方式	间断型	连续型
考察方式	描述	度量
环境影响	不敏感	敏感
研究水平	家庭	群体
研究方法	数理统计	生物统计

四、数量性状遗传的多基因假说

早在 1760 年，Klrenter 就曾报道了烟草高品种和矮品种之间的杂交结果。F_1 代植株的高矮介于两亲本之间，约为两亲本的平均值。F_2 代平均值与 F_1 代基本相同，但变异范围更大，高矮几乎遍及原始亲本的全部范围，呈现连续的正态分布状况，可惜的是他未能解释这一结果。孟德尔曾经用遗传因子和两条经典遗传定律很好地解释了质量性状的遗传基础，那么数量性状遗传是否也遵循孟德尔遗传定律呢？Yule 在 1906 年指出数量性状可能是由许多的单独因子控制，每一因子只起很小的作用。大量的遗传研究证明了数量性状也是由孟德尔遗传因子所控制的，但它是由多个基因控制的，这些基因表现为颗粒性，以线性方式排列

在染色体上，也就是说，数量性状的表型是由许多等位基因的相互作用决定的。这类性状的遗传，在本质上与孟德尔式的遗传完全一样。数量性状的遗传机制是以多基因假说为基础的基因理论，具体内容如下。

（一）多基因假说的试验依据

1909 年，瑞典植物遗传学家尼尔逊·埃尔（Nilson-Ehle H.）在对小麦和燕麦中籽粒颜色的遗传规律的研究中，发现这类性状的遗传在本质上同孟德尔遗传完全一样，并首次提出了数量性状遗传的多基因假说（multiple-factor hypothesis）。依据该假说，每个数量性状是由许多基因共同作用的结果，其中每个基因的单独作用较小，与环境影响造成的表型差异类似，因此，各种基因型所造成的差异表现为连续的数量。具体杂交组合的实验结果有如下几种情况（图 8-2）。

在小麦和燕麦的红粒和白粒杂交第一个试验中，得到红色种皮 F_1 代，自交得到 F_2 代，其中 F_2 代中 3/4 为红粒，1/4 为白粒。

在第二个红粒与白粒杂交试验中，F_1 代粒色为中间型，颜色为粉红色，不能区分显性和隐性，自交得到的 F_2 代粒色总体上可以划分为红色、白色两组，其中红色籽粒占 15/16，白色籽粒占 1/16。

在第三个红粒品种与白粒品种杂交试验中，F_1 代粒色为中间型，颜色为粉红色，自交得到的 F_2 代中粒色总体上可以划分为红色、白色两组，其中红色籽粒占 63/64，白色籽粒占 1/64。

从上述三个试验可以看出，不同杂交组合红粒亲本的颜色深浅也有差别，所有杂交组合中的 F_1 代都不如各自的红粒亲本颜色深，所有杂交组合的 F_2 代中红色的程度也存在着差异。红色籽粒深浅程度的差异与所具有的决定"红色"的基因数目有关，在实验中，Nilsson-Ehle 发现 F_2 中从白色到极深红有 7 种不同程度的红色籽粒，中间颜色的麦粒最多，而白色麦粒约占总数的 1/64，他认为至少有 3 对基因同时遗传，应有 $3^3 = 27$ 种不同的基因型。籽粒的颜色可能存在着 3 对与种皮颜色有关的、种类不同但作用相同的基因，这 3 对基因中的任何一对在单独分离时，都符合孟德尔遗传定律。假设 R_1r_1、R_2r_2 和 R_3r_3 为三对决定种皮颜色的基因，其中每个显性基因都能使得麦粒表现为红色，用大写字母表示"增加"红色，小写字母表示"不增加"红色，R 与 r 不存在显隐性关系，说明种皮颜色的深浅程度与基因数目的关系。当多个显性基因存在时，由于基因剂量效应使得红色加深，这三对基因

P　　　　红粒($R_1 R_1 R_2 R_2 R_3 R_3$)　　×　　白粒($r_1 r_1 r_2 r_2 r_3 r_3$)

↓

F_1　　　　　　　　　红粒($R_1 r_1 R_2 r_2 R_3 r_3$)

↓ 自交

表型	红色						白色
	最深红	暗红	深红	中深红	中红	浅红	
F_2代表型比例	1	6	15	20	15	6	1
红粒有效基因数	6	5	4	3	2	1	0
红粒：白粒	63：1						

图 8-2　不同杂交组合小麦粒色遗传分析

的任何一对单独分离时都可以产生 3：1 的分离比例，而当 3 对基因同时分离时则产生 63：1 的分离比例（图 8-2），当所有的基因为隐性纯合（$r_1r_1r_2r_2r_3r_3$）时则表现为白粒。

3 对基因得到表型分布结果为 1：6：15：20：15：6：1，随着控制某一数量性状的基因数增多，杂种后代分离比趋于多样，如果以 n 表示决定数量性状的杂合基因对数，则图中分离比恰好是杨辉三角形 $2n+1$ 层的系数。当我们取一对基因的 3 种基因型比（$1aa$：$2Aa$：$1AA$）为底，按这个比的倍数 n 展开（$n=$基因的对数），则有（1：2：1）^{n} 或三项式（$1/4+2/4+1/4$）^{n}，当 $n=1$，2，3…时，则可得到"杨辉三角"中双数行的各项系数：当 $n=1$ 时各项系数为 1：2：1；当 $n=2$ 时，各项系数分别依次为 1：4：6：4：1，当 $n=3$ 时，各项系数分别依次为 1：6：15：20：15：61，以此类推，各种表型在群体中所占比例如表 8-3 所示，群体表现则更为连续。

表 8-3   多基因系统在 F_2 代群体中分离比例理论值

等位基因对数	F_2 代表型数	F_2 代分离比例	纯合亲本比例
1	3	1：2：1	1/4
2	5	1：4：6：4：1	1/16
3	7	1：6：15：20：15：6：1	1/64
4	9	1：8：28：56：70：56：28：8：1	1/256
5	11	1：10：45：120：210：252：210：120：45：10：1	1/1024

（二）多基因假说的要点

数量性状的遗传受到多对独立遗传的微效基因（minor gene）或效应微小的多基因（polygene）的共同控制，其遗传方式符合孟德尔遗传定律。微效基因是指效应微小的基因，主效基因是指效应明显的基因。

微效基因的效应是相等的，且彼此间的作用可以累加，并呈现剂量效应。因此，后代的分离表现为连续变异，连续性强弱跟基因的数量和环境影响有关。

微效等位基因之间通常无显隐性关系，增效时用大写字母表示，减效时用小写字母表示，F 代大多表现为双亲的中间类型。

微效基因对外界环境的变化极为敏感，单个基因的作用常常被环境影响所遮盖，很难对个别基因的作用加以识别，只能按性状表现进行归纳。由于每一个数量性状是由许多微效基因共同作用的结果，涉及基因数目多，每个基因单独作用很小，且可以累加，加上修饰基因的修饰作用和环境的影响，这样就使得由于基因型差异所造成的表型差异与由于环境因素所造成的表型差异很接近。因而各种基因型所表现出来的差异就成了连续性变异。如果环境对某一性状有较大的影响，即使控制某一性状的微效基因数目很少，它的后代也会成为不连续的分布。

微效基因与控制质量性状的主效基因都是位于细胞核的染色体上的，并且具有分离、重组和连锁规律。

多基因往往有多效性，多基因一方面对于某个数量性状起微效基因的作用，同时在其他性状上又可以作为修饰基因而起作用，使之成为其他基因表现的遗传背景。

在个别情况下，多基因的效应不是累加而是累积的，有时某几对基因也表现显性，以致表型分布呈现偏态。此外，人们发现有些生物的数量性状不但受微效多基因控制，也受控于一个或几个主效基因。数量性状主效基因的分离规律也类似于质量性状主效基因的遗传特点，甚至某些数量性状位点也表现出基因的多效性。

近些年来，遗传学有了突飞猛进的发展，因此结合多基因假说，可以这样来重新定义数量性状：由许多对微效基因或多基因的联合效应造成的一类具有正态分布特性的性状，具有这种性状的个体在正态分布中的位置取决于它们所具有的微效基因的多少，这种基因多的个体就处于分布的上端或正极，这种基因数目少的个体则处于分布的下端或负极。

另外，需要注意的是，每一种生物的数量性状数目很多，其中有些是目前经常度量采用的，而更大一部分是未被度量和采用的，此外，每一个数量性状往往又有很大的变异范围。多基因假说虽然阐明了数量性状遗传的多数现象，还不能解释某些数量性状遗传的复杂现象。因此，控制这些数量性状的多基因系统应该十分复杂。然而，每一种生物的染色体对数却十分有限，如鲤鱼 50 对、草鱼 24 对、马口鱼 38 对等，每一染色体上所能携带的基因数量也有限。那么，有限数目的基因如何控制众多的数量性状呢？一般可归结为下列三个原因：一是基因仅仅是性状表现的遗传基础，它与性状的关系并非"一一对应"的，基因作用往往是多效的（pleiotropy），而控制一个性状的基因数目通常也很多，因此，基因与性状的关系是"多因一效"或"一因多效"；二是除了基因的加性效应，等位基因间还存在显性效应，非等位基因间还存在上位效应、基因与环境之间可能还存在互作效应等，这些非加性互作效应的存在，使得基因型间的差异更加难以区分；三是数量性状的表现不仅仅取决于基因型，而且不同程度地受到环境效应的影响，即遗传和不遗传的变异混在一起，不易区别开来，这为我们研究数量性状的遗传规律带来了很大的困难。

总之，多基因假说也只是奠定了数量性状遗传分析的理论基础和基本的分析模型，反映了大部分数量性状的遗传规律。另外，数量性状和质量性状不同，因此其研究方法也具有自己的特点。

第一，研究规模采用了群体。杂交后代的分离比无法准确观察，要想获得某个性状的遗传规律，必须调查大量的个体才行。

第二，必须把遗传学理论和生物统计学的知识相互结合，才能发现其中的遗传规律。来自群体的数据必须借助于统计学的方法加以描述整理。

第二节　数量遗传分析的统计学基础

数量性状往往是由多对基因控制的，各个基因对表型的影响较小，各基因型间的表型差异很微小，一般情况下很难观察到界限分明的不同表型，用不同表型比例来进行遗传分析，由于表型经常受到环境条件的修饰，使遗传因素造成的变异与环境条件造成的变异混杂在一起，不易区分，所以研究数量性状只能采用数理统计的方法进行处理，需要统计描述，计算性状的表型参数，包括平均数、方差、协方差、相关、回归等。在此基础上进行常规的统计检验方法，计算遗传参数、遗传力、遗传相关等。

一、数量性状的群体统计基本参数——平均数和方差

数量性状一般在用度量工具进行测量后，然后进行统计分析（statistical analysis）。在对数据进行描述和推断时，统计参数是必不可少的。数量遗传研究中最常用的统计分析方法是估计遗传群体的统计参数（parameter），如样本均值样本方差（variance）、协方差（covariance）和相关系数（correlation coefficient）、回归系数（regression coefficient）等。

如果分析一个基因型不分离的遗传群体（如亲本 P、杂种一代 F_1 群体等）的产量性状，则群体中所有个体的基因型值是一个常数（constant）。如果不存在影响个体表现的环境效应，所有个体将有相同的产量表现，其值等于总体均值 μ。实际上，个体产量表现除了受基因型影响以外，还在很大程度上受环境因素的影响，因而每个个体的表现型值都不尽相同，呈现连续的变异。总体均值 μ 度量了群体中各个体的基因型值，方差 V 则度量了环境效应所造成的变异程度。对于任何一个群体，人们往往无法观测、分析所有可能的个体表现。因而无法直接获得总体的均值 μ 和方差 V 等参数。实际分析时，只能对一些样本个体进行观测，并计算样本均值 $\hat{\mu}$ 和样本方差 $\hat{\sigma}^2$。如果调查了 n 个个体，其性状测定值分别为 x_1，$x_2 \cdots x_i \cdots x_n$，样本均值的计算公式是：

$$\hat{\mu} = \frac{1}{n}(x_1 + x_2 + \cdots + x_n) = \frac{1}{n}\sum_{i=1}^{n} x_i$$

样本方差的计算公式为：

$$\hat{\sigma}^2 = \frac{1}{n-1}\sum_{i=1}^{n}(x_i - \hat{\mu})^2 = \frac{1}{n-1}\left(\sum_{i=1}^{n} x_i^2 - n\hat{\mu}^2\right)$$

因为样本方差是由观察值的平方估算而得，其度量单位也是原来的平方。为了使表现变异程度的统计量（statistic）具有与原来观察值一样的单位，可对样本方差开方计算标准差（standard deviation），$\hat{\sigma} = \sqrt{\hat{\sigma}^2}$。样本均值 $\hat{\mu}$ 和样本方差 $\hat{\sigma}^2$ 是总体均值 μ 和总体方差 σ^2 的无偏估计值（unbiased estimate）。

由于存在基因的连锁或基因的一因多效，同一遗传群体的不同数量性状之间常会存在不同程度的相互关联，可用协方差度量这种共同变异的程度。如果某遗传群体有两个相互关联的数量性状，即性状 X 和 Y，这两个性状的总体协方差 C_{XY} 可用样本协方差 $\hat{C}_{XY}$ 来估计：

$$\hat{C}_{XY} = \frac{1}{n-1}\sum_{i=1}^{n}(x_i - \hat{\mu}_x)(y_i - \hat{\mu}_y) = \frac{1}{n-1}\left(\sum_{i=1}^{n} x_i y_i - n\hat{\mu}_x\hat{\mu}_y\right)$$

其中，x_i 和 y_i 分别为性状 X 和 Y 的第 i 项观测值，$\hat{\mu}_x$ 和 $\hat{\mu}_y$ 则分别为两个性状的样本均值。

二、遗传方差和协方差的估计方法

遗传方差、协方差的估计方法有方差分析法（ANOVA）、极大似然法（ML）、约束极大似然法（REML）及最小范数二次无偏估计（MINQUE）等方法。下述介绍的诸种参数估计方法都涉及相当复杂的统计学理论知识和方法，限于篇幅不能展开叙述，深入研读时可参阅有关数理统计的书籍。

（一）方差分析法

方差分析法（ANOVA）广泛应用于估计遗传方差和协方差组分。采用方差分析法估计遗传方差和协方差通常需要先估计出实测的方差和协方差组分，再转为遗传方差和协方差组分。

1. 估计实测方差和协方差组分

（1）实测方差组分估计

根据变异来源计算单性状各相应效应的平方和（SS）与均方（MS）。由于均方的期望值（EMS）是方差组分的线性函数，设各项均方等于其期望均方，可以得到方差组分线性函数的一组联立方程。求解该联立方程组，即可得到各方差组分的无偏估计值。

（2）实测协方差组分估计

根据变异来源计算成对性状的乘积（SP）与均积（MP）。由于期望均积（EMP）是协方差组分的线性函数，设各项均积等于其期望均积，可以得到协方差组分线性函数的联立方程组解之，即可得到各协方差组分的无偏估计值。

2. 遗传方差和协方差估计

根据亲属间协方差理论组成，根据特定公式可把实测方差和协方差转换为遗传方差协方差组分。方差分析法的缺点是，它不能分析有不规则缺失的非平衡资料，估计出的方差和协方差组分往往出现负值。Henderson 提出了用 ANOVA 对不平衡数据估算方差成分的方法，但其应用仍相当局限。

（二）极大似然法

极大似然法（maximum likelihood，ML）估计遗传参数包括两个步骤：首先建立包括有待估参数的似然函数，然后根据实验数据求解使似然函数达极大值时的参数估计值。

1. 似然函数

设有概率密度函数 $f(y_i;\theta)$，y_i 为观测值，θ 为参数。当 θ 为已知，$f(y_i;\theta)$ 反映了密度函数值随 y_i 的取值而变化的情况。如果 y_i 在已通过抽样获取的情况下，则可把 $f(y_i;\theta)$ 看成未知参数 θ 的函数，此时的函数被称为似然函数（likelihood function），并以 $L(y_i;\theta)$ 表示。它反映了获取该抽样数据的概率值（以似然值表示）随 θ 的变化情况，也表示不同 θ 取值下密度函数对 y_i 的解释能力。

离散型随机变量的似然函数是多个独立事件的概率函数的乘积，而连续性随机变量的似然函数是每个独立随机观测值的概率密度函数的乘积，如：

$$L(y_1,y_2,\cdots,y_n;\theta)=f(y_1;\theta)f(y_2;\theta)\cdots f(y_n;\theta)$$

2. 参数的极大似然估计

参数的极大似然估计就是指在已得样本结果的情况下，使似然函数值为最大以获得总体参数的估计值。求极大似然估计实际上就是求解上述似然函数极值的问题，这涉及非常复杂的运算，一般需要借助计算机通过迭代（iteration）法获得。极大似然估计是理论上优良、适用范围较广的一种参数估计方法，但前提是需要已知总体分布的具体形式，在正态分布假设下，极大似然估计容易获得，并且只要样本容量足够大，极大似然估计具有渐近无偏性（asymptotic unbiasedness）和一致性（consistency）。目前在统计遗传中极大似然估计已得到最广泛应用。

三、约束极大似然法

对混合线性模型求解参数时，极大似然法的估计值会受到固定效应值的影响，可能导致严重的有偏估计。约束极大似然估计法（restricted maximum likelihood，REML）消除了固定效应（包括固定环境效应和固定遗传效应）的影响，同时得到随机效应的无偏估计，是对极大似然法的改进，也是目前应用最为广泛的参数估计方法之一。

四、最小范数二阶无偏估计

在分析混合线性模型的各种方法中，印度统计学家 Rao（1971）提出的最小范数二阶无偏估计（minimum norm quadratic unbiased estimate，MINQUE）方法比上述方法都更加简便和优越。该方法不需要进行迭代计算，对线性模型也没有正态分布的假定。MINQUE 方法是基于使欧式范数（euclidean norm）达到最小而求得参数估计的。

第三节　遗传参数估算及其应用

数量性状的表现既受到个体遗传基础的控制，也受到所处环境的影响，如何从量的角度来描述数量性状的遗传规律呢？如何判断影响一个数量表现的遗传效应有多大？环境效应有多大？由于数量性状呈现出连续变异，因此数量性状的遗传规律的研究，需要借助一些生物统计手段和方法来完成，估计出各种因素造成的变异大小来衡量，即进行变量的方差和协方差分析，然后得到相应的定量指标。与质量性状不同，描述数量性状的遗传规律必须借助于遗传参数，它是数量遗传学的基本内容之一。数量遗传学中广泛应用的三个参数为遗传力、重复力和遗传相关。遗传力是数量性状遗传的一个基本规律，能揭开数量性状的遗传效应和环境效应的影响。对数量性状遗传参数的估计和分析是数量遗传分析的基础，运用统计分析方法数量遗传学研究数量性状的表型变异在多大程度上受到遗传效应和环境效应的制约。数量性状的遗传参数估计的准确性直接影响到育种工作的成效，因而其在动植物育种实践中起着十分重要的作用。在水产领域中遗传参数主要是指遗传力和遗传相关。

一、数量性状的遗传分析模型

根据遗传学的基本原理，个体性状的表型构成由两部分组成，即遗传组分和环境组分，即表型＝遗传或基因型＋环境。性状的表现型是基因型和环境互作的结果，拟进行研究的某个数量性状的遗传效应的理论构成称为该数量性状的遗传分析模型（genetic analysis model）。其数学模型表达式为 $P=G+E$。针对数量性状对环境比较敏感的特点，表型还需要考虑到遗传与基因型间的互作，即表型值＝遗传效应＋基因型×环境互作效应＋环境效应。用符号

表示为 $P=G+G\times E+E$。式中，P 表示某个数量性状的表型值（phenotypic value），这是数量性状的实际度量值；G 表示该数量性状的基因型值（genotypic value），它决定着数量性状全部基因型的效应值，包括各种互作的效应在里面；$G\times E$ 表示基因型与环境互作效应值（interactive value），指一定的环境差异对不同的基因型产生的不同效果，或一定的基因型在不同环境条件下表现不同的现象，反映了基因型利用环境能力的强弱；E 表示环境效应值（environmental value），它是与群体中每个个体相应的且由环境所造成的效应值，它可正可负，对每个个体都是不同的，有时也称为环境偏差。

这是数量遗传学中的一个最基本的关系式，其意义正如孟德尔理论那样，将表型值与基因值加以明确区分。表型值是由遗传效应和环境效应及二者间互作共同决定的，遗传效应是表型变异的内存原因，环境效应是表型变异的外部原因。进一步剖分，基因型值 G 可划分为加性效应、显性效应和上位效应，模型为：$G=A+D+I$。式中，A 为基因加性效应值（additive value），它是数量性状的所有基因数量效应的累计总和，且是在不考虑位点内和位点间互作的情况下得到的，加性效应值能够在世代间稳定传递，也称为育种值（breeding value）；D 为显性效应值（dominant value），它是数量性状的所有等位基因内互作的效应值；I 为上位效应值（epistatic value），它是指数量性状的所有位点间互作的效应值。上位效应 I 又可细分为不同位点间加性与加性的互作 $A\times A$、加性与显性的互作 $A\times D$ 及显性与显性的互作 $D\times D$。

与加性效应值不同，显性效应值和上位效应值不能在世代间稳定传递。在形成配子时，它们就消失了，只有当特定的配子组合成合子时它们才又重新出现。在不同的合子中它们的效应值是不同的，因此二者统称为非加性效应值（nonadditive value）。

由于基因值可以剖分为不同的几个组分，$G\times E$ 也相应地剖分为以下几个组分，即加性效应与环境的互作 $A\times E$、显性效应与环境的互作 $D\times E$ 及上位效应与环境的互作 $I\times E$。而 $I\times E$ 又可细分为 $A\times A\times E$、$A\times D\times E$ 及 $D\times D\times E$ 这几个部分。

综合起来看，得到如下一般数量遗传分析模型：

$$
\begin{aligned}
P &= A+D+I+E \\
&= A+D+(A\times E+D\times E)+(A\times A+A\times D+D\times D)+ \\
&\quad (A\times A\times E+A\times D\times E+D\times D\times E)+E
\end{aligned}
$$

上式称为数量遗传学中的"加性-显性-上位"数量遗传分析模型。一般认为，数量性状基因值中的上位效应并不大，故为简化问题常将其忽略即假定上位效应为 0。这样该模型可简化为如下形式：

$$P=A+D+E=A+D+A\times E+D\times E+E$$

上式称为数量遗传学中的"加性-显性"数量遗传分析模型。如果不存在或不考虑基因型与环境互作，所有与环境互作的分量均为 0，该数量遗传分析模型还会进一步简化，此时模型中只含有加性效应和显性效应。除了上述两个遗传分析模型，还有其他更加复杂的遗传分析模型，限于篇幅在此不再赘述。研究者应该依据所研究性状的遗传特点给出可能的遗传分析模型，经过统计检验后，确定适合的遗传分析模型中反映性状的最可能的遗传组成。只有在恰当的遗传分析模型下所估计出的遗传参数才是有意义的。综观在水产研究领域中数量性状的遗传力估计，绝大部分是在没有考虑环境效应以及上位效应的情况下得到的，只有其他很小一部分将环境效应纳入模型中估计遗传力。

二、遗传力及其估计

由上述可知，数量性状的变异由遗传变异和非遗传变异组成。那么在一个数量性状的表型变异中，哪个因素对表型变异的决定作用更大呢？运用统计学方法，数量遗传学研究生物数量性状表型变异中归因于遗传效应和环境效应的组分，并根据遗传变异原因进一步将遗传效应剖分加性效应、显性效应和上位效应的变异组分以及这些遗传效应与环境互作变异的组分。遗传力作为后代选择的一个重要遗传参考，可以用来判断该性状传递给后代可能性的大小。这就需要引入遗传力的概念。

（一）遗传力的概念

在数量遗传学中，遗传力也称遗传率（heritability），定义为数量性状表型变异中遗传变异所占的比例，或者说是亲代将其遗传特性传递给子代的能力，是反映遗传因素和环境效应相对重要性的一个基本指标。值得注意的是，遗传力是一个群体概念，不能用于个体。遗传力介于 0 和 1 之间。根据遗传效应的不同，遗传力又可分为广义遗传力（broad-sense heritability，H^2）和狭义遗传力（narrow-sense heritability，h^2）。广义遗传力定义为数量性状表型变异中由基因型值变异所造成的部分，而狭义遗传力定义为数量性状表型变异中加性效应变异所占的百分数。从定义可以看出，遗传力的概论说明了数量性状表型变异中由遗传变异决定的程度，也表明了遗传效应和环境效应的相对重要性。用符号可表示为：

$$H^2 = \frac{V_G}{V_P}, h^2 = \frac{V_A}{V_P}$$

式中，V_G 和 V_A 分别为基因型值方差和加性效应方差，V_P 为表型值方差。遗传力介于 0~1 之间；当遗传力为 0 时，表明表型变异完全由环境所造成；当遗传力为 1 时，表明遗传力完全由遗传因素所决定。需要说明，由于广义遗传力中的 V_G 包含有非加性效应，因而在相同条件下 $H^2 > h^2$。由于育种值可以在两代稳定传递或遗传，重要的是育种值对表型值的决定作用，所以在育种工作中都使用狭义遗传力而不使用广义遗传力，下文中所指的遗传力都是狭义遗传力。

必须指出，在不同的遗传分析模型中，遗传效应并不相同，往往还差异很大，所以在估计遗传参数时应该指出是使用哪个遗传分析模型时得到的遗传参数。采用的遗传分析模型不同，基于该遗传分析模型估计得到的遗传参数也不相同。

（二）遗传力的估计

遗传力是性状的群体总方差中基因型方差所占比率，反映数量性状遗传规律的一个定量指标。而遗传力不能直接度量，只能利用亲属关系明确的两类个体的资料，借助这一确定的关系，通过统计分析来间接估计其方差，再用通径系数方法推导出遗传力估计方式，这是所有遗传力估计方法的基本出发点。

从上述遗传力公式来看，表型变异 V_P 很容易得到，得到 V_G 或 V_A 却相当困难。只要估计出了 V_G 或 V_A 也就相当于估计出了遗传力。估计 V_G 或 V_A 的方法既依赖于遗传分析模型，也依赖于遗传交配设计（genetic mating design）。在动植物育种中，常用的遗传交配设计形式有巢式设计（nested mating design）、析因设计（factorial mating design）和双列杂交（diallel mating design）设计等。在水产经济动物的育种中最经常使用的是巢式设计。下面以巢式遗传交配设计和"加性-显性与环境互作"遗传分析模型为例讲解遗传力的估计方法（ANOVA 法）。

由于基因的加性和显性效应在不同环境下可能表现不一致，如果估计遗传参数的试验在不同年份或地点实施，便可以估算加性和显性效应与环境的互作。这时性状表现型方差（V_P）的组成为：

$$V_P = V_G + V_{G \times E} + V_E = V_A + V_D + C_{A \times E} + V_{D \times E} + V_E$$

式中的各项方差组分可由巢式设计中的一级和二级因子的实测方差组分直接或间接估计出来。

第 i 个父本（$i=1，2\cdots s$）与第 i 个父本内第 j 个母本（$j=1，2\cdots d$）交配的后代 k（$k=1，2\cdots r$）在环境 h（$h=1，2\cdots e$）中表型值可以用以下线性模型表示：

$$y_{hijk} = \mu + e_h + s_i + d_{ij} + es_{hi} + ed_{hij} + \varepsilon_{hijk}$$

其中，y_{hijk} 为数量性状的表型；μ 是群体总平均数，固定效应；e_h 是环境效应，固定效应；s_i 是父本效应，$s_i \sim N(0，\sigma_s^2)$；d_{ij} 是父本内的母本效应，$d_{ij} \sim N(0，\sigma_{d(s)}^2)$；$es_{hi}$ 是环境与父本的互作效应，$es_{hi} \sim N(0，\sigma_{es}^2)$；$ed_{hij}$ 是环境与父本内的母本的互作效应，$ed_{hij} \sim N(0，\sigma_{ed(s)}^2)$；$\varepsilon_{hijk}$ 是家系内的个体在环境 h 中的效应，$\varepsilon_{hijk} \sim N(0，\sigma_\varepsilon^2)$，即误差。$\sigma_s^2$，$\sigma_{d(s)}^2$，$\sigma_{es}^2$，$\sigma_{ed(s)}^2$ 以及 σ_ε^2 分别为父本效应方差、父本内母本效应方差、环境与父本互作效应方差、环境与母本效应互作方差和误差方差。因而个体数量性状表型值服从下述正态分布：

$$y_{hijk} \sim N(\mu + e_h，\sigma_s^2 + \sigma_{d(s)}^2 + \sigma^2 e_s + \sigma_{ed(s)}^2 + \sigma_\varepsilon^2)。$$

当用 ANOVA 方法估计以上各项实际方差组分时，表型的变异来源、自由度、均方和期望均方列于表 8-4。

表 8-4　巢式交配设计的方差分析表

变异来源	自由度 df	均方 MS	期望均方 EMS
环境间	$e-1$	MS_h	—
父本间	$s-1$	MS_s	$\sigma_\varepsilon^2 + r\sigma_{ed(s)}^2 + rd\sigma_{ed}^2 + re\sigma_{d(s)}^2 + red\sigma_s^2$
母本间	$s(d-1)$	MS_d	$\sigma_\varepsilon^2 + r\sigma_{ed(s)}^2 + re\sigma_{d(s)}^2$
环境×父本	$(e-1)(s-1)$	MS_{es}	$\sigma_\varepsilon^2 + r\sigma_{ed(s)}^2 + rd\sigma_{ed}^2$
环境×母本	$s(e-1)(d-1)$	MS_{ed}	$\sigma_\varepsilon^2 + r\sigma_{ed(s)}^2$
个体间	$esd(r-1)$	MS_ε	σ_ε^2

由表 8-4 中各项平方和可以按下式计算：

$$环境间平方和\ SS_h = rsd \sum_{h=1}^{e} (\bar{y}_h... - \bar{y}...)^2$$

$$父本间平方和\ SS_s = red \sum_{i=1}^{s} (\bar{y}_i... - \bar{y}...)^2$$

$$父本内母本间平方和\ SS_d = re \sum_{i=1}^{s} \sum_{j=1}^{d} (\bar{y}._{ij}. - \bar{y}._{i}..)^2$$

$$环境 \times 父本间平方和\ SS_{es} = rd \sum_{h=1}^{e} \sum_{i=1}^{s} (\bar{y}_{hi}.. - \bar{y}_h... - \bar{y}._{i}.. + \bar{y}...)^2$$

$$环境 \times 父本内母本间平方和\ SS_{ed} = r \sum_{h=1}^{e} \sum_{i=1}^{s} \sum_{j=1}^{d} (\bar{y}_{hij}. - \bar{y}_h._i. - \bar{y}._{ij}. + \bar{y}_i...)^2$$

$$个体间平方和\ SS_\varepsilon = \sum_{h=1}^{e} \sum_{i=1}^{s} \sum_{j=1}^{d} \sum_{k=1}^{r} (\bar{y}_{hijk} - \bar{y}...)^2 - SS_h - SS_s - SS_d - SS_{es} - SS_{ed}$$

各项 SS 除以相应的自由度，可以算得各项均方 MS，即各项实测方差。令计算出的各项实测均方等于相应期望均方，得到以下方程组：

$$\begin{cases} MS_s = \hat{\sigma}_\varepsilon^2 + r\hat{\sigma}_{ed(s)}^2 + rd\hat{\sigma}_{es}^2 + re\hat{\sigma}_{d(s)}^2 + red\hat{\sigma}_s^2 \\ MS_d = \hat{\sigma}_\varepsilon^2 + r\hat{\sigma}_{ed(s)}^2 + re\hat{\sigma}_{d(s)}^2 \\ MS_{es} = \hat{\sigma}_\varepsilon^2 + r\hat{\sigma}_{ed(s)}^2 + rd\hat{\sigma}_{es}^2 \\ MS_{ed} = \hat{\sigma}_\varepsilon^2 + r\hat{\sigma}_{ed(s)}^2 \end{cases}$$

$$MS_\varepsilon = \hat{\sigma}_\varepsilon^2$$

解上述方程组，可求得各项实际方差组分的估计：

$$\hat{\sigma}_\varepsilon^2 = MS_\varepsilon$$

$$\hat{\sigma}_{ed(s)}^2 = (MS_{ed} - MS_\varepsilon)/r$$

$$\hat{\sigma}_{es}^2 = (MS_{es} - MS_{ed})/rd$$

$$\hat{\sigma}_{d(s)}^2 = (MS_d - MS_{ed})/re$$

$$\hat{\sigma}_s^2 = (MS_s - MS_{es} - MS_d + MS_{ed})/red$$

再将上述各项实际方差组分通过下述公式转化为各项遗传方差组分进而得到数量性状遗传力的估计（假定亲本间无亲缘关系）：

$$\hat{V}_A = 4\hat{\sigma}_s^2,\ \hat{V}_D = 4(\hat{\sigma}_{d(s)}^2 - \hat{\sigma}_s^2),\ \hat{V}_{AE} = 4\hat{\sigma}_{es}^2,\ \hat{V}_{DE} = 4(\hat{\sigma}_{ed(s)}^2 - \hat{\sigma}_{es}^2)$$

（三）遗传力的应用

自遗传力的概念提出后，国内外从事水产经济动物育种的研究人员对不同鱼种、虾、贝等进行了遗传力的估计。一般来说，狭义遗传力与选择方法有密切关系。遗传力高的性状上下代的遗传相关大，通过对亲代的选择可以在子代得到较大的选择反应，因此选择效果好。在杂交育种时，遗传力较高的性状，在杂种的早期世代进行选择一般都能收到较好选择效果。此外，遗传力在预测选择进展、估计个体育种值和制订综合选择指数等方面都有重要应用。表 8-5 中给出了一些水产动物数量性状的遗传力估计以供参考。

表 8-5　水产动物数量性状的遗传力估计

鱼种及性状	h^2SE[a,b]	参考文献
斑点叉尾鮰		
30 天重量	0.92±1.08	Reagan（1979）
大菱鲆		
G_0 世代	0.19±0.08	孙松等（2021）
G_1 世代	0.18±0.09	孙松等（2021）
彭泽鲫		
1 冬龄总长	0.64±0.17	徐金根等（2020）
1 冬龄体长	0.51±0.16	徐金根等（2020）
鳜鱼		
210 日龄体重	0.40	卢薛等（20216）
凡纳滨对虾		
体重	0.19±0.09	栾生等（2008）
抗 TSV 性状	0.28±0.14	Argue 等（2002）
长牡蛎		
出肉率	0.19±0.14	王庆志等（2011）
中国对虾		
145 日龄体长	0.10±0.06	田燚等（2008）

三、遗传相关及其估计

（一）遗传相关

水产动物是个有机整体，机体各部分或各性状间都存在着程度不同的关联，如饲料利用率与生长间的关系等。性状间的这种关联是生物在长期系统发育过程中形成的。性状间的这种关联既有遗传的原因，也有环境的原因，对实际育种来说重要的是遗传相关。不同性状间由遗传原因引起的相关称为遗传相关（genetic correlation）。由于不同的数量性状可以按照上述的遗传和环境原因进行剖分，那么不同数量间的遗传相关又可分为由加性效应造成的相关，由显性效应造成的相关或由上位效应造成的相关或由共同环境原因造成的相关等。其中重要的是由加性效应造成的不同性状间的相关，也称为育种值相关，因为它可以在上下代稳定遗传。实际育种中使用的遗传相关一般是指加性遗传相关，下面给出的估计方法也主要是针对加性遗传相关。

（二）遗传相关的估计

遗传相关是基于特定的遗传分析模型和遗传交配设计，利用样本数据进行估计。使用的遗传分析模型和遗传交配设计不同，估计得到的遗传相关也不相同，所以在估计成对数量性状的遗传相关之前，应首先确定所使用的遗传分析模型和遗传交配设计形式。下面采用巢式遗传交配设计与"加性-显性与环境互作"遗传分析模型说明遗传相关的估计方法（ANCO-VA 法）。

对于成对性状，通过计算各项效应的叉积（cross product，CP）和及均积（mean product，MP），可以估算相应的遗传协方差组分。现将性状 X 和性状 Y 协方差分析的变异来源、自由度、均积和期望均积列于表 8-6。该表中的"σ"都是指与变异来源相应的性状 X 和 Y 间各项协方差。

表 8-6　巢式交配设计的协方差分析表

变异来源	自由度 df	均积 MP	期望均积 EMP
环境间	$e-1$	$\mathrm{MP_h}$	—
父本间	$s-1$	$\mathrm{MP_s}$	$\sigma_{\varepsilon(XY)}+r\sigma_{ed(s)(XY)}+rd\sigma_{es(XY)}+re\sigma_{d(s)(XY)}+red\sigma_{s(XY)}$
母本间	$s(d-1)$	$\mathrm{MP_d}$	$\sigma_{\varepsilon(XY)}+r\sigma_{ed(s)(XY)}+re\sigma_{d(s)(XY)}$
环境×父本	$(e-1)(s-1)$	$\mathrm{MP_{es}}$	$\sigma_{\varepsilon(XY)}+r\sigma_{ed(s)(XY)}+rd\sigma_{es(XY)}$
环境×母本	$s(e-1)(d-1)$	$\mathrm{MP_{ed}}$	$\sigma_{\varepsilon(XY)}+r\sigma_{ed(s)(XY)}$
个体间	$esd(r-1)$	$\mathrm{MP_\varepsilon}$	$\hat{\sigma}_{\varepsilon(XY)}$

计算出的各项实测均积 MP 等于它们相应的期望均积，便得到一个方程组，然后求解该方程组，得到各实际协方差组分的估计：

$$\hat{\sigma}_{\varepsilon(XY)}=\mathrm{MP_\varepsilon}$$

$$\hat{\sigma}_{ed(s)(XY)}=(\mathrm{MP_{ed}}-\mathrm{MP_\varepsilon})/r$$

$$\hat{\sigma}_{es(XY)}=(\mathrm{MP_{es}}-\mathrm{MP_{ed}})/rd$$

$$\hat{\sigma}_{d(s)(XY)}=(\mathrm{MP_d}-\mathrm{MP_{ed}})/re$$

$$\hat{\sigma}_{s(XY)}=(\mathrm{MP_s}-\mathrm{MP_{es}}-\mathrm{MP_d}+\mathrm{MP_{ed}})/red$$

得到以上各项协方差估计值之后，可利用下述公式求得各项遗传协方差组分（当各亲本间无亲缘相关时使用）：

$$\hat{C}_A=4\hat{\sigma}_{s(XY)},\hat{C}_D=4[\hat{\sigma}_{d(s)(XY)}-\hat{\sigma}_{s(XY)}],\hat{C}_{AE}=4\hat{\sigma}_{es(XY)},\hat{C}_{DE}=4(\hat{\sigma}_{ed(s)(XY)}-\hat{\sigma}_{es(XY)})$$

以上各项分别为成对性状 X 与 Y 的加性效应、显性效应、加性与环境互作效应及显性与环境互作效应的协方差估计。于是，两个性状 X 与 Y 之间的加性遗传相关为：

$$r_{A(XY)}=\frac{\hat{C}_A}{\sqrt{\hat{\sigma}_{A(X)}^2\hat{\sigma}_{A(Y)}^2}}$$

（三）遗传相关的应用

遗传相关的应用是多方面的，考虑到育种目标往往是多方面的，性状间的遗传相关可用于构建多性状育种值综合选择指数，同时改良多个目标性状。由于种种原因，有的性状不能或难以进行直接选择，或考虑使用间接选择，在这种情况下可以利用遗传相关估计间接选择反应。此外，还可以利用遗传相关进行早期选种，加快育种进程并降低养殖成本等。在水产经济动物中，一些重要数量性状间的遗传相关已经得到估计，表 8-7 中列出了一些鱼种中遗传相关的估计以供参考。

表 8-7 不同性状间的遗传相关估计

物种/成对性状	遗传相关（±SE）	表型相关	参考文献
斑点叉尾鮰			
1 个月时的长度-体重		0.96	EI-Ibiary et al.（1979）
30 天长度-体重	1.01		Reagan（1979）
60 天的长度-体重	0.98		Reagan（1979）
12 周时长度-体重		0.94	EI-Ibiary et al.（1979）
三角帆蚌			
5 月龄壳长、壳高、壳宽和体质量	0.84～0.96	0.56～0.92	何志然等（2021）
长牡蛎			
糖原和蛋白质含量	−0.95±0.004		刘圣等（2019）
脂肪和蛋白质含量	−0.59±0.05		刘圣等（2019）
脂肪和糖原含量	0.16±0.06		刘圣等（2019）
罗氏沼虾			
体长-头胸甲宽	0.7271	0.9472	江宗冰等（2017）
体长-第一腹节宽	0.7044	0.9303	江宗冰等（2017）
体长-第一腹节高	0.6946	0.9240	江宗冰等（2017）
体长-体质量	0.7522	0.9800	江宗冰等（2017）

四、基于选择反应的遗传力估计

选择（selection）或选种是指从群体中选出优秀的个体留作种用，并通过不断的选择使后代群体的生产性能持续提高。一般而言，选择包括质量性状选择和数量性状选择，而且这两种选择都力争依据候选个体的遗传基础（基因型或育种值）来进行选择。由于质量性状的基因型可以直接或间接地判断出来，其选择比较容易进行，选择效果往往很明显，在群体中扩散的速度也很快。相比较而言，数量性状的选择则有相当大的不同，因为个体的育种值彼此互不相同，加之环境的影响，在由数量性状的表型值估计育种值时的准确度往往很低，因而造成选择效果不十分明显，也有可能被养殖管理等生产条件的改变所掩盖。正因为如此，数量性状的遗传改良绝非朝夕之功，而是一项长期艰巨的任务。

由选择反应来估计遗传力提供了另外一种获取数量性状遗传力的途径。通过该途径得到的遗传力称为实现遗传力（realized heritability），其公式为：$h_R^2 = R/S$，式中 h_R^2 是指实现遗传力，R 为选择反应（response to selection），S 指选择差（selection differential）。选择差即留种群体中育种目标性状的均值与群体总均值之差，选择反应是指留种群体后代的育种目标性状均值与全群均值的差。选择反应衡量的是后代群体提高的幅度，或者它度量了在亲代选择得到的进展（选择差）有多大部分传递给了下一代，与性状的遗传力大小密切相关。

作为一种有效的育种方法，选择已经广泛应用于水产动物的改良实践以增加产量、提高存活率等。有关估计双壳类的遗传参数及选择反应目前已有很多报道，这些研究主要集中在牡蛎、贻贝、扇贝和蛤等。例如，海湾扇贝（Argopecten irradians irradians）南方亚种的一个养殖群体中壳长的实现遗传力为 0.21～0.34，而扇贝（*A. i. concentricus*）的总重和壳宽的实现遗传力分别为 0.33～0.59 和 0.10～0.18，海湾扇贝北方亚种两个养殖群体壳长的实现遗传力分别为 0.045 和 0.397。

需要注意的是，实现遗传力是从已经实行了选择反应的结果估计遗传力的方法，它是对选择结果的描述，不能作为基础群体遗传力的有效估计。这是因为遗传漂变、近交衰退、抽样误差及环境趋势等因素的作用都有可能与选择反应混杂在一起，从而使实现遗传力受到这些因素的影响而成为有偏估计。此外，在同一基础群体内根据实际需要可进行不同方向的选择，那么不同方向的实现遗传力可能并不对称，数值上也可能显著不同，尽管选择强度和养殖环境等完全保持相同。鉴于此，在需要估计数量性状的遗传力时，一般是基于特定的遗传交配设计和遗传分析模型来进行。

思 考 题

1. 何为数量性状？它与质量性状有何区别与联系？

2. 何为数量遗传学？它包含哪些基本内容？

3. Nilsson-Ehle 假说的主要内容是什么？它有何局限性？

4. 理解一些重要基本概念：表型与表型值，基因型与基因型值，加性效应，显性效应，上位效应，环境效应。

5. 何为遗传分析模型？它有何意义？

6. 何为遗传交配设计？其常用的形式有哪些？各有何特点？

7. 遗传力和遗传相关如何估计？各有何应用？

8. 何为近交与杂交？它们各有什么遗传效应？

9. 如何测定杂种优势？

第九章　群体遗传学基础

群体遗传学（population genetics）是遗传学的一个分支学科，是以孟德尔遗传定律为基础，应用数学和统计学的方法研究群体遗传结构（population genetic structure）及其在世代间变化规律的科学。群体中各种基因的频率，以及由不同的交配体制所带来的各种基因型在数量上的分布称为群体的遗传结构。现代综合进化论认为种群是生物进化的基本单位，生物进化的实质是群体遗传结构的变化，进化机制的研究属于群体遗传学的研究范畴，获知了不同世代中遗传结构的演变方式就可探讨生物的进化，所以群体遗传学是生物进化的理论基础。本章重点讨论群体的遗传结构、遗传平衡和影响群体遗传平衡的因素、物种形成。

第一节　群体的遗传组成

一、孟德尔群体

群体遗传学研究的对象是群体，这个群体并不是许多个体的简单集合，是能相互交配并能繁育后代的个体集合，在这样的群体里基因的传递仍以孟德尔遗传定律为基础，因此称为孟德尔群体（Mendilian population）。杜布赞斯基（T. Dobzhansky）1955 年指出："一个孟德尔群体，是一群能够互交繁育的个体，它们享有一个共同的基因库。"显然，在有性繁殖的生物中，一个物种就是一个最大的孟德尔群体，不同的物种分属于不同的孟德尔群体。孟德尔群体中异性个体间是随机交配的，即群体中的每个个体都有与异性个体相同的交配机会。在有性繁殖的生物中，一个物种就是一个最大的孟德尔群体。一般而言，分布于同一地区的、同一物种的个体间，可以预期有基因的自由交流，因此可以认为属于一个单一的孟德尔群体。

二、基因库

群体中所有个体共有的全部基因定义为一个基因库（gene pool），一个孟德尔群体是一群能够相互繁殖的个体，它们享有一个共同的基因库。基因库是一个孟德尔群体全部个体所携带的全部基因或遗传信息的总和。对二倍体生物来说，每个个体含有两个基因组，一个由 n 个个体组成的群体就包含 2n 个基因组，在其基因库中，除性连锁基因外，每个基因座（locus）就具有 2n 个基因。处于同一空间的同一物种的个体，未必属于单一的孟德尔群体，因为某种自然的或人为的限制条件妨碍了其中的个体间基因的自由交流，保持着各自不同的基因库，因而不可避免地出现了在同一地区内共存着几个孟德尔群体的状况。

三、基因频率和基因型频率

在一个自由交配的群体里，每个个体不可能脱离群体而单独生存。在研究群体的遗传组成时，是用基因频率（gene frequency）和基因型频率（genotype frequency）表示，而不是用个体的基因和基因型表示的。群体中遗传着的基因及其频率以及可能的基因型及其频率构成了一个特定群体的遗传组成。研究群体的遗传结构变化的机制是群体遗传学的宗旨。

基因频率：在一个二倍体的群体中，某特定等位基因数量占该基因座全部等位基因总数的比例。基因频率也称为等位基因频率（allele frequency），任一基因座的全部等位基因频率之和等于1。基因频率是决定群体基因性质的基本因素，环境条件不变，基因频率就不会改变。

基因型频率是指在一个群体中，某特定基因型的个体数占全部个体数的比例。任一基因座的全部等位基因组成的基因型频率的总和也是1。

假设在 N 个个体的群体中有一对等位基因 A、a 在常染色体上遗传，A 基因的频率为 p，a 基因频率为 q，则有 $p+q=1$。该群体可能的基因型及其频率分别为：AA 基因型频率为 D，有 D 个 AA 基因型，每个基因型有 2 个 A 基因；Aa 基因型频率为 H，它包含有 H 个 A 基因和 H 个 a 基因；aa 基因型频率为 R，包含有 $2R$ 个 a 基因，则有 $D+H+R=1$。根据定义，基因频率和基因型频率就有：

A 基因频率 $p=(2D+H)/(2D+H+H+2R)=D+H/2$

a 基因频率 $q=(2R+H)/(2D+H+H+2R)=R+H/2$

例如对于二倍体生物的一个常染色体的基因座位 A，具有两个等位基因 A_1 和 A_2，根据孟德尔定律，这两个等位基因可以组成三种基因型，即 A_1A_1、A_1A_2、A_2A_2，若已知群体内 A_1A_1 和 A_1A_2 个体的比例分别为 1/2 和 1/5，则它们对应的基因型频率分别为 0.5 和 0.2，由基因型频率相加和为 1 可知，群体中 A_2A_2 基因型频率为 0.3。基因频率是指特定基因座位上的某个等位基因占该座位全部等位基因总数的比率，可以通过基因型频率来计算，同一座位上全部等位基因频率之和等于1。假如个体数为 N 的种群中某等位基因 A 有 2 个等位基因 A_1 和 A_2，它们组成的三种基因型 A_1A_1、A_1A_2、A_2A_2 的基因型频率分别为 D、R、H，个体数分别为 n_1、n_2 和 n_3。同样能够得出上面的结果。

则所有基因型频率之和：

$$D+R+H=n_1/N+n_2/N+n_3/N=1$$

A_1 和 A_2 各自的基因频率（分别用 p 和 q 表示）为：

$$p=(2n_1+n_2)/2N=2n_1/2N+n_2/2N=D+H/2$$
$$q=(2n_3+n_2)/2N=2n_3/2N+n_2/2N=R+H/2$$

而 A_1 和 A_2 基因频率之和为：

$$p+q=D+H/2+R+H/2=D+R+H=1$$

由以上推论可知基因型频率和基因频率的关系式为：

$$p=D+H/2 \quad q=R+H/2$$

在一个自然群体中，知道了基因型频率可以计算出基因频率，但反之不一定成立。只有在该群体符合哈迪-温伯格（Hardy-Weinberg）遗传平衡定律的情况下，才能由基因频率计算出基因型频率。

第二节　哈迪-温伯格定律

1908 年，英国数学家哈迪（G. H. Hardy）和德国医生温伯格（W. Weinberg）分别提出群体中基因频率的平衡法则-遗传平衡定律（law of genetic equilibrium），又称哈迪-温伯格定律（Hardy-Weinberg law）。

一、哈迪-温伯格定律的主要内容

哈迪-温伯格定律的主要内容是指在一个无限大的随机交配的孟德尔群体中，基因频率和基因型频率在没有迁移、突变、选择和遗传漂变的影响下，可以世代相传保持不变。任何一个大群体内，常染色体上的基因无论初始基因频率和基因型频率如何，只需经过一代的随机交配，这个群体的基因频率和基因型频率即达到平衡并将逐代保持不变。当一个群体达到平衡状态后，基因频率和基因型频率的关系是 $D=p^2$，$H=2pq$，$R=q^2$，并且 $p^2+2pq+q^2=1$。

值得注意的是，该定律是对一个理想化的群体而言的。随机交配是它的一个重要前提假设，即在一个有性生殖的生物群体中，任何一对雌雄个体的结合都是随机的，这在本质上与群体中雌雄配子间的随机结合是一致的。哈迪-温伯格定律的意义，在理论上，是群体遗传和数量遗传理论的基石，遗传学这两个分支学科涉及的遗传模型和参数估算，就是根据该定律推导出来的。在实践上，它提示我们在引种、留种、分群和建立近交系时，要维持一定的群体规模，不能使群体过小，否则，就会导致群体的等位基因频率和基因型频率的改变，从而导致种群某些特殊种质资源的丧失。

二、平衡定律的数学证明

哈迪-温伯格定律的推导包括三个步骤：从亲本到它们所产生的配子；从配子的随机组合到所产生的合子基因型频率；由合子的基因型频率计算子代的基因频率。

（一）基因频率在世代间的恒定性

如果在一个随机交配的大群体中，雌雄个体都以同等的机会进行交配。假设初世代（0 世代）群体中特定基因座上仅有一对等位基因 A 和 a，其频率分别为 p 和 q，根据概率理论，各种雌、雄配子随机组合产生的下一代（1 世代）群体中基因型频率结果见表 9-1。

表 9-1　随机交配产生子代群体中的基因型及其频率

雌配子及其频率	雄配子及其频率	
	p（A）	q（a）
p（A）	p^2（AA）	pq（Aa）
q（a）	pq（Aa）	q^2（aa）

根据表 9-1，1 世代群体的基因型频率分别为：

$$D_1 = p^2, \quad H = 2pq, \quad R = q^2$$

计出下一代等位基因 A 和 a 的基因频率

$$p_1 = D_1 + \frac{1}{2}H_1 = p^2 + \frac{1}{2} \times 2pq = p(p+q) = p$$

$$q_1 = R_1 + \frac{1}{2}H_1 = q^2 + \frac{1}{2} \times 2pq = q(p+q) = q$$

由此可见，1 世代群体中等位基因频率与初始群体中等位基因频率相等。

（二）随机交配达到群体的遗传平衡

例如在基因型频率 $D_0 = 0.4$，$H_0 = 0.4$，$R_0 = 0.2$ 的群体，让这个群体中的个体随机交配，观察该群体上下代间基因频率和基因型频率有何变化。

初始的基因频率：

$$p_0 = D_0 + \frac{1}{2}H_0 = 0.4 + \frac{1}{2} \times 0.4 = 0.6$$

$$q_0 = R_0 + \frac{1}{2}H_0 = 0.2 + \frac{1}{2} \times 0.4 = 0.4$$

F_1 代的基因型频率：

$$D_1 = p_0^2 = 0.6^2 = 0.36$$
$$R_1 = q_0^2 = 0.4^2 = 0.16$$
$$H_1 = 2p_0q_0 = 2 \times 0.4 \times 0.6 = 0.48$$

F_1 代的基因频率：

$$p_1 = D_1 + \frac{1}{2}H_1 = 0.36 + \frac{1}{2} \times 0.48 = 0.6$$

$$q_1 = R_1 + \frac{1}{2}H_1 = 0.16 + \frac{1}{2} \times 0.48 = 0.4$$

让 F_1 代个体再随机交配，则

F_2 代的基因型频率：

$$D_2 = p_1^2 = 0.6^2 = 0.36$$
$$R_2 = q_1^2 = 0.4^2 = 0.16$$
$$H_2 = 2p_1q_1 = 2 \times 0.4 \times 0.6 = 0.48$$

F_2 代的基因频率：

$$p_2 = D_2 + \frac{1}{2}H_2 = 0.36 + \frac{1}{2} \times 0.48 = 0.6$$

$$q_2 = R_2 + \frac{1}{2}H_2 = 0.16 + \frac{1}{2} \times 0.48 = 0.4$$

经过比较可以看出，基因型频率

$$D_1 \neq D_0, H_1 \neq H_0, R_1 \neq R_0$$

但是经过 F_1 代随机交配后，则

$$D_1 = D_2 , H_1 = H_2 , R_1 = R_2$$

而等位基因频率则自始至终保持不变。

结论：无论初始群体中基因型频率如何，如果没有其他因素的干扰，只要经过一代随机交配，群体就可以达到平衡。

还需指出，一个随机交配的群体，不仅对于一对基因，而且对于数量性状的多对基因来说，都可以达到平衡。从平衡的情况看，一对基因群体和复等位基因群体，如果它们不平衡，经过一代随机交配就可达到平衡；两对以上基因群体和性连锁群体，如果它们不平衡，一般要经过多代随机交配才能达到渐近平衡。哈迪-温伯格定律是群体遗传学理论的基础，它揭示了理想群体中等位基因频率和基因型频率内在的规律。由于存在着这一规律，群体的遗传特性才能保持相对的稳定。虽然该定律是在十分简化的条件下提出的，但为现实生物群体在进化力作用下等位基因频率改变的比较提供了基本依据。实践中，它有助于对现实群体的遗传机制的认识，对生物进化的理解，对动、植物育种工作具有重要的理论指导意义。

三、哈迪-温伯格定律的应用

（一）估算群体中有害隐性等位基因杂合体频率

如果二倍体生物的常染色体某基因座上一对等位基因 A 和 a 是完全显性，根据从群体中抽取的样本个体数，不能估算群体中显性纯合体和杂合体频率，但能估算隐性纯合体频率。如果群体处于平衡状态，根据遗传平衡定律，就可估算群体中杂合体频率，从而进一步估算群体中等位基因频率和基因型频率。

在一平衡群体中，大约每 10000 人中就有 1 人是苯丙酮尿症（phenylketonuria，PKU）患者，则这一群体中携带致病基因的杂合子的频率是多少？

因为 PKU 是常染色体隐性遗传病（设基因型为 aa），正常人（基因型为 AA）和致病基因携带者（基因型为 Aa）在表型上是不能区分的，因而基因型频率不能直接计算出来。然而，可以通过哈迪-温伯格定律先求出隐性纯合体基因频率，因为 $R = q^2 = 0.0001$，则 a 的频率是 0.01，因此 A 的频率为 $p = 1 - 0.01 = 0.99$，可求出杂合子基因型频率 $H = 2pq = 2 \times 0.99 \times 0.01 = 0.0198$。由此可见，大量的有害隐性 PKU 基因隐藏在杂合子中，杂合子中 PKU 基因的数目比纯合子中约大 200 倍。如果试图通过阻止 aa 个体的生育来降低 PKU 基因频率将是很困难的。

（二）判断群体是否达到遗传平衡

分析某一群体是否达到平衡，一般采用以下两种方法检测。其中一种是通过比较上、下代间的基因型频率。若两代间的基因型频率完全一致，可直接判断该群体是平衡群体；若上、下代间的基因型频率差别很大，则认为该群体是不平衡群体。

另一种是利用 χ^2 检验法来判断群体是否达到平衡。如果实得基因型频率与理论基因型频率差异小或符合程度大（$P > 0.05$），则表明此群体已达平衡；如果差异大或符合程度小（$P < 0.05$），则说明此群体未达到遗传平衡，必须经一代随机交配才能达到平衡。

以 MN 血型为例，MN 血型的特点如下：

（1）这个性状在婚配时不加选择，而且与适应性无关，也不受自然选择的影响，对此性状而言，一般都是随机交配的。

（2）人的群体（民族）很大，因此有可能在相当大的群体中进行调查。

M-N 血型是由一对等位基因控制的，现在从群体为 420 人的抽样中发现有 137 人是 M 血型，196 人是 MN 血型，87 人是 N 血型，从两个等位基因的假说可知：

$$p=(137\times2+196)/2\times420=0.56,则\ q=1-p=0.44$$

于是就可能计算出期望人数（表 9-2）。

表 9-2   M-N 血型子代群体中的基因型频率及人数

基因型	期望基因型频率	期望人数	观察人数
M/M	$p^2=0.314$	132	137
M/N	$2pq=0.493$	207	196
N/N	$q^2=0.194$	81	87
合计		420	420

采用卡方检验，得知

$$x^2=\sum\frac{(O-E)^2}{E}=\frac{(137-132)^2}{132}+\frac{(196-207)^2}{207}+\frac{(87-81)^2}{81}=1.218$$

查表 $\chi^2_{0.05}=3.841$，则 $\chi^2<\chi^2_{0.05}$，因为 $P>0.05$ 差异不显著，表明观察值与理论值相符合，该群体属于平衡群体。

第三节   影响群体遗传结构的因素

遗传平衡定律所讲的群体是理想群体，在自然界中不可能有无限大的随机交配的群体，也不可能有绝对不受自然选择等因素干扰的基因。假如遗传平衡定律完全适合自然界的生物群体，那么生物的进化不可能发生。因此，严格地说，这个定律只有在实际上不存在的理想条件下才成立，因为自然界的生物群体中，影响遗传平衡状态的各种因素始终存在且不断地起作用，其结果是导致群体和遗传结构的变化，从而也引起了生物的进化。群体的遗传多样性受多种因素的影响，其中主要的因素包括 4 种进化因子（突变、自然选择、迁移和遗传漂变）等。遗传多样性的变化通常不是受单一因素的影响，而是多种因素共同作用的结果。

一、突变

突变（mutation）是遗传物质经历可探测和可遗传的结构改变的过程，是生物群体遗传变异最基本的因素，是生物进化的最原始的动力，是一切新基因的来源，也是群体基因频率变化的重要原因。等位基因的新组合可以通过重组而产生，但新的等位基因只有当突变发生时才能产生，突变提供了进化作用的遗传基础。等位基因频率的改变相对较弱，主要是由于突变速率非常慢，而且新产生的突变的表型效应对生物体常常是有害的，并从群体中被排除。然而少数的突变可能对个体有利，会被保留下来，并在群体中传播开。如果没有其他因素（主要是选择因素）的存在，即使有新的突变发生，群体也将达到哈迪-温伯格遗传平衡状态。突变对改变群体的遗传组成有两个作用：一是突变影响群体的基因频率，二是突变为自然选择提供了原始材料。

假定一个基因座上的基因 A 突变为 a，根据突变的可逆性规律，突变基因 a 也可以回复突变为 A，一般情况下正向突变的频率要大于回复突变的频率。设基因 A 频率为 p，基因 a 频率为 $q=1-p$；正向突变 A-a 的突变率为 u，回复突变率为 v，则每代有 pu 即 $(1-q)u$ 的基因 A 突变为 a，有 qv 的基因 a 回复突变为 A。

当 $pu>qv$ 时，基因 a 频率增加，即正突变多于回复突变；当 $pu<qv$ 时，基因 A 频率增加，基因 a 频率减少，即正突变少于回复突变。

突变一代后基因 a 频率变为

$$\Delta q=pu-qv=(1-q)u-qv,\Delta p=qv-pu$$

经过多代突变后，当正向突变与回复突变相等时，即 $pu=qv$ 时，$\Delta p=\Delta q=0$，基因频率保持不变，群体达到遗传平衡。平衡时，基因频率取决于基因的突变率而与初始基因频率无关。

$$q=u/(u+v)$$
$$p=v/(u+v)$$

假设一个群体开始时基因频率 $p=0.9$，$q=0.1$，正向突变 A-a 的突变率 $u=3\times10^6$，a→A 的回复突变率 $v=5\times10^7$。求：

（1）突变一代后群体中基因 a 的频率改变了多少？

（2）经过多代突变，群体达到遗传平衡后，基因 A 和 a 的频率各为多少？

解：（1）根据已知条件可得突变一代后群体中基因 a 频率变化为

$$\Delta q=pu-qv=0.9\times3\times10^{-6}-0.1\times10^{-7}=2.65\times10^{-6}$$

因此，突变一代后群体中基因 a 频率增加了 2.65×10^{-6}。

（2）经过多代突变，群体达到遗传平衡后基因 A 和 a 的频率分别为

$$p=\frac{v}{u+v}=\frac{5\times10^{-7}}{3\times10^{-6}+5\times10^{-7}}=0.143$$

$$q=1-p=1-0.143=0.857$$

经过多代突变，群体达到遗传平衡后基因 A 的频率由原来的 0.9 变为 0.143，基因 a 的频率由原来的 0.1 变为 0.857。

二、选择

进化不仅仅是各种生物体的新生和绝灭，更重要的是生物与其生存环境相适应的过程，具有与环境适合较好的表型的个体在竞争中有更多的生存机会从而留下较多的后代，这些后代就必须为它们日后的生存而斗争。自然选择的作用是指不同的遗传变异体具有差别的生活力和（或）差别的生（繁）殖力。自然选择过程是与生物对环境的适应和机体高度的组织化的特性相关联的，因而自然选择是生物最重要的进化过程。从这一观点出发，自然选择的本质就是一个群体中的不同基因型的个体对后代基因库作出的不同贡献。

与自然环境竞争而生存并繁殖成活后代的生物体，将有利其生存和繁殖的性状传递给下

一代，经过许多世代之后，与具有强大竞争力有关的性状在群体中更加占优势，与竞争力弱的相关性状逐渐地在群体中消失。自然选择是生物进化的动力。

适合度（fitness）又称适应值（adaptive value），是指在一定的环境下，一种生物体能够生存并把它的基因传递到后代基因库中的能力。一般用相对生育率来表示：将具有最高生殖效能的基因型的适应值定为1，其他基因型与之相比较时的相对值，一般记作 w，一个群体中全部个体的平均适合度就是该群体通常将具有最高生殖效能的基因型的适合度定为1，致死或不育基因型个体的适合度定为0，其他基因型的适合度在0～1范围内。在现代的阐述中，自然选择是基于三个前提：群体中各个个体的生存和繁殖能力不同，这些差异主要是由基因型决定的；所有生物都需产生比生存下来并能繁殖的子代要多得多的后代；在每一世代中，在特定的环境条件下，对生存有利的基因型在繁殖期处于过剩的状态，因此，对子代的贡献是不成比例的。这样，增强生存和繁殖的等位基因的频率将逐代增加，使种群在相应环境中能更好地生存和繁殖。群体中的这种渐进的遗传改进构成了进化适应的进程。

选择系数（selective coefficient）是指在选择作用下，某一基因型在群体中不利于生存和繁殖的相对程度，反映某种基因型的相对淘汰率，常用 s 表示，它和适合度的关系是 $s=1-w$，当选择系数 $s=0$ 时，$w=1$，不同基因型适合度和选择系数的计算方法见表9-3。

表 9-3　三种基因型的适应值和选择系数的计算

基因型	G^1G^1	G^1G^2	G^2G^2
在一个群体中交配的成体数	16	10	20
在下一代中这种基因型成体产生的后代数	128	40	40
每个交配成体所产生的平均后代数	128/16＝8	40/10＝4	40/20＝2
适应度（产生后代的相对数）	8/8＝1	4/8＝0.5	2/8＝0.25
选择系数	1－1＝0	1－0.5＝0.5	1－0.25＝0.75

自然选择对遗传的影响是多方面的。有时自然选择可以剔除遗传变异，有时又可以维持遗传变异；它既可以改变基因频率，也可以阻止基因频率的改变；它既可以使群体产生遗传趋异（genetic divergence），也能维持群体的遗传一致性（uniformity）。究竟发生哪种作用，主要取决于群体中基因型的相对适合度和等位基因的频率。表型的自然选择一般可分为稳定选择、定向选择和分裂选择三种类型（图9-1）。

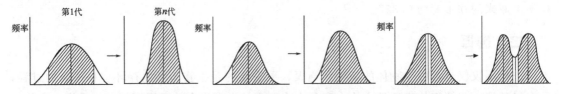

图 9-1　稳定选择、定向选择和多向选择的效果比较

稳定选择（stabilizing selection）代表自然界中大多数的自然选择类型，这种选择有利于中间型在群体中的存留，而极端表型个体将被淘汰。群体数量性状的平均值不变，方差不变或者减少。这种选择通过淘汰偏离群体平均值的表型个体达到稳定群体遗传组成的作用，使得群体更适应于环境，是一种保守性的选择。

定向选择（directional selection）是对表型分布的某一端附近的个体进行选择，结果将导致群体的遗传组成定向地发生变化。大部分的人工选择属于这种类型。

多向选择（disruptive selection）为选择两侧极端的表型，淘汰中间型。这种选择的结果是，随着世代的增加，会引起数量性状的方差增大并使分布呈双峰曲线。

三、迁移

迁移是种群内如果有其他种群的个体迁入和交配导致下一代群体的基因频率发生变化的现象。所谓迁移，实际上是从种群的角度来观察混群现象。迁移是将新的等位基因导入群体中。当迁移动物的基因频率和受纳群体的不同时，基因流改变了受纳群体的等位基因频率（图 9-2）。

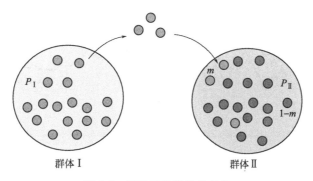

图 9-2 迁移前后群体的变化

假设群体 I 中 A 等位基因频率（P_I）是 0.8，群体 II 中 A 的频率（P_{II}）是 0.5。每代某些个体从群体 I 迁移到群体 II。迁移后群体 II 实际含有两组个体：一组是迁移者，其 A 等位基因频率 $P_I = 0.8$。另一组是接纳群体的成员，A 等位基因频率 $P_I = 0.5$。迁移者在群体 II 中的比例为 m，那么迁移后群体 II 中 A 基因的频率是：$P'_{II} = mP_I + (1-m)P_{II}$

混合后群体 II 中 A 基因频率为：

$$P'_{II} = mP_I + (1-m)P_{II}$$

在群体 II 中基因频率的改变设为 ΔP，等于混合的 A 频率减去群体 II 原来的 A 基因频率：

$$\Delta p = P'_{II} - P_{II}$$

将上式代入 $\Delta p = mP_I + (1-m)P_{II} - P_{II}$

展开 $\Delta p = mP_I + P_{II} - mP_{II} - P_{II}$

$$\Delta p = mP_I - mP_{II}$$

$$\Delta p = m(P_I - P_{II})$$

最后结果表明迁移使基因频率发生改变，这依赖于两个因素：混合群体中迁移者的比例（m）和两个群体之间基因频率的差（$P_I - P_{II}$）。

四、遗传漂变

遗传漂变是指不同世代间群体基因频率的随机变化。一般情况下，种群的个体数越少，发生遗传漂变的可能性就越大（图 9-3）。因为在小群体内，个体的交配、配子对繁殖的贡献率、基因的重组等都带有很大的偶然性，使得子代种群的基因频率随机增加或减小，和亲代种群出现显著差别。一个等位基因可能在经过若干个世代后在种群中消失，或者固定成为唯一的等位基因，从而改变种群的遗传结构。而在大的种群中，如果一对亲本的后代不足以代表其等位基因，另一对亲本的后代则可能过量地代表了其等位基因，从而相互抵消掉了这种漂变作用。对于野生动植物，当受到气候变动、传染病侵袭、天敌的捕食等影响而使群体的个体数量显著减少时，遗传漂变的作用就会变得明显。

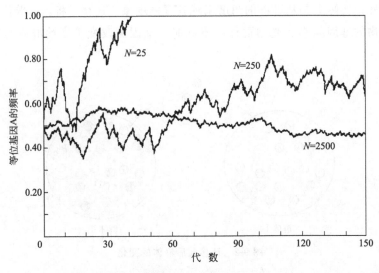

图 9-3　群体大小与遗传漂变的关系图

　　如果一个种群由于环境的激烈变化或者人为的过度捕杀而使种群的个体数量急剧下降，就称其经过了瓶颈（bottle neck）。此时群体的总遗传变异下降，并伴随等位基因频率的急剧变化。经过瓶颈后，如果种群一直很小，则在遗传漂变的作用下，其遗传多样性会迅速降低，最后可能致使种群灭绝。当然，种群也可能在经历了瓶颈效应会得以逐步恢复。例如北方象海豹（*Mirounga angustirostrus*）是经历过瓶颈效应的种群中最极端的情况。这种大型海洋哺乳类动物生活在美国和墨西哥的太平洋沿岸以及近海岛屿，在 19 世纪末被屠杀到了灭种的边缘，大约仅剩 10 头残存者。到 20 世纪末，该物种的种群数量恢复到了 120000 头。通过对 50 个等位酶位点进行连续的遗传变异研究，尽管实际上所检测的基因中有 16 个基因在大多数哺乳类中通常属于多态性族，但仍没表现出多态性（Hoelzel 等，1993）。

　　由少数几个个体为基础在空白生境中建立起来的种群称之为建立者种群（founder population），其后代的基因频率完全受这几个少数个体的基因频率决定。由于取样误差，新建立种群的基因库在遗传漂变的作用下不久会和母种群发生分歧，而且由于两者所处的地理位置不同，选择压力也不同，使建立者种群和母种群的差异越来越大，该现象即建立者效应（founder effect）。极端情况下，一个怀孕的雌体或单个可自交的植物种子就能建立一个新种群。例如原产于日本海、中国沿海的海洋腹足类脉红螺，大约在 20 世纪 40 年代发现入侵到黑海，并随后迅速扩散到爱琴海、亚得里亚海、法国沿海。尽管在欧洲许多海域发现了脉红螺群体，但基于线粒体基因片段（COI 和 NADH）的分析结果表明这些群体表现出极低的遗传多样性：所有分析个体共享一种单倍型。这种现象可能和当初入侵的个体只来源于同一母本的一个卵袋有关（Chandler 等，2008）。

哈迪-温伯格定律假设的群体是随机交配的，即所有雌雄个体的交配是无选择性的。但是在实际的自然群体中，很难实现这种理想状况。非随机交配方式主要有选型交配和近亲交配，这两种方式都能导致基因型频率的变化（但不能改变基因频率），从而影响群体遗传结构。选型交配（assortative mating）是指有意选择配偶再进行繁殖。特定基因型之间的交配，比随机交配所预期的频率高的成为选同交配；比预期低的，称为选异交配。近亲交配（inbreeding）是指有亲缘关系的个体间进行交配并繁殖后代。通过近亲交配可以降低群体的杂合度，通过提高纯合度使遗传性状逐渐稳定。通过逐代的积累提高有关目的性状在群体中的比率，最终使群体内性状均一化。

五、进化因子对群体遗传平衡影响的总结

突变发生的频率通常很低，它对基因频率的改变是微不足道的；如果在小群体中，不同的群体产生不同的突变，因此突变也可导致群体分化，增加群体内的遗传变异。

遗传漂变虽可产生大的基因频率改变，但它只在小的群体中才会发生。遗传漂变可能向不同的方向漂变，因此能产生群体间的遗传分化，在一个小群体中通过等位基因的丢失使遗传变异减少。

迁移则具有刚好相反的作用，它可以增加有效群体的大小以及使群体间的基因频率均化。

自然选择既可以通过对不同群体的不同等位基因进行选择来增加群体间的遗传差异，也可以通过对一致群体中基因频率的保持从而阻止遗传歧化。

在实际中，这些进化因子并不是孤立地起作用的，而是以一种复杂的方式组合和相互作用的。在大多数自然群体中，这些因子的组合效应（combined effects）和它们的相互作用决定了基因库中遗传变异的方式。

第四节　达尔文的进化学说及其发展

一、生物进化的概述

在地球上，生命起源于 35 亿年前。地球生命的起源是一个长达数十亿年的历史，经历了以下历程：有机物质与非细胞生命形式形成；非细胞生物到细胞生物；原核细胞到真核细胞；单细胞生物到多细胞生物；水生生物到陆生生物；高等生物的形成与动植物分化。

进化论认为，一个新物种需在遗传、变异和自然选择、隔离等因素作用下，从一个旧物种逐渐形成。根据物种在自然界的进化途径，一方面认识有机界在系统发育中的遗传和变异的规律，另一方面根据这个规律，用实验方法人工创造新的物种和新品种。远缘杂交和细胞遗传分析可以认识鱼类的进化过程。

二、达尔文的进化学说及其发展

自然选择学说（theory of natural selection）是达尔文进化论的核心理论，也是现代进化科学的主要理论基础。达尔文认为生物具有巨大的繁殖力，有无限增加个体数的倾向，这样就与有限的生活条件（空间、食物等）发生矛盾，因而造成大比例的死亡，这就是"生存斗争"。在生存斗争中，对生存和生殖有利的变异被保存，不利的变异被淘汰，这种"物竞天择，适者生存"的过程称为自然选择，即自然选择是在生存斗争中实现的，通过对微小的有利变异的积累而促进生物进化。达尔文自然选择学说的核心是选择，作为选择材料的基础是种内个体间的微小差异，自然条件下微小差异的选择和积累促进生物进化。自然选择是物种起源和生物进化的主要动力。

达尔文自然选择学说的主要论点：生物个体是有变异的，可相互识别；生物个体的变异，有一部分是来自遗传上的差异；生物体的繁育潜力一般大大超过繁育率；个体性状不同，对环境的适应力有差别。遗传性质不同的个体，其本身的生存机会不等，留下后代的数目不同。适合度高的个体有更多后代。而适合度的差异至少有一部分是由遗传差异决定的，多代后群体的遗传组成趋向更高的适合度，也是自然选择的结果。地球上生物居住的环境多变，生物适应环境的方式有差异。自然选择形成生物界的众多种类。生物界通过自然选择而得到多种新的性状，其中有些性状或性状组合特别有发展前途，是生物适应方式的基本革新。

在达尔文自然选择学说的基础上，再结合当时遗传学、细胞学、数学等学科的研究成果，杜布赞斯基在1937年发表了《遗传学和物种起源》，对选择论和基因论进行了综合，提出了现代综合进化论（modern synthetic theory of evolution），标志着进化综合理论创立，被称为现代达尔文主义。1970年杜布赞斯基出版了《进化过程的遗传学》一书，进一步完善和发展了群体遗传学，使它很快为多数生物学家所接受，成为当代生物进化论（进化生物学）的主流。

现代综合进化论认为生物进化的基本单位是种群而不是个体，进化机制的研究属于群体遗传学范畴，进化的实质是种群遗传结构上的变化。突变和基因重组、自然选择、隔离是物种形成及生物进化的三个基本环节，突变和基因重组为进化提供原材料。由于突变，基因才成为多态的。这就是个体或基因处于高度杂合或多态的优越性。这些多态位点的存在使基因的结构维持一定的平衡，增强了群体的适应性。不同个体的杂合性，可使群体适应不同环境条件，而不被淘汰。自然界选择作用是多方向的，一个单纯遗传结构的群体难以适应变化多端的环境条件；自然选择使得有利变异被积累，不利变异被淘汰，使基因频率发生定向改变；隔离是把前两个阶段的多样性固定下来，没有隔离就没有种群分化和新种形成。

杜布赞斯基"进化综合理论"的特点：在群体和分子水平上阐述突变等因素在物种形成和生物进化中的遗传机制，丰富了达尔文的自然选择学说。

三、分子进化

生物进化的早期研究，主要基于生物形态、生理生化特征比较观察以及少量的化石资料来判断物种间的亲缘关系。由于形态学、细胞学表型标记有限，而且随亲缘关系渐远表型差异迅速扩大，远缘物种间可比性大大降低，因而推断的进化关系往往不准确。近年来，分子生物学兴起，生物学家开始在分子水平研究生物的进化，已取得了显著的发展。

分子水平研究发现，生物进化的遗传信息蕴藏在核酸和蛋白质分子中。研究表明，在不同物种中，相应核酸和蛋白质序列组成存在广泛差异，并且这些差异在长期生物进化过程中产生，具有相对稳定的遗传特性；物种间的核苷酸或氨基酸序列相似程度越高，其亲缘关系越近，反之则亲缘关系越远；从分子水平研究获得的生物进化信息与地质研究估计的数据十分接近。因此，从分子水平研究生物进化具有以下优点：根据生物核酸和蛋白质结构上的差异程度可以估测生物种类的进化时期和速度，可以估计结构简单的微生物进化，可以比较亲缘关系极远类型之间的进化信息。

（一）蛋白质进化

蛋白质是生物形态与新陈代谢的物质基础，直接或间接影响生物进化。DNA 核苷酸序列决定了氨基酸序列，氨基酸序列决定蛋白质主体结构和理化性质。比较生物之间同一蛋白质的组成，估计其亲缘关系和进化程度，发现生物进化中遗传物质的变化情况。有些蛋白质在各类生物进化中执行同任务，例如细胞色素是一种呼吸色素，由 104 个氨基酸组成，在氧化代谢中担任着转移电子的作用。根据蛋白质中氨基酸变化数目和各类生物相互分歧的时间对比，可计算进化时蛋白质的变化速率。根据不同生物细胞色素 c 的氨基酸差异可以估测各类生物相互分化的大致时间。

（二）核酸进化

1. DNA 含量的进化

在进化过程中，生物的 DNA 含量逐渐增加，不同物种之间的 DNA 含量具有很大的差异。总的趋势是高等生物的 DNA 含量比低等生物的高，具有更大的基因组。复杂生物种类要求更多的基因来传递和表达较为复杂的遗传信息。例如：λ 噬菌体有 9 个基因，SV40 病毒有 6~10 个基因，而"人类基因组计划"研究表明人（2n=46）染色体上有 3 万~4 万个基因。有许多基因（如血红蛋白基因、免疫球蛋白基因等）只存在于比较高等的生物中。有些生物体中存在着大量的 DNA 重复序列，所以 DNA 含量不一定与生物的复杂程度成正比。例如：肺鱼 DNA 含量几乎是哺乳动物的 40 倍；玉米 DNA 含量是哺乳动物的 2 倍。原因是在这些生物体中出现了多倍化，或者重复序列及内含子大量增加。

2. DNA 序列的进化

在进化过程中，不仅 DNA 含量发生变化，核苷酸顺序也发生了变化。通过分子杂交技术可测定不同物种的 DNA 差异，从而估计物种间的亲缘关系。图 9-4 为基因物种核苷酸序列的不同构建的系统发育树，为物种的进化提供依据。

四、分子进化中性学说

分子进化有两个显著的特点，即进化的保守性和进化速率的相对恒定性。进化的保守性是指功能越重要的生物大分子进化速率越慢，或者说，引起表型发生明显变化的突变发生的

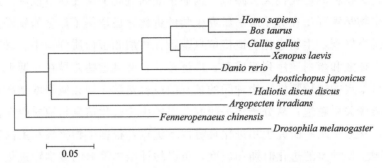

图 9-4　基于 DNA 序列构建的系统发育树

频率较低。进化的保守性反过来说明生物大分子的进化并不是随机的，也在一定程度上解释了不同的蛋白质或不同的基因进化速率有所不同。进化速率的相对恒定性是指同一种生物大分子随时间进化的速率（蛋白质上的氨基酸或基因上的脱氧核苷酸的替换速率）是相对恒定的；当然不同的蛋白质或不同的基因其进化速率有所不同。

分子进化速率与种群大小、世代寿命和物种的生殖力均无关。蛋白质电泳表明，物种存在广泛的种内多态性，而这些多态性并无可见的表型效应，与环境条件也无明显相关。这些都是达尔文的自然选择学说无法解释的。日本的木村资生（M. Kimura）1968 年总结了分子进化的特点，提出了分子进化的中性突变随机漂移学说（neural mutation-random drift theory），简称中性学说。

分子进化的中性学说认为，生物进化过程中，绝大部分核苷酸替换是中性或近似中性的突变随机固定的结果，而不是达尔文正向选择的结果。许多蛋白质多态性必须在选择上为中性或近中性，并在群体中由突变与遗传漂变间的平衡维持。中性学说的要点如下；D 突变大多数是中性的。中性突变是指那些不影响蛋白质功能的突变，即对生物体的生存和生殖既无利也无害的突变。进化中的 DNA 或蛋白质的变化只有一小部分是适应性的，大部分是中性的。选择对它们无作用，只是由遗传漂变作用在群体中固定。中性突变主要来源于同义突变、"非功能性" DNA 顺序中的突变和不改变蛋白质功能的结构基因的突变。

分子进化的主导因子是中性突变而不是有利突变。核苷酸和氨基酸替换率是恒定的，可根据不同物种同一蛋白质分子的差别来估计物种进化的历史，推测生物的系统发育，对不同系统发育事件的实际年代做出大致的估计。

生物进化是偶然的、随机的。分子进化过程中，选择作用是微不足道的，遗传漂变才起主导作用。遗传漂变使中性突变基因在群体中依靠机会自由结合，并在群体中传播，从而推动物种进化。

分子进化的中性学说曾被认为是与达尔文学说相对立的，或者是非达尔文主义的进化学说。越来越多的证据表明，两者并不是互相排斥，而是互为补充的，中性学说认为遗传漂变在进化过程中起到很大的作用，并不否认进化过程中自然选择的作用。中性学说是对生物分子水平进化的一种理论，自然选择则是在个体、形态水平对生物进化的解释，因此，不能简单地把二者放在对立的地位，而应该以科学的态度思考它们在生物进化中的作用和意义。

第五节　物种形成与进化

一、物种及生殖隔离

（一）物种的概念

物种（species）是分类的基本单元，又是繁殖单元，至今没有一个统一的概念。经典的分类学中对物种（species）的定义是以表型特征为基础的，认为物种由形态相似的个体组成，同种个体可以自由交配，产生可育的后代，若两群生物的形态特征完全不同，则这两群生物就被认为属于不同的种。基于生殖隔离（reproductive isolation）来定义物种的认为，物种是能够自然地成功交配的一群个体所组成的一个群体，它们与其他群体是生殖隔离的。此定义被称为生物学物种概念（biological species concept，BSC）。生物学物种的概念认为物种是个体间可以自由交配并能产生可育后代的自然群体。不同物种的个体间则不能交配或交配不育。物种的这种特性使之成为一个不连续的和独立的进化单位。一个种的全体成员具有一个共同的基因库，这一基因库是其他种的个体所不具有的。不同物种具有互不依赖的、各自独立进化的基因库。当两个群体可能还没有进化出明显的、易于鉴别的表型特征，但可能存在生殖上的隔离时，经典分类学则会被看作一个种，而进化遗传学家会看作两个隔离的种。鉴于此，当有可能确定两个群体在生殖上是否隔离时，运用物种的进化遗传学定义，然而，对于已成为化石的生物，不可能确定其是否发生生殖隔离时，则不得不运用分类学原则来定义一个物种。总之，遗传、变异和选择是物种形成和新品种选育的三大要素，隔离是保障物种形成的最后阶段，是物种形成的不可或缺的条件。

通过在不同角度对于物种概念的理解，物种具有以下特点：物种是生态系统中的功能单位，不同物种占有不同的生态位；物种是由生殖、遗传、生态、行为和相互识别系统等联系起来的集合；生殖隔离能够作为物种区分的标准；表型特征是区分物种的重要特征，对于无性生殖生物来说是最重要的区分特征；物种是可随时间而进化发生改变的集合。

（二）引起物种间差异的原因

不同的物种具有较大的遗传差异：一般涉及一系列的差异基因，还涉及染色体数目和结构上的差别。这些差异使得它们之间不能相互杂交，或其杂种不能进行正常减数分裂，或者产生不育的配子及个体，导致生殖隔离（reproductive isolation），不能发育成正常的后代。例如两个果蝇物种（*Drosophila pseudoobscura* 和 *D. miranda*）在一些染色体的结构上有许多部分是相似的，但有一些染色体则产生倒位或易位这些结构变异，这样产生的配子间会出现不育性，彼此不能杂交形成两个不同的物种。在不同的个体或群体之间，由于遗传差异的逐渐增大会产生生殖隔离。生殖隔离机制是防止不同物种的个体相互杂交的环境、行为、机械和生理的障碍，能够达到阻止群体间基因交换的目的。这些都是产生物种差异的原因。遗传物质的改变产生的差异在这里就不详细介绍了，可以参考"遗传物质改变"一章内容，下面主要介绍生殖隔离机制引起物种间差异的情况。

隔离是物种形成的重要条件，也是有性生殖生物中物种形成的标准。生殖隔离分为两大类：合子前隔离机制（prezygotic isolation mechanism）阻止不同群体成员间的相互交配，阻止受精和杂种合子的形成；合子后隔离机制（postzygotic isolation mechanism）是一种降低杂种合子或杂种个体生活力或生殖力的生殖隔离（表9-4）。自然选择能够促进合子前隔离，不增加合子后隔离。合子后隔离机制的生殖浪费大于合子前隔离机制。合子前隔离机制中的配子隔离也会产生生殖浪费，因为当配子不能形成成活的合子时，配子的浪费就成为必然结果。

表 9-4   物种隔离机制的分类

合子前生殖隔离 阻止受精和杂种合子的形成	地理隔离：在异地分布的群体间，由于其分布区域不相重叠而造成基因交流受到限制； 生态隔离：群体生存在同一地域内的不同栖息地所造成的隔离； 时间隔离：群体占据同一地区，但交配不同； 行为隔离：雌雄性别间相互的吸引力微弱或缺乏； 机械隔离：繁殖器官的大小、形态、结构不同，不能受精； 配子隔离：雌雄配子不能相互吸引或者精子及精粉在不相容的雌性生殖管道上没有活力
合子后生殖隔离 减少杂种生活力和育性	杂种不活：杂合子不能成活或不能达到性成熟； 杂种不育：杂种不能产生有功能的配子； 杂种败坏：F_2 代或回交后代的生殖力或生活力降低

不同群体间发生隔离后，由于不同群体对不同地域条件的适应不同，就使两个群体在遗传上发生分化，并由于自然选择、随机遗传漂变等因素形成遗传多样性，改变群体的基因频率。随着群体的进一步分化，各群体间在遗传上的差异也就越来越大，形成所谓半分化种（semispecies）。如果分化过程继续进行，当两个遗传差异很大的群体间杂交时就会出现生殖隔离，最后形成两个或两个以上的种，即新群体一旦与原群体产生了生殖隔离，新物种就产生了。生殖隔离保持了物种间的不可交配性或交配的不育性，从而保证了一个物种的相对稳定性。生殖隔离是巩固由自然选择积累下来的变异的重要因素，是保持物种形成的最后阶段，所以在物种形成中，生殖隔离是一个不可缺少的条件。

二、物种形成的方式

物种形成（speciation）或称物种起源（origin of species）是指一个原来在遗传上纯合的群体经过遗传分化，最后产生两个或两个以上发生生殖隔离群体的过程，或者是由一个物种演变为另一个物种的过程。物种形成是生物进化的主要标志，其物种形成的途径可以概括为渐变式和暴发式两种。

1. 渐变式物种形成

渐变式物种形成（gradual speciation）是指在原材料的突变、影响物种形成方向的选择和物种形成必要条件的隔离等进化因子的作用下，在相当长的进化过程中不断变化，原来的物种形成若干亚种，进一步逐渐累积变异造成生殖隔离而成为新种。这是物种形成的主要形式，在一个长时间内，旧的物种逐渐演变成为新的物种，其形成方式是通过亚种逐渐累积变异成为新种。达尔文认为物种形成主要是渐变式的。

　　渐变式物种形成又可分为继承式物种形成和分化式物种形成两种方式。继承式物种形成（successional speciation），是指物种可通过逐渐积累变异的方式，经历悠久的地质年代，由一系列的中间类型过渡到新的物种。通常指一个物种在同一地区内逐渐演变成另一个物种（其数目不增加）。一些动物的进化历史属于渐进式物种形成方式。分化式物种形成（differentiated speciation），是指同一物种的不同群体，由于地理隔离或生态隔离，逐渐分化成两个或两个以上的新种。分化式物种形成的特点：在形成过程中存在地理隔离（如海洋、大片陆地、高山和沙漠等）使得许多生物不能自由迁移，相互之间不能自由交配，不同基因间不能彼此交流导致遗传变异，经过自然选择后形成变种或亚种，进一步分化导致生殖隔离，最终形成一个新种。分化式物种形成的种的数目越变越多，而且需要经过亚种的阶段，如地理亚种（geographic subspecies）或生态亚种（ecological subspecies），然后才变成不同的新种。渐变式的物种形成方式在地球历史上是一种常见的方式，可通过突变、选择和隔离等过程形成若干地理族或亚族，因生殖隔离而形成新种。

2. 暴发式物种形成

　　暴发式物种形成（sudden speciation）是指不需要悠久的演变历史，在较短时间内即可形成新种。一般不经过亚种阶段，通过远缘杂交、染色体加倍、染色体变异或突变等方法，在自然选择的作用下逐渐形成新种。如在果蝇唾液腺染色体的研究中发现果蝇属中黑腹果蝇（D. simulans）与拟果蝇（D. melanogaster）是两个相似的种，可以进行杂交，但杂种不育。经细胞学研究得知，这两个物种染色体数目相同，但结构上有 1 个长的倒位、5 个短的倒位和 14 个小节上的差异。这说明物种的差异可能是染色体畸变造成的。多倍化和远缘杂交等方式是植物暴发式物种形成的常见途径。据估计，大约有 1/2 的有花植物是通过多倍体途径进化的。

思 考 题

1. 什么是自然选择？在生物进化中的作用怎样？
2. 什么是遗传的平衡定律？如何证明？
3. 有哪些因素影响基因频率？
4. 什么叫物种？它是如何形成的？有哪几种不同的形成方式？

第十章 水产动物育种学概述

第一节 水产动物育种的概念和发展

一、水产动物育种学的概念

水产动物育种学是人类将遗传学原理应用于改良或创造具有经济价值的生物新品种的过程，即应用遗传学理论指导动物育种实践的学科。具体为通过人为控制水产动物的繁殖机会，采用适当的育种方法，优化、开发及利用品种的遗传变异的一系列理论，来改良和培育新品种的过程。水产动物育种的基本手段是选种和选配，评价不同的育种方案，确立最佳育种规划，改善群体的遗传结构，提高优秀个体的比例及个体间的一致度。育种的本质，就是在人工干预条件下，采用一切可能的手段，按照人类需要来改进动物的遗传品质，定向改变动物的遗传结构，以获得满足人类消费需求产品的一项工作。

二、水产动物育种学的发展历程

中国水产养殖历史悠久，但水产养殖苗种产业起步较晚。我国早期水产养殖苗种主要来源于野生苗种捕捞，水产养殖业的规模小，20世纪50年代"四大家鱼"的人工繁殖成功标志着我国水产苗种业的正式起步。随着水产养殖业快速发展带来的苗种需求增长，苗种产业开始成长，大批野生水产品种和驯养种如对虾、河蟹、大黄鱼、海带、扇贝等苗种的人工繁育和工厂化育苗技术相继突破，促进了养殖业的发展。

到20世纪80年代后期，养殖品种退化引发的养殖病害频发等问题逐渐显现出来，水产种业问题受到重视。1991年全国水产原种和良种审定委员会成立，中国逐步启动以原良种场为主体的水产原良种体系建设。从1992年开始建设以原良种场为主体的全国水产原良种体系，以"保护区—原种场—良种场—苗种场""遗传育种中心""引种中心—良种场—苗种场"等思路开展了全国水产原良种体系建设。

经过多年持续快速发展，我国已是水产苗种生产大国，这为我国成为水产养殖大国提供了有力支撑。近30年虾蟹类苗种产业的快速增长也为淡水养殖增长做出了贡献。海水鱼类、虾和贝类等的苗种产量与海水养殖业的快速增长之间也呈现出同样的正相关关系。虽然我国水产种业发展迅速，但仍处于起步阶段，只有大约20％的水产养殖物种进行过不同程度的遗传改良，除传统上经过多年养殖驯化的四大家鱼、鲤、鲫等种类外，水产养殖业的良种覆盖率与畜禽、水稻玉米相比还存在较大差距。

三、水产遗传育种与水产种业未来的发展

提高水产育种科学技术水平与自主创新能力，形成水产育种标准化技术体系。继续加大水产种业的投入，继续收集、筛选具有重大商业潜力的品种及野生近缘种等育种材料，建设核心种质资源库（基因库），挖掘其重要经济性状和基因，筛选、创制符合育种目标的优异、特异水产育种亲本材料，以期为突破性新品种的培育奠定物质基础。

在信息整合和数据共享方面，整合各个育种单位的育种系谱及各种性状数据库，搭建权威的公共信息服务平台，加快信息化过程，全方位地提供咨询和技术服务。实现现有水产种业关键技术的升级和整合，充分发挥政府的政策、资源和信息优势，构建稳定可靠的政策支持体系，引导和鼓励种质资源拥有者、育种技术拥有者和投资者等多方合作，形成新品种研发的创新合作和利益分享机制。可以采取以大项目带动新品种研发的方式，整合资源，联合攻关。确定符合种业市场发展方向的大项目，以系统工程的思路将项目目标分解落实到基础研究、育种繁殖推广各个环节，鼓励优势力量尤其是优质企业的参与。突破重要育种基础理论与前沿关键技术，开展重要养殖种类种质资源评价与鉴定，创制出一批高产、优质、抗病、抗逆、生态安全的有重大市场价值、覆盖率高的新品种，提高水产养殖良种化覆盖率，大幅度提升我国水产种业科技创新能力。完善水产种业科技创新链条，打造企业创新平台，构建新型的国家种业创新体系，逐步提升我国水产种业的核心竞争力。

提前布局育种数字化与智能化，数字化和智能化技术在育种管理中有着巨大的潜力，也是生物种业现代化的发展趋势之一。目前已经有一些公司开发出相关技术运用于农业种业，如种子监测、测产和考种；生物生长过程监测；在线监测预警等。水产育种企业可以与拥有智能化技术的高科技公司合作，借助智能技术，处理数据测量、传输和保存等重复繁琐的工作。

第二节　水产动物育种学研究的内容

一、水产动物育种的对象

所有适合水产养殖、能够满足市场需求及种质资源保护需要的物种都是水产动物育种的对象。水产养殖对象种类繁多，是水产动物育种区别于其他生物育种的显著特点。选择育种对象时应遵循一定的原则。在一定时期内选择一种或部分种类开展育种工作，育种对象确定后应相对集中稳定，这样有利于种质资源、中间材料和经验的积累，有利于提高工作效率，提高育成品种的竞争能力。需要优先考虑土著种类而且市场上对新品种需求比较迫切的重要水产动物作为主要育种对象。不同地区育种对象的选择，也应本着发挥资源、地域及市场等方面的优势来考虑。不同地区育种对象的育种基地，应接近主要生产区或者发展潜力较大的地区。育种对象应以鱼、虾、蟹、贝和藻类等为重点新品种培育对象。对于已经利用进行养殖生产的种类但尚未完全驯化、处于自然品种状态的物种，其育种难度一般较大，选择育种对象时应考虑充分。

二、水产动物育种学的研究内容

水产动物育种学的主要内容包括研究水产动物的起源、驯化，品种的形成、生长和发育的规律，繁育群体的构成和保护，品种生产力的鉴定，品种选育的理论和方法，改良水产动物个体与群体遗传结构的方法与措施，培育品种和品系的方法，杂种优势的利用途径与方法，生物技术在育种中的应用，以及保证水产动物育种工作顺利进行的组织与措施等。

三、水产动物的育种目标

育种目标（breeding goals）就是对育种工作所要解决的主要问题的定性或定量描述，是育种方案的首要内容之一。水产育种的总体目标为高产、稳产、优质和低消耗，是人类生产、生活对水产动物品种的总要求，这一总目标往往是通过对其各种生物学特性的遗传改良来实现的。

生长特性、饲料转化率和生长率是所有水产动物的重要育种目标。快速生长不仅可以提高生产效率，提供更多的养殖产品；还可缩短生产周期，且在多数情况下大规格个体与小规格个体相比具有更高的商品价值。繁殖力及优化繁殖策略也是水产动物育种目标，其具体体现在怀卵量及亲本的培育质量的衡量，繁殖策略的改善及优化。某些水产动物的生长速度存在较大的性别差异，生产中养殖单一性别的群体具有明显优势，针对这样的物种，单一性别群体的产生也是水产动物育种中的重要目标。生产无性不育群体可以将配子生产消耗的能量用于肌肉的生长，增加产量，也可以避免因性成熟导致的肌肉质量下降等问题，进而提高产品的质量。适应性及抗病能力的选择也是育种目标，主要集中在提高水产动物耐寒、耐热、耐低氧、耐污染等方面的能力，即培育对环境胁迫适应性较强的品种是当务之急。作为目标性状的抗逆性的育种工作，结合产量、品质等其他因素，能够更好地实现在某种逆境条件下保持物种相对稳定的产量和品质。在池塘、网箱或其他人工水体中养殖的水产动物，适应新的栖息环境、新的饲（饵）料、新的繁殖方式也是育种适应性目标的具体体现。产品品质在现代水产动物育种中重要的目标性状，包括感官品质、营养品质、加工品质和贮运品质等。

四、制订育种目标的原则

制订育种目标需要考虑客观条件、主观需求、最佳效益和竞争优势等因素。制订育种目标应遵循国家宏观调控和市场导向的原则，主要通过市场需要反映主观需求，商品市场反应消费者的需求，种苗市场反应生产单位或生产者的需求。育种目标既要符合消费者的需求和市场的潜在需求，其种苗也要能被生产者接受。育种目标需要在对种质资源储备和来源有充分的了解的基础上进行制定。育种目标应符合经济学和生物学的规律。依据育种目标培育而成的品种要表现出更好的生产性能，比原有同类品种能为养殖者提供更高的经济效益。如与原品种产品价格相近的情况下，产量提高 25％；产量和原品种相近的情况下，由于产品品质优良，价格比原品种提高 60％。制订育种目标时应把经济效益的高低作为重要根据。育种目标不仅要考虑比原有同类品种的显著优势，还要考虑比国内、外同行从事同一水产动物育种工作的相对优势。育种目标应尽可能地简单明确，除了必须突出重点，一定要把育种目标落实到具体组成性状上，而且应尽可能提出数量化的、可以检验的客观指标，这样才能保证育种目标的针对性和明确性，同时可以为育种目标的最后鉴定提供客观的具体标准。

思 考 题

1.水产动物育种学有哪些研究内容？

2.何谓育种目标？育种目标在育种工作中有何意义？

3.简述水产动物育种的主要目标性状？

第十一章　水产动物种质资源

第一节　种质资源的概念、重要性和类型

一、种质资源的概念

种质资源（germplasm resources）是指对人类有现实或潜在用途或价值的任何含有遗传功能单位的材料，又称为遗传资源（genetic resources）。种质资源强调的是生物的遗传品质和种用价值，是从生物遗传繁育和遗传改良角度所使用的概念。水产动物种质资源（germplasm resources of aquatic animals）是指对水产养殖和水产动物的遗传改良有实际或潜在利用价值的遗传材料，包括水产动物的养殖种（品种、品系）和野生种（变种）。蕴藏种质的材料可以是水产动物群体、个体、器官、组织或细胞（如精子、卵子等），也可以是染色体或 DNA 片段。古老的地方品种、新培育的推广品种、重要的遗传材料以及野生物种，都属于种质资源的范围。

二、研究种质资源的重要性

水产动物种质资源是我国渔业生产的重要物质基础和人类食物的重要蛋白源，是维护国家生态安全、进行科学研究的重要物质基础。水产动物种质资源是水产养殖产业的基础，是水产动物育种素材的直接来源，也是应对未来对水产品类型、品质不断变化需求的保障。育种目标确定以后，如果在种质资源中缺少控制目标性状的基因，没有目标性状的定向性变异的产生，无论采用什么方法进行选种，后代中也不可能出现所需要的性状。反之，一旦发现有特色的种质资源，可据此提出新的育种目标，培育出新的品种。在育种历史上，有不少创新的育种目标是由于发现了优异的种质资源而制定的。例如，美国的金鳟品系是养殖者在正常体色的虹鳟群体繁育后代中，发现了带有黄色斑点变异的个体，进而选育出全身金黄色的纯系虹鳟。育种工作者掌握的种质资源越丰富，研究越深入，则利用种质资源选育培育成新品种的可能性越大，如方正银鲫的发现是异育银鲫养殖产业成功的关键。

三、种质资源的类型

水产动物种质资源根据其来源和性质分为本地自然种质资源、外地自然种质资源和人工培育的种质资源。其中，本地自然种质资源主要指原产于本地或养殖很久的地方品系或品种，它的特点是对本地区自然条件有高度适应性，自然水域中的丰富野生种质资源大多是本地的自然种质资源。外来自然种质资源是从外地或外国引入的材料，其来源广泛，特性丰

富，但适应性相对差。人工培育的种质资源是根据人类需求的育种目标，发挥主观能动性有目的地创造出来的品种，这些种质具有多种多样的优良变异，可以互相取长补短。

第二节　水产动物种质资源研究概况

一、水产种质资源的研究现状

水生动物种质资源的研究和保护，因为其生存环境的特殊性、复杂性与多变性显得更为复杂，也具有更大的挑战。在国家科技支撑计划等项目的资助下，我国科研院所、高等院校、原良种保存基地相继开展了水产种质资源的遗传分析与评定研究。国家水产种质资源平台于 2007 年正式上线运行，实现了全国性水产种质资源及水生生物资源收集、保存和整理，在数据、信息、实物三个层次上全面实现了水产种质资源的整合共享。该平台共整理、整合和保存了 6871 种水产种质资源，其中包括 788 种活体资源、2314 种标本资源、517 种DNA、147 种精子、42 种细胞系，以及 171 种病原菌，已整合水产种质资源占国内保存资源总数的 95％以上，重要养殖生物种类的整合率达到 100％。利用平台资源为渔业龙头企业和广大养殖户提供鱼、虾、贝、藻优良苗种数十亿尾，为我国现代渔业发展和水域生态文明建设提供了有力支撑。

我国已建国家级水产种质资源保护区 535 个，从数量上看，河流类型的国家级水产种质资源保护区最多，占总数的 65.86％；其次是淡水湖类型，占 17.28％。近海与海岸类型的面积最大，占总面积的 39％，河流类型和咸水湖类型面积占比均在 25％以上。咸水湖类型国家级水产种质资源保护区有 2 个，其保护区面积占总面积的 25.75％。初步构建了包括各类湿地和水域的保护区网络。国家级水产种质资源保护区的建设规模从多到少依次为小型、微型、中型、大型和特大型。面积小于 $50km^2$ 的微型和小型水产种质资源保护区的数量高达 381 个，占总数量的 77.44％，面积占 4.95％。大型国家级水产种质资源保护区仅占总数量的 2.64％，占总面积超过 80％。在已建的国家级水产种质资源保护区 492 个，其中 481个位于内陆，总面积 80203.32km^2，占国土面积的 0.84％；54 个位于海洋，总面积为51398.21km^2。我国各省区的国家级水产种质资源保护区在建设数量和面积分布不均，建设数量最多的省区依次为湖北、山东、江苏、湖南和四川 5 省，均超过了 30 个；建设面积最大的省区从高到低排序依次为青海、浙江、江苏和广西，均超过了 10000km^2。辽宁、山东和海南等沿海省区以海洋国家级水产种质资源保护区建设为主，其建设面积和数量所占比例较大。山西、辽宁、重庆、西藏和宁夏等省区的国家级水产种质资源保护区建设数量和面积均低于全国平均水平，其数量多在 5 个以下，面积不足 400km^2。上海唯一的长江刀鲚国家级水产种质资源保护区跨越了上海、江苏和安徽 3 个省级行政区。水产种质资源保护区主要保护对象以淡水鱼类为主，占总数的 80.69％；依次为底栖动物、海鱼类、淡水虾类、爬行动物等。保护的海鱼类数量较少，但其保护区面积占到了总面积的 37.49％。保护淡水鱼类和海鱼类的国家级水产种质资源保护区面积超过了总面积的 97％。

二、水产动物种质资源研究的主要方向

调查海洋和内陆水域渔业资源的种类组成、分布、数量及其变化规律，制订科学合理的水生动物种质资源保护和持续利用的中长期规划。对新开发的野生养殖种类，引进品种及养殖的主要水产动物开展综合研究，建立种质档案。选择重点海区和流域建立水生动物重要种质资源原生态地的自然保护区或生态库，进行就地保存技术研究；对主要养殖品种建立各种类型的原种场和良种场或人工生态库，开展迁地保存技术研究。建立功能齐全、数据详实、功能强大的种质数据库，通过便捷实用的网络，以达到资源共享。研究精、卵和胚胎的低温保存技术，建立水生动物种质资源胚胎库、细胞库和基因库。研究濒危物种繁殖和养殖技术，建立人工养殖群体，进行大规格的标志放流。研究和选择野生水生动物种质资源中有价值的种类，进而进行开发利用。通过开展种质资源生物学、生态学的基础研究，为养殖模式和繁殖技术奠定基础，为产业化应用提供技术方案。研究恢复和重建水生动物栖息地的途径和方法，修复水域生态环境，进行科学合理的资源增殖放流，恢复衰退中的种质资源，保持水体中水生动物种质资源的多样性，以利于水生动物种质资源持续利用。

第三节　水产动物种质资源的多样性

一、种质资源的多样性

种质资源的多样性包含 3 个层次，即物种多样性、品种多样性和品种内遗传多样性。物种多样性是指在某个历史时期的自然环境和社会条件下，生物种类的丰富性。物种多样性是人类生存和发展的基础，是生物多样性的简单度量，是特定地区的不同物种的数量。

品种多样性是指同种内不同环境条件下形成的各具特色品种的丰富程度。品种多样性是各地根据自身条件发展养殖业的基础，如适应于我国南方湿热地区和适应于我国北方高寒地区的特有品种，尽管其主要生产力不高，却是其他品种无法替代的。品种多样性为开展杂交育种或杂种优势利用提供了条件，不同品种由于起源系统差异，对相同性状可能存在不同的优势基因，在不同性状具有各自优势，通过杂交，可以综合品种间优势基因，培育新品种，利用杂种优势进行生产。

品种内遗传多样性是指某个特定品种内的遗传变异程度，也可扩展到其他特定的群体范围，如品系、某区域的类群，称为种群内遗传多样性。种群内遗传多样性表现在群体内各种性状存在的个体差异，包括质量性状差异，如体色、体型；也包括数量性状和阈性状的差异，如同品种的个体生长速度、产卵量不同。种群内表型差异可反映个体基因水平的差异。种群内遗传多样性的存在是选种工作的必要基础，遗传多样性越大，可利用的选择差越大，选种的效果越明显。

二、遗传多样性及评价指标

遗传多样性（genetic diversity）也称基因多样性（gene diversity），是生物多样性三大

层次之一，也是种质资源多样性的核心。广义的遗传多样性指种内或种间表现在分子、细胞、个体三个水平的遗传变异度。狭义的遗传多样性指种内不同群体和个体间的遗传变异程度。存在于任一物种的群体内或群体间有丰富的遗传变异，可以在表型的不同层次上观察到。多样性可以表现在形态特征到DNA的核苷酸序列及它们所编码蛋白质的氨基酸序列。一个基因或一个表型特征若在群体内有多于一种的形式，它就是多态的基因或多态的表型。

为了量化描述遗传变异，以群体中多态基因的比例来衡量多样性的大小。例如，用电泳法观测了鲤鱼的30个基因座，其中10个基因座上未发现变异，其余20个基因座上检出了变异，可以计算出有66%的基因座在群体中是多态的，即群体多态性程度是66%。如果以同样方法测定了其他3个群体的多态性程度分别为0.45、0.56和0.57的话，则可算出这4个群体在这30个基因座的平均多态性为（0.66＋0.45＋0.56＋0.57）/4＝0.56。

杂合度（heterozygosity，H）衡量遗传变异的另一个指标，是指基因座上是杂合的个体的平均频率，或称为群体的平均杂合性。其计算式为：

$$H = \frac{每个基因座为杂合子的频率总和}{基因座总数}$$

多态信息含量（polymorphism information content，PIC）是指从群体中随机获得两个不同杂合子的平均概率，是从受测单个基因座位上等位基因数目和基因频率两方面反映群体多样性的一个指标，该指标尤其适合于采用分子标记对群体多样性的检测，其公式为：

$$PIC = 1 - \sum_{i=1}^{k} p_i{}^2 - 2\sum_{i=1}^{k-1}\sum_{j=i+1}^{k} p_i{}^2 p_j{}^2$$

式中，k为等位基因数目；p_i、p_j分别表示第i个和第j个等位基因的基因频率。

有效等位基因数（effective number of allele，E）为纯合度的倒数。等位基因在群体中分布越均匀，有效等位基因数越接近所检测到的等位基因的绝对数，反映了在随机交配群体中，当发生选择、迁移或随机漂变时，群体保持其等位基因的能力。当检测单个基因座位上有k个等位基因时，其公式为：

$$E = \frac{1}{\sum_{i=1}^{k} p_i{}^2}$$

Shannon信息测度（Shannon information index，S）是一个借鉴信息论创始人C. E. Shannon提出的熵的思想和方法来描述群体内和群体间基因多样性的指标。Shannon信息测度越大，说明群体多样性越高。设在群体中检测了r个基因座位，第i基因座位上的等位基因数为k_i个，第i基因座位第j个等位基的基因频率为p_{ij}，则第i个基因座位的Shannon信息测度为：

$$S_i = -\sum_{j=1}^{k_i} p_{ij} \ln p_{ij}$$

第四节 水产动物种质资源的保护

一、我国水产动物种质资源面临的主要问题

我国渔业正处于高速发展和转型时期，种质资源研究上存在的诸多问题，主要表现为种质资源数量急剧减少。其中，过度捕捞和偷捕滥捕是造成野生种质资源数量锐减的主要原因。水域生态环境不断恶化，破坏了水生动植物的生存环境，也是种质资源减少的原因之一。拦河筑坝、围湖造田、交通航运和海洋海岸工程等人类活动的增多，使水生生物生存空间被挤占，洄游通道被切断，栖息地及生态环境被严重破坏，生存条件不断恶化。

在种质资源的遗传改良方面，名特优种质资源对国外依赖性很强，缺乏自主性，养殖对象优良种质受制于国外种业公司的问题有待破解。近年来，凡纳滨对虾养殖产量约占我国对虾类养殖总产量的 63%，但用于苗种繁育的优质亲虾主要依赖进口。这些优质亲虾被国外几个寡头公司垄断，严重制约了中国凡纳滨对虾产业的高速发展。虽然国内科研机构也在进行凡纳滨对虾的选育，部分新品种也相继完成了培育，但不能满足对虾产业的实际需求。从国外引进的其他名特优种质，也亟待通过提高我国种质自主创新能力，逐步破解对国外种质依赖和受制于国外种业公司的尴尬局面。

我国水产种质资源十分丰富，但种质资源的基础工作薄弱。现有的种质保存工作缺乏系统性，缺少标准化的管理体制和长期的经费支持，种质资源库为种业发展服务的作用还没有得到充分的发挥。种质资源的基础研究，包括养殖种类的遗传结构、分子标记和生物多样性等的研究，有待于进一步深入。现有的水产种质鉴别方法和种群特异性的遗传标记，在水产遗传资源的保护、研究及合理充分利用上还存在技术上的瓶颈。由于无序的苗种交流或洪涝灾害以及养殖管理不善，造成了种质的严重混杂，有些杂交鱼和经生物技术处理改变了遗传性状的鱼进入天然水体，污染了物种基因库，给鱼类种质遗传背景和遗传结构的研究带来了困难。以上原因引起养殖对象种质退化，导致水产常规养殖品种经济性状严重衰退，生长缓慢，品质变劣，抗病力下降，疾病的发生，使生产受到很大影响。

种质资源的保护力度需要加强。自 2007 年起，根据法规和生物资源养护行动纲要要求，农业农村部积极推进水产种质资源保护区的建设，初步建成以遗传育种中心为龙头、国家级及省级原良种场为基础的水产原良种保存架构。虽然这些保护区和原种场在种质资源保护上发挥了一定作用，但相对我国庞大的水产种质资源量来讲，已经建成和持续支持的保护场所数量还有限，有待于扩大覆盖面并形成完整的体系。保护场所的装备化水平，科研条件和技术力量均有待于提高，系统的资源利用方案和规划有待于进一步的完善。

二、水产种质资源的保护

近年来，我国通过采取多种种质资源综合保护措施，取得了较好的效果。保护水域自然环境是首要开展的工作。坚持合理捕捞是稳定渔业产量，保护水产动物种质资源多样性的重要措施。开展水产动物种质资源的调查，加强稀有种、名贵种、濒危种保护生物学的研究，

掌握某些濒危种类的生物学及其濒危机制。建立保护栖息地是保护濒危物种、保持生物多样性的最好方法，创造条件实施就地或易地保护颇为重要。对于引种需持严谨的科学态度，引进外源物种前，需要先开展调查研究，指定好引种计划和规范后才能付诸行动。适当开展人工繁殖和放流，完善法制、加强管理、开展宣传教育。

思 考 题

1. 何谓种质资源？水产动物种质资源有何意义？
2. 水生动物种质资源的研究和保护有哪些特殊性？
3. 我国在水生动物种质资源的研究和保护上取得了哪些成就？面临哪些主要问题？
4. 水产动物种质资源的研究内容包括哪些？

第十二章　选择育种

第一节　选择育种的基本原理

生物群内的个体间存在变异，变异是生物进化的源泉，进化是自然界对微小的变异长期适应的结果，选择是建立在有变异的基础之上的，变异是选择的依据。选择是育种的理想，也是实现理想的每一个具体步骤。

一、选择育种的相关概念

选择是通过外界因素的作用，将群体中的遗传物质重新进行安排，以期达到某种目的。选择是一个过程，通过给予不同个体以不同的繁殖机会，从而使不同的个体对后代的贡献不一致，导致在群体中某些个体比其他个体占有明显优势。选择是积累和巩固优良变异的有效手段。无论采取哪种育种途径和哪类育种材料，根据个体的表现型或者遗传标记挑选符合人类需求且适应自然环境的基因型，使得选择的性状稳定地遗传。任何育种方法都离不开选择，选择是水产动物育种过程中必不可少的重要环节。选择育种是根据育种目标，在现有品种或育种材料内出现的自然变异类型中，经比较鉴定，通过多种选择方法，选优去劣，选择优良的变异个体，培育新品种的方法。

选择根据其产生的特点可分为稳定化选择、定向选择和多向性选择三种类型。稳定化选择是自然群体长期处在同一环境条件下，大多数个体都能很好地适应这种环境，群体中的各个体呈正态分布，处于正态分布两侧的个体适应性较差，选择有利于趋近群体表型均值的个体，使整个群体保持稳定状态。定向性选择是当选择对处于正态分布某一端的个体有利时，选择使群体均值逐渐向该端偏移，发生定向变化。多向性选择是按两个或两个以上不同方向进行的选择，是不利于中间类型的选择。多向性选择会使群体变异增大，最终形成分离的两个群体。

自然选择是在自然环境条件下，通过自然界的力量完成选择的过程。自然选择在生物进化中起主导作用，自然环境条件的变化控制着变异发展的方向，导致适应性状的产生。自然选择的特点是物竞天择，适者生存。人工选择指在动植物育种过程中，人类发挥其主观能动性，对水产动物进行的有目的性方向性的选择作用。人工选择是从群体中选出优秀个体作为种用来繁殖后代，通过不断的选择使群体的生产水平不断提高。其作用是进化的方向由适应自然环境条件转向有利于为人类提供更多的水产品，控制进化方向的是人的意愿。

人工选择与自然选择存在差异，自然选择所保存的变异对生物的生存有利，人工选择所保存的变异对人类有利。自然选择有利于提高个体的生活力、适应能力；人工选择是有利于提高个体的生产性能，而生产性能高的个体其自然竞争力可能很低。自然选择无明确的目的性和预见性，人工选择有很强的目的性和预见性。自然选择过程长见效慢，人工选择则相反。自然状态下形成一个新物种约需 100 万年，而人工选择进展迅速，经过几个或十几世代的选择就能获得很大的遗传进展，形成一个新品种或品系。

当选择的方向一致时，自然选择能加快人工选择的进程，增强人工选择的效果。当选择的方向不一致时，人工选择会受到自然选择的制约或影响。为了获得人工选择的预期效果，对不一致的部分必须通过加强或改善饲养管理条件，以克服自然选择的作用。生产中，高产水产品适应自然环境条件的能力限，故应该加强对高产水产品种的营养供应和环境条件控制。当人工选择与自然选择作用严重抵触时，人工选择无进展。品种退化的原因就在于此。

二、选择的实质

选择的实质就是选优去劣，即从群体中选出优秀个体作为种用，通过不断选择打破了繁殖的随机性，定向地改变了群体的基因频率，打破了群体原有基因的平衡状态，结果改变了生物类型使群体生产水平不断提高。选择的过程包括两个方面：一是创造或发现变异，二是通过选择积累变异，提高群体理想基因的频率，使理想基因纯合子逐步成为群体的主导类型。因此，有变异的存在，才有选择的余地，有选择才会有新品种的产生，变异为育种提供素材，变异是育种的基础，选择是固定变异的重要手段。

三、选择的作用

选择是根据水产物种的变异和遗传两种特性，通过选择和繁育两种手段来引导变异发展方向的工作。变异是多方向的，通过选择可以控制变异的发展方向。通常是根据跟踪鉴定优良性状的表现型，结合其他育种方法与检测手段，多代选育，提高群体的一致度和优秀个体的比例。选择能积累变异，决定变异的方向，产生新类型个体，最终使群体结构发生根本改变。其创造性作用主要体现在能育成新品种。

四、选择育种的一般原理

选择育种是根据育种目标，在现有品种或育种材料内出现的变异类型中，经比较鉴定与识别，选择育种值高的个体作为亲本，通过多种选择方法，增加高育种值亲本的繁殖机会来提高优秀个体在群体中的比例，达到选优去劣，改善群体的一致度，培育优良新品种的目的。选择的基本效果是改变群体的基因频率，提高优秀基因的频率，可以通过种群均值的变化和群体的变异程度来进行衡量。

19 世纪 70 年代为大西洋鲑鱼制订了相对完善的养殖鱼类选择育种计划，该选择育种计划基于数量遗传学的基础知识和其他生物育种的经验。在选育计划中，采用了家系选择及个体选择育种方法，将不同的个体进行比较鉴定分析，通过几代的选育提高了优秀个体的比例，改善了大西洋鲑鱼的产量。在后期制定的其他鲑鱼和鱼类物种育种规划在很大程度上遵循了相同的设计。

第二节　质量性状的选择

质量性状表型呈不连续性分布，各变异类型间存在明显区别，能够直接加以描述。其遗传规律符合孟德尔经典遗传学理论。控制质量性状遗传的基因一般有显隐性之分（少数无显隐性，但可由表现型直接判断其基因型），选择较简单。对于质量性状的选择，主要根据哈代温伯格平衡定律来进行选择效果的评定。其基本工作过程为依据群体的表型分析、系谱分析和测交实验对特定基因型的判别进而选择。

选择不能产生新的基因，但可增加群体中有利基因的频率，降低不利基因的频率。例如，设一个基因座上有两个具有显隐性遗传关系的等位基因 A 和 a，其中 A 为理想基因，假设初始群体均为杂合子，则有

$$\text{亲代}\quad Aa\quad\times\quad Aa$$
$$\downarrow$$
$$\text{子一代}\quad AA（25\%）\quad Aa（50\%）\quad aa（25\%）$$

若在子一代中淘汰所有的 aa 个体，根据基因频率的定义，下一代 a 的基因频率为 $\dfrac{\frac{1}{2}\times 50\%}{25\%+50\%}=0.33$，那么在群体中 a 的基因频率由 0.5 下降到 0.33，A 的基因频率由 0.5 上升到 0.67。对应的下一代群体中，AA 基因型个体的频率为 $0.67\times0.67=0.449$。通过选择后，AA 基因型个体的频率由 0.25 增加到 0.449。通过淘汰 aa 的一代选择，增加了群体中理想基因 A 的基因频率，降低了基因 a 的基因频率，所以质量性状选择的遗传学效应在于提高被选择基因的频率，减少被淘汰基因的频率，随着理想基因频率的提高，有利基因个体的频率也提高，达到了选育的目的。

一、对隐性基因有利的选择

对隐性基因有利的选择实际是对显性基因的淘汰过程。根据育种目标，如果选育的性状由隐性基因控制，需要对隐性基因进行选择，保留显露出隐性性状的个体，也就是培育选中的隐性纯化基因型个体。例如，一对性状的基因型为 AA、Aa、aa。A 对 a 为完全显性，AA 和 Aa 为显性表型，均表现出 A 基因性状的个体。设原始种群的基因型频率为：$D=p^2$，$H=2pq$，$R=q^2$，淘汰率为 s，$1-s$ 为留种率，则选择后种群的基因型及基因型频率计算结果如表 12-1 所示。

表 12-1　隐性基因选择后种群基因型与基因型频率

初始群体的基因型	AA	Aa	aa
初始群体基因型频率	p^2	$2pq$	q^2
淘汰率	s	s	0
留种率	$1-s$	$1-s$	1
选择后基因型频率	$\dfrac{p^2(1-s)}{1-s(1-q^2)}$	$\dfrac{2pq(1-s)}{1-s(1-q^2)}$	$\dfrac{q^2}{1-s(1-q^2)}$

通过选择后，基因频率按照下面的公式进行计算：

$$\text{选择后基因频率} = \frac{\text{原始基因型频率} \times \text{留种率}}{\sum(\text{原始基因型频率} \times \text{留种率})}$$

经过一代的选择后，隐性基因频率为

$$q_1 = \frac{1}{2}H + R = \frac{q - sq + sq^2}{1 - s(1 - q^2)}$$

若 $s=1$，则 $q_1=1$；即当把全部显性个体淘汰时，不考虑其他影响群体遗传结构的因素，则选择后子一代的隐性基因频率可以达到 1，经过一代选择，群体固定。若 $s=0$，则 $q_1=q$；即显性个体全部留下，不淘汰时，其基因频率保持不变，此时群体处于自然平衡状态。从这两个极端的淘汰率分析，选择隐性基因相对容易，对隐性基因有利的选择，其选择进展很快。

二、对显性基因有利的选择

根据育种目标，如果选择的性状是由显性基因控制，则对该性状选择实际是对显性基因的选择。对于表型相同的个体，存在两种可能的基因型，即显性纯合子（AA）、显隐性杂合子（Aa）。针对这种情况，在选择显性基因时不仅要淘汰隐性基因纯合体，还需要在显性表型中区分显性纯合子和杂合子，淘汰杂合子。淘汰需要分两步进行：首先，根据表现型淘汰隐性纯合体，并将具有显性性状的个体作为亲本。例如一对性状的基因型为 AA、Aa、aa。A 对 a 为完全显性，AA 和 Aa 为显性表型，均表现出 A 基因性状的个体。设原始种群的基因型频率为：$D = p_0^2$，$H = 2p_0q_0$，$R = q_0^2$，淘汰率为 s，$1-s$ 为留种率，则选择后种群的基因型及基因型频率计算结果如表 12-2 所示。

表 12-2　显性基因选择后种群基因型与基因型频率

初始群体的基因型	AA	Aa	aa
初始群体基因型频率	p_0^2	$2p_0q_0$	q_0^2
淘汰率	0	0	1
留种率	1	1	0
选择后基因型频率	$\dfrac{p_0^2}{p_0^2 + 2p_0q_0}$	$\dfrac{2p_0q_0}{p_0^2 + 2p_0q_0}$	0

其中，$p_0^2 + 2p_0q_0 = (1 - q_0)^2 + 2(1 - q_0)q_0 = 1 - q_0^2$

经过一代选择后，隐性基因 a 的频率为

$$q_1 = \frac{p_0 q_0}{p_0^2 + 2p_0 q_0} = \frac{q_0(1 - q_0)}{1 - q_0^2} = \frac{q_0}{1 + q_0}$$

按照这样的方法进行推算

$$q_2 = \frac{q_1}{1 + q_1} = \frac{q_0}{1 + 2q_0}$$

$$q_2 = \frac{q_1}{1 + 2q_1} = \frac{q_0}{1 + 2q_0}$$

到第 t 代

$$q_t = \frac{q_0}{1+tq_0}$$

换算得到基因频率改变多少需要多少世代，即预测固定的基因频率改变量需要多少世代。

$$t = \frac{1}{q_t} - \frac{1}{q_0}$$

例如鱼类的白化型的现有频率是 $1/20000$（q^2），若使它的频率减低为现有频率的一半，在不考虑其他因素的情况下，每代淘汰出现的隐性个体，使其不参与下一代的繁殖，需要多少代才能将隐性基因的频率降到目前的一半，即 aa 等于 $1/40000$？此时将基因频率代入上面的公式，可以计算出 $t=59$ 代。如世代间隔较长，则所需时间非常长，由此可见，这样的选择进展是非常缓慢的，要将隐性有害基因从群体中全部去除是极其困难的。只有当原始隐性基因频率较高时，通过表现型选择有一定的效果，当原始隐性基因频率较低时，选择效果微乎其微。这时，如果要完全去除隐性基因，还需要通过自交或者测交淘汰杂合体。

将选作亲本的显性个体进行测交或自交，根据测交或自交后代的结果，则可判断该基因型处于显性纯合；只要后代出现隐性个体，则亲本基因型为杂合，把杂合体淘汰掉，只留下显性纯合体。

三、对杂合子有利的选择

如果选择性状的表现型是受杂合基因型控制，育种目标是选留杂合子个体；杂合子具有更好的经济价值或更好的适应性，且容易区分杂合子与纯合子的情况下，可以进行对杂合子有利的选择。例如金鱼的两种纯合子（AA）和（aa），纯合子 AA 的表现型为非透明鳞片，纯合子 aa 的类型为透明鳞片。研究发现，非透明鱼的子代都是非透明鱼，透明鱼的子代都是透明鱼，而把透明鱼与非透明鱼杂交，子代全为半透明鱼，鳞片介于透明鱼与非透明鱼之间，即不完全透明，所表现出来的颜色是各种纯色的混合成色，是由黑色素细胞、黄色素细胞、淡蓝色的分光色混合成特殊的花斑，这样的鱼称为五花鱼。子二代中，五花鱼占 $1/2$，非透明鱼与透明鱼各占 $1/4$。子二代中出现的三种基因型代表了三种表现型。在这种情况下，选择五花鱼就是选择了杂合子个体，减少了通过基因型来确定是否是杂合子的过程，这样对杂合子有利的选择，对于育种工作也至关重要。

仍以一对基因为例加以阐述，一对性状的基因型为 AA、Aa、aa。A 对 a 为完全显性，AA 和 Aa 为显性表型，均表现出 A 基因性状的个体。设原始种群的基因型频率为：$D=p_0^2$，$H=2p_0q_0$，$R=q_0^2$，AA 和 aa 淘汰率分别为 s_1 和 s_2，则选择后种群的基因型及基因型频率计算结果如表 12-3 所示。

表 12-3   杂合子选择后种群基因型与基因型频率

初始群体的基因型	AA	Aa	aa
初始群体基因型频率	p_0^2	$2p_0q_0$	q_0^2
淘汰率	s_1	0	s_2

续表

初始群体的基因型	AA	Aa	aa
留种率	$1-s_1$	1	$1-s_2$
选择后基因型频率	$\dfrac{p_0^2(1-s_1)}{1-s_1p_0^2-s_2q_0^2}$	$\dfrac{2p_0q_0}{1-s_1p_0^2-s_2q_0^2}$	$\dfrac{q_0^2(1-s_2)}{1-s_1p_0^2-s_2q_0^2}$

则经过一代选择后，隐性基因 a 的频率为：

$$q_1=\frac{p_0q_0+q_0^2(1-s_2)}{1-s_1p_0^2-s_2q_0^2}=\frac{q_0(1-s_2q_0)}{1-s_1p_0^2-s_2q_0^2}$$

当群体处于平衡状态时 $\Delta q=q_1-q_0=0$，即 $\dfrac{q_0(1-s_2q_0)}{1-s_1p_0^2-s_2q_0^2}-q_0=\dfrac{p_0q_0(s_1p_0-s_2q_0)}{1-s_1p_0^2-s_2q_0^2}=0$，

也就是：$s_1p_0=s_2q_0$，群体处于平衡状态时群体的基因频率为：$q=\dfrac{s_1}{s_1+s_2}$，$p=\dfrac{s_2}{s_1+s_2}$。

　　对于杂合子有利的选择后基因频率的特点是，基因频率总是向着中间趋于平衡，使两个等位基因都保存在群体中不消失。即当显性纯合子的淘汰率与显性基因频率之积，等于隐性纯合子的淘汰率与隐性基因频率之积时，群体基因频率达到平衡。在这种选择作用下，群体何时达到新的平衡，与群体初始频率无关，完全决定于两种纯合子的淘汰率。

第三节　数量性状的选择

一、数量性状的特点及其研究方法

　　数量性状的遗传基础是多基因系统，其性状的变异具有连续性的特点，呈正态分布，对环境比较敏感。对于数量性状进行选择的过程中，不能将性状通过表现型进行简单区分，必须用统计学的方法进行归纳、分析；且以群体为研究对象。针对数量性状的选择，需要建立表型值的数学模型（见数量遗传学章节内容），将表型值划分为遗传方差和剩余值方差两部分，利用数理统计的方法进行遗传力及育种值的估计（见数量遗传学章节内容），然后根据育种值来确定合适的选择方法来进行选择。

二、数量性状选择基本概念

　　在一个群体规模相对稳定的生产计划和相应的育种方案中，不会将育种群中同一世代的所有个体留作种用。因此，根据育种的目标，只需将育种群同一世代中的优秀个体选留下来，让其繁衍下一代。那么，留种个体数与测定个体数之间的比率（留种数/测定个体数×100%）就是留种率。在性状表型值呈正态分布的情况下，留种率的大小决定选择差的大小。选择差是指被选择个体组成的留种群数量性状的平均数（$\overline{P}_S$）与群体均数（$\overline{P}$）之差，选择差实质为被选留个体的表型优势，可以表示为 $\Delta p=\overline{P}_S-\overline{P}$。例如，选择某种鱼的体重时，选择前群体的平均体重为 600g，而被选择的个体的平均体重为 750g，则选择差为 $750-600=150$g。选择差的大小受两个因素的影响，一是群体的留种率，二是性状的变异程

度——标准差。在留种率相同时，标准差越大，选择差越大。变异是选择有效的前提，没有变异，选择就无从发挥作用；变异越大，选择收效越大。

通过人工选择，在一定时间内，使性状向着育种目标方向改进的程度即为选择反应，其实质为被选留种用亲本所具有的遗传优势（育种值），选择反应可以用 ΔG 表示，其公式为 $\Delta G=\Delta Ph^2$，指受选择性状经过一世代选择后，性状平均值的变化情况，在数值上等于选择亲本所繁殖的后代表型平均数与选择前群体的平均值的差值。例如某育种场在对刺参的体重进行选择时，从池塘中捕获的群体平均体重为 500g，而被选择的个体平均体重为 600g，选择差为 100g。被选择的个体经过交配繁殖的后代在同样条件下进行养殖，子代的平均体重为 540g，这时的一代选择反应为 540－500＝40g。这说明通过一代选育，刺参平均体重增加了 40g。当亲代与子代间不存在系统环境差异，或经统计剔除系统环境效应时，选择反应表示的是在亲代得到的选择差有多少能够传递给子代。

不同性状间由于度量单位和标准差不同，选择差之间不能相互比较。为统一标准，都除以各自的标准差，使之标准化。这种标准化的选择差称为选择强度 (i)，其数学表达式为 $i=\dfrac{\Delta P}{\sigma_P}$。标准差是描述群体性状表型值变量离中程度的一个指标，反映的是群体表型值变异的大小。假设群体的选择差是 300g，群体体重表型值标准差为 100，则其选择强度为 $i=300/100＝3$。

选择反应 $\Delta G=\Delta Ph^2$，而 $h^2=\dfrac{\sigma_A{}^2}{\sigma_P{}^2}$，$i=\dfrac{\Delta P}{\sigma_P}$，所以 $\Delta G=i\times\sigma_A\times h$，上式的含义是：选择反应的大小直接与可利用的遗传变异（即加性遗传标准差）、选择强度和遗传力估计的精确度三个因素成正比。为了获得较大的遗传进展，在制定育种措施和育种方案时，尽可能使这三个因素处于最优组合。

世代间隔是指子代出生时其父母的平均年龄。对一个群体来说，其平均世代间隔为群体中种用后代出生时父母按其子女数加权的平均年龄（Lush，1945），即

$$L=\sum_{i=1}^{m}n_iT_i\Big/\sum_{i=1}^{m}n_i$$

其中，n_i 为第 i 个全同胞家系的有效后代数，T_i 为第 i 个全同胞家系后代出生时父母的平均年龄，m 为群体中的家系数。

遗传进展是指选育群体平均每年所获得的选择反应，可以用 ΔG_t 表示，是选择反应的另一种表示方法，即选择反应除于平均世代间隔，其数学表达式为 $\Delta G_t=\dfrac{\Delta G}{L}=(i\times\sigma_A\times h)/L$。以上表达式表明，为了增加选育进展，必须考虑群体的遗传变异、遗传力估计的准确性、选择强度、世代间隔等因素。

三、影响选择效果的因素

选择效果的衡量标准是选择反应或者是遗传进展的大小。根据上述公式影响选择效果的主要因素有：可利用的遗传变异，选择强度，遗传力估计的准确度，世代间隔。其他影响因素还有性状间的相关、选择方案中性状的数目、近交和遗传与环境的互作。

（一）可利用的遗传变异

选择的基础在于个体间存在遗传差异，其中可利用的遗传变异源于微效基因平均效应的遗传标准差，也称加性遗传标准差，由基因效应和基因频率决定。选择极限是指对一个群体实行长期的闭锁选择，随着选择进行，有利基因的频率不断提高，直至固定。此时，群体内基因趋于一致，没有可利用的遗传变异产生，则选择不再产生作用，即不会出现选择反应的现象。

保持群体内有可利用的遗传变异的方法有，选育基础群保持一定的规模；基础群内具有足够的遗传变异；基础群的组建应保持尽可能多的血统和较远的亲缘关系；在育种群内经常估计遗传参数，尤其是加性遗传方差；采用育种方法扩大群体的遗传变异，例如导入杂交可以从外群体导入外来物种，可引入有利基因和扩大群体的遗传变异度。

（二）选择强度

选择强度是不受性状特异性影响的通用参数，主要受留种率的影响。提高选择强度的方法有，在群体内建立足够大规模的育种群；尽量扩大性能测定的规模，降低留种率；可以实施降低留种数量，增加后备个体数、人工授精、胚胎移植、胚胎分割等新技术的使用以降低父本需要量等特殊的育种措施，改善留种率。

（三）遗传力及育种值估计的准确度

衡量育种值估计准确度（或选择准确度）的指标是估计育种值 I 与真实育种值 A 之间的相关系数 r_{AI}。相关系数 r_{AI} 的值越高，就表明估计育种值与真实育种值越接近，故选种的准确性就越高。现代育种学发展的很多方法都是围绕着如何提高育种值估计的准确性展开的。通过不同层次获得个体记录、亲属记录的信息；提高信息量，估计的准确性越高；遗传力越大，育种值估计的准确性越高。

（四）世代间隔（generation interval）

世代间隔主要影响年度的遗传改进量。可以尽可能缩短亲本的使用年限；在保证选择的准确性的前提下，选用世代间隔较短的选种方法；在保障选育效果的前提下，尽可能实施早期选种措施，早期辅助选择、间接选择（遗传相关）来缩短世代间隔，提高年遗传改进量。

（五）其他因素

遗传力高的性状，选择差中能遗传的部分就大，控制环境条件，减小环境方差可提高选择的准确性，更准确地反应育种值高低。遗传力就是育种值到表型值的通径系数的平方，也就是育种值和表型值相关系数的平方。个体本身表型选择的准确性是以表型值与育种值的相关来衡量的，故遗传力越高的性状，表型选择的准确性越高，因而选择效果越好。

性状间的遗传相关，只有当两个性状间具有遗传相关时，这一部分才有可能遗传，可用于间接选择。如同时选择 n 个性状，则每个性状的选择反应只有选择单个性状时的选择反

应的 $\dfrac{1}{\sqrt{n}}$ ，故在选择时应该突出重点性状，不宜同时选择太多性状。近交衰退造成各种性状的选择效果不同程度地降低，即近交与选择效果之间有一定程度的矛盾。同时，只注重表型选择会导致杂合子比例的上升，使得纯化效果降低。任何数量性状的表型值都是遗传和环境两种因素共同作用的结果。环境的改变会导致表型值的改变，当然会影响选择反应。需要弄清楚的是在不同环境条件下群体表型值变化的趋势。若在不同环境条件下群体表型值变化的趋势一致，对选择反应不会有多大影响；若在不同环境条件下，群体中个体表型值的变化不规则，说明存在基因与环境的互作，某些基因适合于这种环境条件，而另一些基因却适合于另一种环境条件。例如，在优良环境中选出来的优秀个体在较差条件下的反应却不如原条件下较差的个体。

四、选择效果的预估

选择反应预估的理论基础是公式 $R=Sh^2=i\sigma h^2$ ，由留种率可通过查找统计用表来估计选择强度。这样，只需要知道一个群体该性状的标准差与遗传力，确定的留种率，就可预估选择效果。

已知一个鱼的 180 天体重的标准差为 10.6g，遗传力为 0.25。现决定母本留种 40%，即在整个群体中选择在该性状上表现最好的 40% 作为父本，则下一代可期望这个性状平均能提高的程度为：查表得，当 $P=40\%$ 时，$i=0.967$，$R=i\sigma h^2=0.967\times10.6\times0.25=2.56(\mathrm{g})$。

制订育种规划时，对父本以实际配种数对各自的选择差加权后求平均选择差，再计算其平均选择反应后，与母本的选择差平均作为总体平均选择反应。如上例中的群体中选留 3 个父本，其 180 天体重的选择差分别为 20g、15g、10g，预计第一个父本配种 60%，其余两个各配种 20%，则来自父本的平均选择差 $=20\times0.6+15\times0.2+10\times0.2=17\mathrm{g}$。故来自父本的选择反应为 $R=Sh^2=17\times0.25=4.25\mathrm{g}$。群体来自父本与母本的总体平均选择反应为 $R=(4.25+2.56)/2=3.41\mathrm{g}$；此即该性状在一个世代中的改进量，如该群体的平均世代间隔为 1.5 年，则年改进量 $\Delta G=\dfrac{R}{G}=2.27\mathrm{g}$。

五、间接选择

间接选择是利用性状间的遗传相关，通过对另一个性状的选择来间接选择所要改良的某个性状的选择方法。其适用范围包括所要改良的性状遗传力低、难以度量、在活体上不能度量，或为限性性状。其优点是可缩短世代间隔、可实现较高的选择强度进行选择。

间接选择与直接选择的效果比：

$$\frac{CR_x}{R_x}=\frac{r_{A(xy)}\,h_x\sigma_x i_y h_y}{i_x\sigma_x h_x^2}=\frac{r_{A(xy)}\,i_y h_y}{i_x h_x}$$

所选辅助性状 y 具有高遗传力（h_y^2）且与目标性状 x 间有高度的遗传相关 $r_{A(xy)}$；如果辅助性状 y 能在幼年时期度量，则可针对目标性状 x 进行早期选种，在上述情况下，间接选择会优于直接选择。

六、提高选择效果的途径

提高选择效果的总体要求是：早选、选准、选好，三者相互统一，不可分割。首先要尽快早期选种，可降低亲本的养殖成本，缩短世代间隔。主要采用早期选配；实施早期生产力评定技术；使用个体表型选择、系谱测试、同胞测试等选择方法代替后裔测定；应用遗传相关对尚未表达的经济性状进行早期间接选择。提高选择的准确性实现准确选种。准确选种的要点要求选育目标明确，熟悉品种特性，条件一致，育种数据齐全，记录准确，选择方法正确，突出选择重点，注意性状间相关，参考系谱记录，保持选择制度的连续性。

从优从严选种，选出遗传素质优秀的个体作种用。在这个过程中注重选配制度的完善，尽量扩大选择群体以降低留种率，增加变异的来源和加大选择强度，选择标准不能随意更改。

第四节　选择育种的方法

选择育种是根据育种目标，在现有品种或育种材料内出现的变异类型中，经比较鉴定与分析，选择育种值高的个体作为亲本，通过多种选择方法，增加高育种值亲本的繁殖机会来提高优秀个体在群体中的比例，达到选优去劣，改善群体的一致度，培育优良新品种的目的。选择的基本效果是改变群体的基因频率，提高优秀基因的频率，可以通过种群均值的变化和群体的变异程度来进行衡量。

一、单性状选择育种的原理与方法

数量性状选择方法根据资料来源、所选性状的特点、育种目标等具体情况来选择适宜的方法。在亲本的选择和使用过程中，需要资料的不断更新，持续地对其种用价值进行评定和选留，任何时候都是利用最有利的资料，获得最大的选择准确性，以求获得最大的选择进展。单性状选择是指在一定时间内只针对一个性状所进行的选择。

在单性状选择中，除个体本身的表型值外，最重要的信息来源就是个体所在家系的遗传基础，即家系平均数。个体表型值可划分为个体所在家系的均值和个体表型值与家系均值之差两个部分。利用个体及其家系（全同胞或半同胞家系）的资料以及遗传力来判断个体的种用价值。在选择的过程中，设个体表型值为 Pi，表型值可以划分为两个部分之和，一部分为家系均值，一部分为超出家系均值的部分，即个体表型值（Pi）与家系平均值（Py）的离差，以及家系平均值（Py）与全群平均值（Pm）的离差之和。其表达式为 $Pi=Pw+Pf$ 或 $Pi-Pm=(Pi-Py)+(Py-Pm)$，其中 Pw 表示家系内偏差，即 $Pi-Py$；Pf 表示家系均值偏差，即 $Py-Pm$。选种时对以上两部分分别给予加权，合并为一个指数 I 作为估计育种值，可以作为选留的标准。不同的选择方法可表现为对上式中两部分的不同重视程度，即 $I=bfPf+bwPw$。通过对家系均值和家系内均值给予不同加权形成了个体选择、家系选择、家系内选择和合并选择四种方法。

① 当 $bf=bw=1$ 时，是完全根据个体表型进行选择——个体选择。

② 当 $bf=1$，$bw=0$ 时，是完全按家系均值进行选择——家系选择。

③ 当 $bf=0$，$bw=1$ 时，是按家系内偏差进行选择——家系内选择。

④ 当 $bf \neq 0$，$bw \neq 0$ 时，是根据 $bfPf+bwPw$ 的大小进行选择，同时考虑了家系均值和家系内偏差两个组分——合并选择。

1. 个体选择（individual selection）

根据个体表型值的大小进行的选择称为个体表型选择，简称个体选择。个体选择的依据是个体表型值与群体均值之差——离均差。离均差越大的个体越好。选择差越大，获得的遗传进展越大；性状的遗传力越高，个体选择的效果越好。

2. 家系选择（family selection）

把整个家系作为一个选择单位进行选择的方法称为家系选择。这里所说的家系主要指全同胞家系和半同胞家系。家系选择依据的是家系均值，均值高的家系全体个体留作种用，均值低的家系全部个体淘汰。家系选择的前提条件有三个：

（1）性状遗传力低。遗传力低的性状个体表型值受环境影响较大，而在家系均值中，各个体表型值由环境条件造成的偏差相互抵消，家系表型均值接近家系的平均育种值。

（2）由共同环境造成的家系间的差异和家系内个体间的表型相关要小。如果共同环境造成的家系间差异大，或家系内个体间的表型相关很大，个体的环境偏差在家系中就不能完全抵消，所能抵消的只是随机环境偏差部分，这样家系均值体现的大部分是共同环境效应，不能代表个体的平均育种值（家系育种值）。

（3）家系要足够大，家系越大，家系均值越接近家系平均育种值。

遗传力低、家系大、家系内表型相关及家系间环境偏差小，是进行家系选择的基本条件。具备这三个条件的群体，采用家系选择就能获得较好的选择效果。家系选择的准确性主要取决于家系含量、个体间的表型相关和性状的遗传力。

3. 家系内选择（within-family selection）

从每个家系中选留表型值高的个体作种用的选择方法。适用于家系内选择的条件有：①性状的遗传力低；②家系间环境差异大，家系内个体表型相关大；③群体规模小，家系数量少。在这种情况下，家系间的差异和家系内个体间的表型相关主要由共同环境造成，而不是由遗传原因造成的，即家系间的差异并非主要反映家系平均育种值的差异，各家系的平均育种值可能相差不大，在每个家系内选择最好的个体留种，既不会过多丢失基因，也不会使近交系数增加太快，能获得最好的选择效果。家系内选择的准确性取决于性状遗传力和个体的表型相关，与家系含量关系不大。

4. 合并选择（combined selection）

同时利用家系均数和家系内偏差两种信息，根据性状遗传力和家系内表型相关，分别给予两种信息以不同的加权，将其合并成一个指数——合并选择指数，按指数大小进行选择的方法称为合并选择。根据合并选择指数选择能克服前三种选择方法的不足，准确性高于上述各选择方法，可获得理想的选择进展。

二、多性状选择的基本方法

育种方案中需要考虑的育种目标就是获得最大的育种效益。若只对单个性状进行选择，远达不到育种目标，必须同时考虑多个重要经济性状，实施多性状选择。传统的多性状选择方法有顺序选择法、独立淘汰法和指数选择法三种。

顺序选择法（tandem selection）是将要选择的性状一个一个依次选择改进的方法，在第一个性状通过选择达到要求后再选第二个性状。顺序选择法的优点是简单，易操作。缺点是所需时间长，无法克服性状间的遗传拮抗作用，以及自然选择的回归作用，选择效果不理想。

独立淘汰法（independent culling）是对被选性状分别制订最低选留标准，各性状都能达标的个体方能留种，否则被淘汰。该方法的最大优点是全面衡量，综合考虑了多个性状，缺点是淘汰掉了在个别性状有所不足，而其他性状都优秀的个体，中选个体数少（被选性状越多，中选个体数越少），且留下来的个体可能在各个性状都表现平平。

综合指数选择法（index selection）：将被选各性状按其遗传特点、经济重要性等，分别给予适当加权，综合成一个指数，按指数高低加以选择。指数选择将候选个体在各性状上的优点和缺点综合考虑，并用经济指标表示个体的综合遗传素质，这种指数选择法具有最高的选择效果。

第五节　水产动物选择育种实例

凡纳滨对虾原产于中南美洲太平洋沿岸海域，是世界上三大主要养殖对虾之一。1989年，美国率先启动了凡纳滨对虾的选育。在1995—1998年，夏威夷海洋研究所（OI）以基于生长性能和对桃拉病毒抗性等权重的综合选择指数进行选择育种，经过2代对存活个体的选择，存活率提高20%，至1999年桃拉病毒基本得到控制。Argue等（2002）报道了凡纳滨对虾生长和抗TSV选择育种的研究结果，经过一代的（抗TSV权重70%＋生长权重30%）选择，其成活率提高18.4%。经过一代的全权重生长选择，生长速度提高21.2%。美国高健康水产公司通过对凡纳滨对虾抗TSV性状的选育，每代成活率增加15%，经过连续4代选择，存活率达92%，而对照组的存活率只有31%。

1988年，凡纳滨对虾从美国引进我国，1998年开始规模化养殖，培育凡纳滨对虾良种成为对虾养殖业发展的重大需求，也引起了国内外水产育种工作者的广泛重视。2000年以来，我国在凡纳滨对虾的品种选育方面也加大了力度，相继培育出具有不同特点和优势的品种。2002年从海南和广东等地收集从夏威夷引进并繁养4代的养殖对虾构建育种基础群体，以生长速度为主要选育指标，经7代连续选育而成"科海1号"。与普通品种相比，养殖100天平均体重提高12.6%～41.7%，养殖成活率提高3.0%～14.0%，G6体长变异系数6.6%。品种适合高密度养殖，生长速度快，适应性强。以美国夏威夷、佛罗里达州引进的2个群体和国内5个养殖群体构建基础群体，以生长速度为主要选育指标，经2代群体选育及5代家系选育出"中科1号"。该品种与普通品种相比，生长速度提高21.8%；收获期规格整齐，体长变异系数小于 5%，仔虾淡化成活率提高 30.2%。凡纳滨对虾"正金阳 1 号"该品种是以耐低盐、耐低温抗性为主要选育目标性状，以 2011 年以泰国、美国引进的凡纳滨对虾和"中科 1 号"种虾为基础群体，采用标准化培育选择、抗性选择和个体标志选择方法分别构建相应的耐低温家系库和耐低盐家系库。进行两个品系间的杂交，获得抗性优势明显、性状稳定的耐低温低盐新品种。在水温 12～18℃养殖条件下，与凡纳滨对虾"中科 1 号"和美国的 SIS 虾苗相比，成活率分别平均提高 16% 和 24%；生长速度分别平均提高 10% 和 13%。适合我国海水、咸淡水和淡水养殖区域养殖。以 2002 年从美国夏威夷海洋研究所引进的凡纳滨对虾构建基础群体，以白斑综合征病毒抗性为主要选育指标，经连续 5 代的家系选育出"中兴 1 号"。该品种与夏威夷引进的凡纳滨对虾相比，抗病评价指数提高 47.22%，养殖成活率提高 20%。以 2006 年从美国引进的凡纳滨对虾选育群体构建基础群，采用家系选育技术，以生长速度和养殖成活率为选育指标，经过连续 5 代选育出"桂海 1 号"。该品种与从美国进口种虾生产的一代虾苗相比，该品种生长速度快，单亩产量提高 13.97%；养殖成活率达 81%，提高 11.32% 以上；85 日龄后展现出明显生长优势，130 日龄平均体重提高 15%。

我们在鱼类的选择育种方面也取得了一定的成果，培育了翘嘴鳜"广清 1 号"。该品种以生长速度和成活率为目标性状，采用家系选育技术，经连续 4 代选育而成。在相同养殖条件下，翘嘴鳜的生长速度平均提高 16.3%，成活率平均提高 12.6%。团头鲂"浦江 2 号"是以生长速度为目标性状，采用群体选育方法，辅以低氧胁迫技术，经连续 4 代选育而成。在相同养殖条件下，与未经选育的团头鲂相比，1 龄鱼生长速度平均提高 38.0%，2 龄鱼生长速度平均提高 34.0%，具有一定的耐低氧能力。以 2009 年从中国水产科学研究院淡水渔业研究中心保存的建鲤后代为基础群体，以生长速度为目标性状，采用群体选育和分子标记辅助育种技术，经连续 4 代选育而成建鲤 2 号。在相同养殖条件下，与建鲤相比，12 月龄鱼生长速度平均提高 17.7%；适宜在我国建鲤养殖主产区人工可控的水体中养殖。应用个体育种值测定、性状遗传染色体测定、体色色度值测定、鱼体肌肉营养成分测定以及性状与遗传相关的表型识别技术等，经过 4 代的系统选育，获得遗传稳定、体色金红、散鳞鳞被、生长快、饲养成活率高的创新型鲤鱼新品种津新红镜鲤。

以体重和抗病性为目标性状，采用家系选育和全基因组选择技术，经连续 4 代选育而成半滑舌鳎"鳎优 1 号"品种。在相同养殖条件下，与未经选育的半滑舌鳎相比，抗哈维氏弧菌能力平均提高 30.9%，18 月龄鱼的体重平均提高 17.7%，养殖成活率平均提高 15.7%，适宜在河北、山东、天津等沿海人工可控的海水水体中养殖。大口黑鲈"优鲈 1 号"是以国内 4 个大口黑鲈北方亚种养殖群体为基础选育种群，于 2011 年培育出的大口黑鲈选育品种。以保活、驯化和繁育的岱衢族大黄鱼种质资源为基础群体，采用群体选育方法，围绕生长和体型等品质性状，经连续 5 代选育，培育出了生长快、体型优、遗传稳定的大黄鱼"甬岱 1 号"新品种。在相同养殖条件下，大黄鱼"甬岱 1 号"与未经选育的大黄鱼相比，21 月龄生长速度平均提高 16.36%。

以俄罗斯远东海参为父本，以辽宁大连海域刺参为母本，经过近 10 年"优中选优"培育而成的"水院 1 号"刺参新品种，具有出皮率高、苗种成活率高、生长速度快等优点。"安源 1 号"是以刺参良种"水院 1 号"群体为亲本，以群体选育技术为技术路线，以体重、疣足数量、出肉率为核心选育经济性状，经 4 代连续选育而成，主要性状特点为疣足数量多、生长速度快，主要推广区域为辽宁省、山东省和福建省等。"参优 1 号"是以我国大连海域、烟台海域、威海海域、青岛海域以及日本海域五个地理群体的野生刺参群体为亲本，以群体定向选育技术为技术路线，以抗灿烂弧菌侵染能力和生长速度作为核心选育经济性状，经 4 代连续选育而成。"参优 1 号"主要性状特点为抗灿烂弧菌能力强、生长速度快、成活率高，主要养殖模式为池塘养殖和南方吊笼养殖，主要推广区域为辽宁省、山东省和福建省等。

"海大 2 号"长牡蛎是以山东沿海长牡蛎野生群体中筛选的出壳色为金黄色的个体构建基础群体，以金黄壳色和生长速度作为选育目标性状，采用家系选育和群体选育相结合的混合选育技术，经连续 4 代选育而成。在相同养殖条件下，与未经选育的长牡蛎相比，"海大 2 号"的平均壳高、体质量和出肉率分别提高了 39.7%、37.9% 和 25.0% 以上，左右壳和外套膜均为色泽靓丽的金黄色。以 2011 年从辽宁大连的菲律宾蛤仔群体为基础群体，以壳色和生长速度为目标性状，采用群体选育技术，经连续 4 代选育而成斑马蛤 2 号。在相同养殖条件下，与未经选育的菲律宾蛤仔相比，12 月龄贝壳长提高 10.6%，全湿重提高 19.5%；适宜在辽宁、山东和江苏等沿海人工可控的海水水体中养殖。

思 考 题

1. 选择在水产动物育种中有什么重要意义和作用？

2. 如何对质量性状和数量性状进行选择，有哪些选择方法？

3. 影响选择效果的因素有哪些，采用什么方法能提高选择效果？

4. 掌握下列选择育种的基本概念：选择育种，选择差，选择反应，选择强度，个体选择。

第十三章 杂交育种

第一节 杂交育种的概念及原理

一、杂交育种的概念

杂交育种（cross breeding）是通过不同品种品系或不同的遗传类型间进行交配，将双亲控制不同性状的优良性状结合于一体创造新变异，并对杂种后代培育、选择以育成新品种的方法。杂交育种可以将双亲中控制同一性状的不同微效基因积累起来，杂交改变的是生物的遗传组成，不产生新的基因。杂交育种过程就是要在杂交后代众多类型中选留符合育种目标的个体进一步培育，直至获得优良性状稳定的新品种。杂交育种不仅要求性状一致度高，而且要求培育的品种在遗传上比较稳定。品种一旦育成，其优良性状即可相对稳定地遗传下去。在育种和生产实践中，杂交一般是指遗传类型不同的生物体之间相互交配或结合而产生杂种的过程。尽管新技术、新方法不断涌现，但杂交育种仍是目前国内外水产动物育种中应用广泛、成效显著的育种方法之一。杂交育种作为经典的育种方法之一，与选择育种及新技术和新方法结合，才能更好地发挥作用，获得良好的育种效果。

二、杂交育种的原理

杂交育种的理论基础是基因的分离和重组。杂交是增加生物变异性的一个重要方法，但杂交并不产生新基因，而是利用现有生物资源的基因和性状重新组合，综合亲本的优良性状。将分离于不同群体（个体）的基因组合起来，从而建立理想的基因型和表现型。杂交改善基因位点间的互作关系，产生新的性状，打破不利基因间的连锁。

三、杂交的遗传效应

（一）杂交增加杂合子的频率

不同类型的纯合子杂交，由于纯合子只能形成一种类型的配子，因而杂种一代只有一种杂合基因型，杂交后群体中杂合子的基因型频率会增加。设甲、乙两个群体，在甲群体中这一对等位基因 A、a 的频率为 p_1、q_1；在乙品种中这一对等位基因 A、a 的频率分别为 (p_1-y)、(q_1+y)，其差数为 y。当甲、乙两品种分别处于遗传平衡时，杂合体的频率为：$H_甲=2p_1q_1$，$H_乙=2(p_1-y)(q_1+y)$。甲、乙两品种杂交一代的基因型频率可由两个亲本品种的基因频率计算（表 13-1）。

表 13-1　两个群体杂交后的基因型及其频率

乙群体配子	甲群体配子	
	A　(p_1)	a　(q_1)
A　(p_1-y)	AA　$[p_1(p_1-y)]$	Aa　$[q_1(p_1-y)]$
a　(q_1+y)	Aa　$[p_1(q_1+y)]$	Aa　$[q_1(q_1+y)]$

杂交后代杂合子基因型的频率为：$H_F=q_1(p_1-y)+p_1(q_1+y)=2p_1q_1+y(p_1-q_1)$。

两个亲本群体的平均杂合子频率为：$H_{甲乙}=\dfrac{1}{2}\times 2p_1q_1+\dfrac{1}{2}\times 2(p_1-y)(q_1+y)=$ $2p_1q_1+y(q_1-p_1)-y^2$，子一代的杂合子频率与亲本群体的平均杂合子频率的差为：$\Delta H=H_F-H_{甲乙}=y^2$。

由以上看出，两品种杂交后杂合子基因型频率的改变量由两亲本品种的基因频率之差决定。品种基因频率差数越大，F_1 杂合体增加越多；当两品种完全为纯合体时，F_1 全部为杂合体；当两品种不存在基因频率差别时，即 $y=0$ 时，交配后基因型频率不发生改变。通过杂交，其后代群体基因和基因型频率的改变量与双亲品种的纯度有关，品种愈纯，杂种后代群体基因和基因型频率的改变量越大。育种中，杂交是改变群体遗传结构的有效手段之一。

（二）杂交后代群体平均值提高

杂交产生杂种，表现为杂种优势，现以一对基因控制的性状加以分析。以上述为例，设 AA 的基因型值为 α，Aa 的基因型值为 d，aa 的基因型值为 $-\alpha$。则杂交后基因型频率与基因型值的乘积可列出表 13-2。

表 13-2　杂交后代基因型频率与基因型值

基因型	基因型值	基因型频率	基因型值×基因型频率
AA	α	$p_1(p_1-y)$	$\alpha p_1(p_1-y)$
Aa	d	$2p_1q_1+(p_1-q_1)y$	$d[2p_1q_1+(p_1-q_1)y]$
aa	$-\alpha$	$q_1(q_1+y)$	$-\alpha q_1(q_1+y)$

由表 13-2 可知，子一代的群体平均值为 u_F：

$$u_F=\alpha p_1(p_1-y)+d[2p_1q_1+(p_1-q_1)y]-\alpha q_1(q_1+y)$$
$$=\alpha(p_1-q_1-y)+d[2p_1q_1+(p_1+q_1)y]$$

两个亲本群体的群体平均值为 u：

$$u=\frac{1}{2}[(p_1^2\alpha+2p_1q_1d-q_1^2\alpha)+\alpha(p_1-y)^2+2(p_1-y)(q_1+y)d-(q_1+y)^2\alpha]$$

子一代的群体平均值与亲本群体均值之差为：$u_F-u=y^2d$，如果控制该数量性状的位点不止一个，则有 $\sum u_F-u=\sum y^2d$。

在没有考虑基因的其他效应的情况下，杂交导致群体的平均值提高，杂种群体均值高于亲本群体均值的部分称为杂种优势。显然，群体均值的改变量取决于两个因素，一是两个群体基因频率的差值，二是等位基因间的显性效应值。这样的结果是建立在等位基因间的显性是定向的且正向的。

（三）杂交使后代表现型趋于一致

参与杂交的两个种群基因纯合度越高，各亲本产生的配子种类越单一，杂交后代的基因型趋于杂合化、单一化，使后代表现型趋于一致。

（四）杂交能提高后代生活力

由于优良显性基因的互补和群体中杂合子频率增加，抑制或削弱了不良基因的作用，提高了整个群体的显性效应和上位效应。对于数量性状，表现为群体平均表型值提高。对于质量性状，表现为畸形、缺损、致死或半致死现象减少。对于动物整个机体，表现为抗逆性、生活力增强。

第二节　杂种优势的遗传学原理及利用

杂交育种是水产动物育种和养殖生产中的一种方法，其原因是杂交可以利用不同品系间或不同品种间的杂种优势。直至近代，提出了杂种优势的概念，并就其产生的原理、利用等展开了比较深入的研究。目前，杂种优势利用已成为现代动物育种中不可缺少的重要环节，在方法上也日趋精确和高效。以下仅对杂种优势的遗传学原理做简单阐述。

一、杂种优势的概念及其特点

杂种优势概念最初是由 Shull 于 1914 年提出来的。当今的杂种优势理论首先是建立在粒子遗传基础之上，其次是成为数量遗传学中的应用遗传参数；杂种优势不仅能够度量，也能够预测。

（一）杂种优势概念

杂种优势是指两个或两个以上遗传结构存在较大差异的不同种群、品种、品系或其他种用类群杂交所生的杂种第一代，往往在生活力、生长势和生产性能等方面在一定程度上优于两个亲本种群平均值的现象。杂种优势对于质量性状，表现为畸形、缺损、致死或半致死现象减少。杂种优势涉及某些与经济性状密切的数量性状，优势可以表现在生活力、繁殖率、抗逆性以及产量、品质上，同时也表现在生长速度以及早熟性等方面，表现为群体平均表型值提高。例如某优良鱼的平均日增重为 600g，本地鱼的群体平均日增重为 350g，两者杂交产生的杂种群体平均日增重为 500g，这就表现了平均日增重性状的杂种优势。对于动物整个机体表现为生活力、耐受力、抗病力和繁殖力提高，饲料利用能力增强，生长速度加快。杂交不一定都产生优势。杂种是否表现优势，在哪些方面表现优势，有多大优势，主要取决于亲本群体的质量及杂交亲本的组合。

（二）杂种优势的类型

当前杂种优势现象已从杂种一代扩展到各种杂交方式的子代，只要子代性状表现优于双亲，就认为有杂种优势存在。杂种优势按照来源可以划分为三种类型。

1. 个体杂种优势

这是杂种个体性状或者生活力优于双亲均值的杂种优势，但是不包括双亲或性连锁引起的杂种优势。假设 A、B 两个亲本，个体杂种优势的无偏估计，可以用正后交所生的杂种一代同亲本品种比较计算，公式为：

$$H_1 = \frac{(B \times A) + (A \times B)}{2} - \frac{(A \times A) + (B \times B)}{2}$$

2. 母体杂种优势

用杂种个体作母本使子代获得的杂种优势部分。杂种母体的生活力及体质往往比纯种个体优越，可以给子代性状的发育提供一个良好的环境，使子代的表现优于双亲。也就是说，母体杂种优势是母体环境对子代的一种附加作用。母体杂种优势的估算公式为：

$$H_m = (C \times AB) - \frac{(C \times A) + (C \times B)}{2}$$

其中，A、B、C 为三个亲本品种，AB 代表杂种母本，当杂种母体来自正反交两种杂交组合时，母本杂种优势的估算公式是：

$$H_m = \frac{(C \times AB) + (C \times BA)}{2} - \frac{(C \times A) + (C \times B)}{2}$$

3. 父本杂种优势

这是用杂种个体作父本所产生的杂种优势部分。一般父本杂种优势很小，难以显示，可以忽略。

（三）杂种优势的特点

杂交 F_1 代的优势具有综合性，其杂种子一代在生长、抗逆性等多方面同时表现杂种优势。这表明杂种优势是由于双亲基因型异质结合与综合作用的结果。杂种优势大小取决于双亲间相对差异和双亲性状互补性。双亲间的差异可以从亲缘关系、生态类型、生理特性几个方面来衡量。差异大的亲本间相对性状的优缺点能互为补充。这表明杂种基因型的高度杂合性是形成杂种优势的根源。亲本纯合度是杂种同质性的基础，杂种优势的大小与双亲基因型的高度纯合有密切关系。要获得群体优势，需要杂种群体遗传上高度同质。杂种优势的大小与环境条件具有密切关系。同一杂交种在不同的地理环境条件下可能具有不同程度的杂种优势表现。因此杂种的选配和推广，应建立在对目标区域的生态环境和养殖业生产管理水平的充分分析、研究基础上。由于杂种 F_1 具有很高杂合性，因此 F_2 代必然出现性状分离和重组，与 F_1 相比较，F_2 代在生长势、生活力、抗逆性和产量等各方面均出现显著下降的现象。两亲本的纯合程度越高，性状差异越大，F_1 表现的杂种优势越强，F_2 代表现的衰退现象也越明显。这一方面是由于衰退是 F_2 与 F_1 相比较；另一方面，由于上述三种衰退的因

素都会随 F_1 的杂合性增加而加强。所以在杂种优势利用中，F_2 一般不再利用，每年都必须重新配制杂交种，以供生产应用。

二、杂种优势的理论基础

对高等动物来说，杂交可以指同一品系或品种内无亲缘关系的个体间交配，也可以指不同品系或品种的个体间交配，凡遗传结构不同的纯合个体间的交配均引起性状表现上的变化。这种变化可以用杂交后代性状的表现型值与双亲平均值之差来表示，可以是正向杂种优势，也可以是负向杂种优势。通过杂交引发的杂种优势，主要是基因间相互作用产生的效果。

为了揭示杂种优势的遗传学实质，先后提出了多个假说，现在介绍几个经过验证的学说。

（一）显性学说

1910 年由布鲁斯（Bruce）首先提出显性互补假说，后由琼斯（Jones）在 1917 年进行补充完善，成为显性连锁假说。显性学说也称为突变有害学说，该学说认为显性基因多为有利基因，有病、致病及致死基因大多是隐性基因；显性基因对隐性基因有抑制和掩盖作用，从而使隐性基因的不利作用难以表现；杂交能增加杂种个体显性基因的显性座位数，使得显性基因在杂种群中产生累加效应。如果两个种群各有一部分显性基因而非全部，并且有所不同，则其杂交后代可出现显性基因的累加效应。非等位基因间的互作会使一个性状受到抑制或增强，这种促进作用可因杂交而表现出杂种优势。自交导致这两类基因变成纯合状态，隐性基因纯合后就引起生长势减弱。一个自交系既具有许多显性基因，又有一些不利于生长的隐性基因，它们还有一定的连锁关系，所以自交系的生长势往往是比较弱的。但是不同的自交系的基因型各不相同，当它们进行杂交后母本杂交能增加杂种个体显性基因的显性座位数，使杂种优于双亲，从而表现杂种优势。从等位基因的角度看，杂种优势主要由位点内等位基因互作造成的。这时显性基因影响基因的表现，结果显性杂合体的效应倾向或等于纯合体的效应，即出现了由部分显性或完全显性造成的杂种优势。例如以鱼的月增重为例，假定两品系是相对等位基因的纯合子，且假定该性状受控于 3 对基因，每对显性基因决定 220g 的月增重，每对隐性基因决定 180g 的月增重。由于 A 对 a、B 对 b、C 对 c 均为完全显性，故在表型效应上 Aa＝AA＞aa，依此类推。两品系 AabbCC 与 aaBBcc 进行杂交，其中 AabbCC 的效应为 620g(220＋180＋220)，aaBBcc 的效应为 580g(180＋220＋180)，其杂交一代为 AaBbCc，由于杂交两亲本的显性基因相互补充，因此杂交一代的显性基因位点增多，使得杂交一代表现出优势，其效应为 660g(220＋220＋220)。

这一学说在解释杂种优势现象时存在两个问题：显性学说认为，杂种优势大小直接取决于杂交亲本中纯合隐性基因数目，这些基因座在杂交时可能成为杂合状态而表现出杂种优势，因此在每个基因座至少有 1 个显性基因的个体和群体具有最高的杂种优势，否则获得的杂种优势将小于该值。实际上，在亲本群体中维持许多隐性有害不利基因纯合子的可能性很小，根据这一学说，在实际中所能获得的杂种优势应是不明显的，而这与实际情况并不相符。其次，显性学说认为隐性基因只有在纯合状态下才是不利的，在自然群体处于杂合状态的个体具有较大的适应性。但一些试验表明消除部分隐性基因并未给群体带来多大的改变。显性学说的拥护者对此认为是在选育过程中，有许多和隐性基因连锁的有利显性基因也随之丢失，因而即使消除部分隐性基因也得不到明显效果。但从生物发展的角度分析，基因连锁强度应受到自然选择的控制，使一些有利的显性基因和有害的隐性基因，甚至在纯合状态下致死的隐性基因紧密连锁的特殊情况得以维持下来。这表明这类隐性基因对一个基因型整体来说有重要的适应意义。

（二）超显性学说

1908 年由舒尔（Shull）和伊斯特（East）在分别提出超显性学说，后由伊斯特（East）于 1936 年用基因理论加以诠释。该学说认为，杂种优势来自双亲等位基因的异质结合，由于等位基因间的互作，杂合子优于纯合子。超显性学说也称为等位基因异质结合学说。从等位基因角度分析，杂种优势主要是由位点内等位基因互作造成的，基因型杂合体比基因型纯合体有更强的生活力，即 Aa 基因型的个体效应大于 AA 或 aa 基因的个体效应。如果多个位点都有基因型杂合的互作，则多位点累加就可以表现出明显的杂种优势。例如在超显性存在的条件下，杂合体效应大于任何纯合体效应。现以鱼的月增重为例，假设纯合态 A_1A_1、A_2A_2、B_1B_1 和 B_2B_2 的表型效应均为 200g，杂合态 A_1A_2 和 B_1B_2 的表型效应为 220g，则亲本 $A_1A_1B_1B_1$ 和 $A_2A_2B_2B_2$ 杂交后代 $A_1A_2B_1B_2$ 的表型效应就分别为 400g、400g、440g，F_1 代具有优势。

（三）上位学说

该学说认为非等位基因之间的互作会产生附加效应，杂交使群体的基因杂合度提高，非等位基因间的互作增强，从而杂种表现优于双亲。从位点间基因的作用分析，杂种优势主要由位点间非等位基因的互作造成。当基因上位作用具有相互抑制的性质时，则子代均值倾向低效应亲本。当基因上位作用具有相互补充的性质时，则子代均值倾向于高效应亲本。可见，上位互作效应产生的杂种优势大小受基因间互作种类和性质的复杂影响。因此，杂合状态本身造成的上位杂种优势一般难以重复再现或表现不稳定。

（四）遗传平衡学说

遗传平衡学说认为，显性学说、超显性学说和上位学说均难以全面地解释杂种优势的产生原因，因为杂种优势往往是显性、上位以及超显性共同作用的结果，有时一种效应可能起主要作用，有时则是另一种效应起主要作用。在控制一个性状的许多对基因中，有些是不完全显性，有些是完全显性，还有些是超显性，有些基因之间有上位效应，另一些基因之间则没有上位效应等。杜尔宾（1961）认为："杂种优势不能用任何一种遗传原因解释，也不能用一种遗传因子相互影响的形式加以说明。因为这种现象是各种遗传过程相似作用的总效应，所以根据遗传因子相互影响的任何一种方式而提出的假说均不能作为杂种优势的一般理论。尽管上述几种假说都与一定的实验事实相符，包含一些正确的看法，但这些假说都只是杂种优势理论的一部分。"近年来，许多研究结果都对这一观点给予了更多的支持和佐证。人们发现，在蛋白质的氨基酸序列、DNA 的碱基序列等各种不同水平上均存在大量的多态现象，这种多态现象是维持群体杂种优势的一个重要因素，可以增强群体的适应能力，保持群体的生活力旺盛，故可认为是对超显性学说的支持。但随着分子遗传学研究的深入，对基因的认识已有很大改变，发现基因间的相互作用方式相当复杂，难以明确区分显性、超显性、上位等各种效应。

三、杂种优势的度量

杂种优势主要表现在数量性状方面，其大小与两亲本的配合力和性状的表型值等有密切关系。对杂种优势的强弱可以通过测算遗传力来估计，也可以通过测算配合力来估计，而比较简便但较粗放的估计是直接用亲代和 F_1 的平均值来计算。对杂种优势强度（或称优势度或显性度）进行简单度量是为了在不同组合和不同性状间，比较它们的基因效应中可以利用但不易固定部分的大小，以评价开展优势育种的实用价值，并提供选择亲本的依据。因为控制某性状的基因效应中可以利用但不易固定部分的大小并不与 F_1 该性状的平均值大小成正比，即不能直接根据某性状的 F_1 值判断它是否适合于优势育种。同时，在几种性状综合考时，由于性状所用的度量单位不同，也不能直接用各性状的 F_1 值作为选择亲本组合的依据，因此需要有一种普遍适用于各性状和各种度量单位，能反映优势强度的简便度量法。

所谓杂种优势（又称杂种效果），就是指在某性状上，F_1 的计量平均值与双亲平均值之差，而杂种优势的大小通常以杂种优势率 H 表示。杂种优势率（又称超中优势率）就是指在某性状上，指 F_1 的平均性能优于两亲本平均性能的部分。假设群体 A、B 之间杂交，A 为父本，B 为母本，产生杂种 AB（F_1），则对任一数量性状而言，F_1 的杂种优势 H 即为 AB 杂种群体均值超过 A、B 两个亲本群体均值平均的部分，即 $H = \overline{F_1} - \frac{1}{2}(\overline{A} + \overline{B})$，其中 H 为杂种优势，$\overline{F_1}$ 为杂种的群体均值，$\overline{A}$ 和 $\overline{B}$ 分别为 A 群体和 B 群体的均值，这一部分可以同两个亲本群体均值相比，称为杂种优势率，即 $H = \{F_1 - 1/2(\overline{A} + \overline{B})\}/1/2(\overline{A} + \overline{B})$。

四、决定杂种优势强弱的因素

杂种优势强弱与杂交亲本之间的遗传差异有关。一般来说，杂交亲本之间的遗传差异性较大，则可以获得较大的杂种优势。分布地域较远、来源差别较大或长期与外界隔绝的类型，杂交后杂种优势的表现较为明显。特点不同的种群在主要性状上往往基因频率差异较大，因而杂交优势也较大。杂交亲本的遗传性越稳定，其基因型纯合的程度越高，群体表现较整齐，主要经济性状的变异范围也小，两个都能稳定遗传的亲本杂交，杂种优势的程度越大。遗传力低、在近交时衰退比较严重的性状，杂交优势越大。或者说，遗传性强的性状似乎很少受杂交优势的影响，遗传力低的性状则受到较大程度的影响。因为控制这一类性状的基因，其非加性效应（包括显性效应和上位效应）较大，杂交后跟随着杂合子频率的增加，群体均值也就有较大的提高。总之，杂种优势取决于非加性基因的作用，并取决于杂交亲本的纯合程度及其差异性。

第三节 杂交育种方法

杂交育种是国内外广泛应用并卓有成效的育种方法,目前生产上常见的水产商业品种大多数是采用杂交育种方法育成的。不同品种具有各自的遗传基础,通过杂交、基因重组,可将各亲本的优良基因集中在一起,并且由于基因的互作,可能产生超越亲本品种性状的优良个体,同时,通过选种、选配和培育等育种方法,可使有利基因得到相对的纯合,从而使它们具有稳定的遗传能力。

杂交育种的目的不仅仅是为了培育新品种,而是为了满足人们的需要,如何最经济、最有效地育成人们需要的新品种,是育种工作者必须考虑的问题。因此,杂交育种要目标明确,培育新品种的方案要可行。要有可靠的根据,详细调查研究当地的自然条件、养殖技术、养殖模式等,以及育种基础群体的数量、分布、用途、生产力水平、优缺点等情况,对拟采用的杂交育种方法、育种效果等进行准确评估。杂交育种的目标是育种工作的方向,目标要根据掌握的资料、生产需求、客观条件等因素来制定。杂交育种要有周密的计划,务求方法可靠、步骤可行、措施得力,要有必要的组织保证。

另外,采用杂交育种时,应根据育种目标选育适当的材料,配置合理的杂交组合,其中亲本选配正确与否是杂交育种能否有成效的关键。选择亲本时,应选择目标性状突出、优点较多且亲本间优缺点互补的个体。亲本中有适应当地自然环境条件的优良品种,在条件严酷的地区,亲本最好都是适应环境的地方品种。亲本间存在一定差异,包括生态类型存在差异,或在地理上相距较远,且亲本间有较好的配合力。亲本的目标性状应有足够的遗传强度,能够将目标性状很好地遗传给后代。

杂交育种的方法较多,按照杂交的作用和目的可分为简单育成杂交(crossbreeding for formation a new breed)、级进杂交(grading-up, grading)、导入杂交(introductive crossing)和综合育成杂交(combined crossbreeding for formation a new breed)。

一、简单育成杂交

简单育成杂交又称增殖杂交,是根据当地当时的自然条件、生产需要以及原地方品种品质等条件,从客观上确定育种目标,将两个或多个品种、品系或不同遗传类型的种群进行杂交,并结合定向选育,将不同品种的优点综合到新品种中的一种杂交育种方法。简单育成杂交将不同品种的优良特性综合到杂种一代,并结合定向选育而育成新的品种。这种方法是为了追求更大的养殖效益,或者原有的地方品种已不能满足当地生产发展的需要,又不能从外地引入相应的品种来取代。于是以当地原有品种与一个符合育种目标的改良品种进行杂交,以获得多个品种的一代杂种,然后从中选择较理想的杂交个体,进行与育种目标相应的定向培育,并以同质选配为主进行自群繁育,以确保所获得的优良性状能稳定遗传,育成新的品种。此法需要年限短,见效快,应用较广泛。用这种方法将团头鲂♀×长春鳊♂杂交后并进行培育,其后代具有生长快、耐运输等特点,可以提供鲜活鱼出口,其生长速度比长春鳊快15%~20%,比团头鲂快30%~40%。

　　如果在杂交中涉及多个品种，需要进行多品种简单育成杂交，即根据育种目标，使相应的 3 个或 3 个以上的不同品种各参与一次杂交，将不同品种的优良性状综合到杂种一代，再结合定向选育、同质选配等技术获得综合多品种优良性状的新品种。利用 3 个或 3 个以上品种进行杂交，有可能综合更多亲本的经济性状于杂种后代中，也就有可能比二品种杂交产生更具有优势的子代，在生产上提高经济效益，从而达到杂交改良的目的。采取这种杂交方法，是由于当地的养殖水平有了很大的提高，而当地品种的生产性能与之很不适应，又找不到适当的替代品种，同时考虑到现有优良品种中，任何单一优良品种都很难达到改良的目的，而需要引用两个以上的改良品种，于是通常以当地原有品种与符合育种目标需要的两个改良品种各杂交一次，获得三品种的杂种一代。然后，选择其中比较理想的个体进行与预定目标相适应的培育，并以同质选配为主进行自群繁育，育成新品种。不过，一般情况下尽量不要采用此法，如不得已，也尽可能只采用三品种简单育成杂交。因为参加杂交的品种越多，育成新品种所需要时间越长。在三品种简单育成杂交时，必须注意杂交品种间的杂交顺序，需要将重要的品种放在后面，这样确保重要品种在杂交中占有更大的遗传基础。

二、级进育成杂交

　　级进育成杂交（progressive cross）也称吸收杂交、改良杂交、渐渗杂交，是根据当地的自然条件、经济条件和生产需要以及原有地方品种品质等客观条件确定育种目标，将一个品种的某些基因逐渐引进另一个品种的基因库中的过程。具体做法是以当地原有地方品种为被改良者，与一个符合育种目标需要的改良品种杂交，获得级进第一代杂种（级进 F_1）。然后，将级进 F_1 中较理想的个体与改良品种回交，获得级进 F_2 代。如级进 F_2 代还不符合育种要求，则再将 F_2 中较理想的个体与改良品种回交以获得级进 F_3 代。如此下去，一直到获得符合育种目标的理想个体。再选择理想的杂种，以同质选配为主进行自群繁育，固定遗传性，育成新品种。

　　级进杂交方法的实质是通过杂交改变当地品种的遗传特性，并使当地品种一代又一代地与改良品种回交，使遗传性随着代数的增加，一级又一级地向改良品种靠近，最后使之发生根本性的变化。需要注意的是，为保持原有地方品种的优良特性（如对当地环境的特殊适应能力），级进代数不能太多。否则，地方品种原有的某些优良性状就可能会被改良掉，而使后代适应本地自然条件的能力减弱。级进代数需要根据级进后代的生产性能和当地饲养管理条件来确定，一般级进到第四代（级进 F_4）时，杂种所含父本（改良品种）的遗传性达到 93.75%，而含母本（当地被改良品种）的遗传性只有 6.25%。因此，如果对级进 F_4 给予符合改良品种遗传性所需要的培育条件，并结合定向培育，是完全有可能使级进 F_4 的生产性能达到改良品种相似的生产水平的。

三、引入育成杂交

　　引入育成杂交又称导入杂交、改良杂交，是为获得更高的经济效益或根据当地的自然条件、经济条件和生产需要以及原有地方品种品质等客观条件确定的育种目标，通过引入品种对原有地方品种的某些缺点加以改良而使用的杂交方式。在方法上和级进育成杂交相似，只是回交的亲本换成了当地被改良品种，目的是改正地方品种的某种缺陷，或改良地方品种的某个生产性能，同时要保留地方品种的其他优良特性。此法只适用于那些本身的各种特性已相当好、只是存在程度不大的缺点的当地被改良品种。具体操作方法是引入一个相应的改良品种与当地被改良品种进行杂交获得引入 F_1。然后用引入 F_1，再与当地被改良品种回交。如此各代杂种连续与当地被改良品种回交若干代，而仍然使被改良的地方品种特性占优势，并结合定向培育，获得的杂种的生产性能具有某些改良品种的特性，符合育种目标，进而育成新品种。

引入品种必须具有原有地方品种所需要改进的优点，又不能降低原来品种的优良特性。引入育成杂交的代数，应根据实际情况确定，一般以获得引入 F_2 为宜。如果要进行三代以上的引入杂交，改良效果是非常小的。因为只需对引入 F_2 自群繁育时注意培养和选择，很容易达到育种目的。引入育成杂交所需改良品种的数量，一般以一个为好，并且引入品种与被改良品种的差距不宜过大。如果要引入两个以上的品种，应使引入的两个品种先杂交再与被改良品种杂交，获得杂种后再与被改良品种回交，最后育成新品种。

四、综合育成杂交

综合育成杂交是为获得更大的经济效益，根据当地的自然条件、生产需要和原有地方品种的品质等客观条件而确定的改造某一地方品种或品系而进行的育种活动。其主要特点是综合采用两种以上不同的育成杂交方法，引入相应的改良品种对当地被改良品种进行改良，以获得改良品种一定的遗传性比率和具有一定生产水平的理想杂种，从中选育出新的品种。

五、育成杂交的步骤

（一）确定目标和育种方案

首先确定选育新品种或品系的育种目标，主要目标性状所要达到的指标以及杂交用的亲本及亲本数，初步确定杂交代数，每个参与杂交的亲本杂交的顺序，以及在新品种遗传基础中占的比例等。

（二）杂交亲本及杂交组合的确定

品种间的杂交使两个基因型重组，杂交后代中会出现各种类型的个体，通过选择理想或接近理想类型的个体组成新的类群进行繁育，就有可能育成新的品系或品种。此阶段的工作除了选定杂交品种或品系外，每个品种或品系中的与配个体的选择、选配方案的制定、杂交组合的确定等都直接关系到理想后代能否出现。因此，有时可能需要进行一些实验性的杂交，所采用的杂交方法可能是引入杂交或级进杂交，要视具体情况而定。理想个体一旦出现，就应该用同样方法生产更多的这类个体，在保证符合品种要求的条件下，使理想个体的数量达到满足继续进行育种的要求。

杂交亲本的选择与选配是杂交育种工作成败的关键。育种目标确定之后，要根据育种目标从种质资源中挑选最合适的材料作亲本，并合理搭配亲本，确定合理的杂交组合，是获得优良重组基因型的先决条件，也是杂种后代性状形成的基础。亲本选用直接影响到杂交育种的效果。在选择亲本时，应尽可能多地搜索种质资源，从中精选优良性状多、具有育种目标性状的材料作为亲本。根据育种目标，亲本的目标性状要具体，且突出主要性状。重视选用当地推广品种，对当地自然和养殖条件具有较强的适应性是优良品种必需的重要特性，而杂种后代能否适应当地的自然和养殖条件，在很大程度上取决于亲本本身的适应性。当地推广品种不仅适应当地的自然和养殖条件，而且综合性状较好，适合当地的消费习惯和市场需求。如果外来的推广品种基本适应当地条件，其他性状又优于当地品种，则在一个杂交组合中两个亲本都用外来品种也能取得良好效果。在选用亲本时，要明确目标性状是属于数量性状还是质量性状，明确亲本性状的遗传规律。当数量性状和质量性状都要考虑时，应首先根据数量性状的优劣选择亲本，然后考虑质量性状。这是因为数量性状受多基因控制，它的改良比质量性状困难得多。还要考虑具体性状是单基因控制还是多基因控制。在单基因控制的情况下，还要考虑亲本的基因型是纯合还是杂合、性状间的显隐性关系、外界条件的影响程度等。此外，在选择亲本时要注意不同性状的遗传力的差异。

亲本的选配是指从入选的亲本中选用恰当的亲本，设置合理的杂交组合。多个亲本杂交时，应确定杂交品种的先后杂交顺序。一个优良杂交组合往往能选育出多个优良品种；在选配亲本时，必须双亲性状优良，优缺点互补，以便杂种后代按自由组合规律进行重组，产生优良杂种。也就是说，亲本之间若干优良性状综合起来应能满足育种目标的要求。一个亲本的优点应在很大程度上克服另一亲本的缺点。对于一些综合性状来说，还要考虑双亲间在不同性状上的互补。因此，亲本双方可以有共同的优点，而且越多越好，但不应有共同的缺点。这是适用于各种水产动物品种间杂交育种的一条基本原则。根据这条原则，可选用生产力比较高、适应性比较强、综合性状比较好的当地推广品种作为基础亲本；选用能弥补基础亲本的某些缺点，又能适应当地生态条件的品种作为补偿亲本。利用这样的亲本杂交，由于双亲优点多缺点少，又能互相取长补短，因此其杂种后代通过基因重组，就有可能将亲本的一些优良性状结合，克服亲本的某些缺点，从中选育出符合育种目标的优良品种。例如生长快、易病品种与生长慢、抗病品种杂交，就有可能获得生长快、抗病的后代，进而育成品种。

性状互补应着重于主要性状，尤其要根据育种目标抓主要性状。当育种目标要求在某个主要性状上有所突破时，则选用的双亲最好在这个性状上表现都好，而且有互补因素。亲本之间互补的性状数目一般不宜太多，因为杂种后代的性状表现并非亲本优缺点的简单相加，而是随着互补性状数目的递增，分离世代增加，育种年限延长，且难以获得克服亲本缺点的后代。随着互补性状数目的递增，杂交育种成功的机会减少，成功率降低。双亲遗传差异性要大，尤其是地理分布、生态类型和主要性状要存在明显不同，预期杂种后代的变异幅度更广泛。实践表明，选用生态类型、地理来源和亲缘关系差异较大的品种作为亲本，由于各自的遗传基础和优缺点不同，其杂交后代的遗传基础将更为丰富，必定会出现更多的变异类型，易于选出性状超亲和适应性比较强的新品种。在生产上，常用以下来源的杂交组合：本地品种×推广品种，本地品种×引进品种，推广品种×推广品种，优良品种×野生种。这样有利于突破当前育种水平达到最终育种目标。

双亲配合力要高，杂交亲本间应具有较好的配合力，且亲本材料必须纯正。配合力分为一般配合力（general combining ability，GCA）和特殊配合力（specific combining ability，SCA）。一般配合力是指某一亲本品种与其他若干品种杂交后，杂种后代在某个性状上的平均表现。一般配合力高的性状反映了亲本品种控制该性状的基因加性效应大，不仅其杂种第一代的表型数值与双亲平均值有密切关系，而且随着世代的增加、基因型的纯合、增效基因的逐代累加，有可能选出稳定的超亲重组型个体。所以，在杂交育种中，选配的亲本应具有较高的一般配合力。特殊配合力是指两个特定亲本所组配的杂种的某一性状的表现。特殊配合力是由基因的非加性效应决定的。

亲本目标性状要突出。如果亲本之一在主要育种目标性状上存有缺点，那么选用的另一亲本在该性状上应具有相应的优点，而且表现突出，遗传力强，并能将该性状较好地遗传给后代。有时为了使用某一目标性状突出的亲本，则可能放宽对其他性状的要求，但注意不要选用那些存在严重缺点的亲本。为了克服亲本之一的缺点，可选用若干个对该亲本缺点有补偿作用的亲本，分别进行杂交，并根据杂种后代的表现，从中选出表现最好的组合重点选育，这样容易获得较好的效果。

（三）对杂种后代的选择

对育成杂种后代的选择是能否培育出高质量新品种或品系的关键。获得杂种后代后，最重要的工作之一是对其进行选择。应根据各方面条件确定选择的方法和步骤，对杂交后代进行深入细致的选择，获得足够量具有目标性状或理想性状的个体。可以根据选择对象的性状特点或选育方向建立一个或数个群体，进而形成稳定的品系。

（四）理想个体的自群繁育与理想性状的固定

当理想个体的数量符合育种要求后建成品系或家系，便可以进行品系或家系的自群繁育，以期使目标基因纯合和目标性状稳定遗传。自群繁育主要采用同型交配法，有选择地采用近交，近交的程度以未出现近交衰退现象为度。这一阶段的主要目标就是固定优良性状，稳定遗传特性。

（五）扩群提高

通过选择建立了理想群体或品系，在这一阶段要有计划地进一步繁育，培育更多的已定型的理想个体。为了建立新的、更好的品系以健全品种结构和提高质量，应该有目的地使各品系的优秀个体进行配合，使它们的后代兼有两个或几个品系的优良特性。这一阶段定型工作虽已结束，但是为了加速新品种的培育和提高新品种的质量，还应继续做好选种、选配和育种等一系列工作。这一阶段的选配不一定再强调同质选配，而且应避免近交。为了保持定型后的遗传性状，选配方法上应该是纯繁性质的，杂交一般是不许可的。

综上所述，杂交育种是指运用杂交从 2 个或 2 个以上品种中创造新的变异类型，并且通过育种手段将这种变异类型固定下来的一种育种方法。杂交育种使用时要注意以下要点：

（1）杂交创新阶段　采用 2 个或 2 个以上的品种杂交，通过基因重组和培育以改变原有家畜类型并创造新的理想型。这一阶段不仅要注意杂交，还应进行选种和选配，应视理想型出现与否灵活掌握杂交代数。

（2）自繁定型阶段　这一阶段的任务是通过杂交和培育创造成功的理想型个体，然后停止杂交，改用杂种群内理想型个体相互繁育，稳定后代的遗传基础并对其所生后代进行培育，从而获得固定的理想型。该阶段主要采用同质选配和近交。

（3）扩群提高阶段　这一阶段的任务是大量繁殖已固定的理想型，迅速增加其数量并扩大分布地区培育新品系，建立品种整体结构并提高品种品质，完成一个品种应具备的条件。

第四节　水产动物杂交育种实例

杂交育种作为传统的育种方法，取得了一定的成果。以朝鲜、美国、丹麦和挪威引进的虹鳟后代群体为原始亲本，通过杂交建立自交、正反交家系形成选育基础群体，以生长速度为目标性状，采用家系选育技术，经连续 4 代选育而成虹鳟"水科 1 号"新品种。以父本斑鳜和母本翘嘴鳜进行群体选育的基础上，利用杂交制种的方法产生杂交子一代，使杂交种兼具父本（斑鳜）及母本（翘嘴鳜）优良性状的长珠杂交鳜，杂种后代生长性能提高，饵料系数降低，养殖周期缩短。长珠杂交鳜兼具斑鳜体型、体色、优良品质和翘嘴鳜生长速度快的优良性状，解决了斑鳜养殖缺乏快速生长的良种需求问题。罗非鱼"粤闽 1 号"以厦门罗非鱼良种场引进并经连续 5 代群体选育的尼罗罗非鱼雌鱼（XX）为母本，以引进的奥利亚非鱼经连续 3 代选育的雌鱼（ZW）与通过遗传性别控制技术获得的染色体为 YY 型的超雄尼罗罗非鱼杂交，再与其回交获得的超雄罗非鱼为父本，经交配后获得的 F1，即罗非鱼"粤闽 1 号"。在相同养殖条件下，与吉富罗非鱼相比 6 月龄生长速度平均提高 23.8％。大菱鲆"丹法鲆"是以法国、智利、英国、丹麦和西班牙等多个国家的杂交组合中筛选出的丹麦（♀）和法国（♂）的杂交组合，以生长速度、出苗率和养殖存活率为选育指标对亲本进行选育后杂交制种而成。该品种苗种阶段出苗率达 30％以上，白化率低于 4％，收获体重比普通商品苗提高 24％以上，养殖存活率提高 18％以上。

"渤海红"扇贝是以秘鲁引进的紫扇贝和青岛本地养殖的海湾扇贝为双亲杂交获得的 F1 代为基础群体，以生长速度和壳色为选育指标，采用群体选育技术，经连续 4 代选育而成的。新品种遗传了紫扇贝和海湾扇贝的优良基因，壳色鲜艳、产量高、营养丰富、肉质鲜美，比普通海湾扇贝湿重提高 37％以上，肉柱重提高 49％以上，适合于在黄渤海水域养殖。目前已在山东、河北和辽宁等传统海湾扇贝主产区大规模养殖，并在福建和广东等南方海域试养。以连续 6 代群体选育的皱纹盘鲍为母本，连续 4 代群体选育的绿鲍为父本，并采用种间杂交技术培育而成的"绿盘鲍"，与养殖皱纹盘鲍相比，"绿盘鲍"的生长速度提高 50％以上，耐高温性能提高 2℃，增产效果显著。

思 考 题

1.名词解释：杂种优势，杂种优势率，一般配合力，特殊配合力，引入杂交，级进杂交。

2.杂种优势有哪几种类型？

3.常用的杂交方式有哪些？这些杂交方式各自有什么特点和优缺点？

第十四章　多倍体育种

第一节　多倍体育种概念

染色体（chromosome）是遗传物质 DNA（基因）的载体，同种生物的染色体数目和形态相同，不同种生物的遗传物质、遗传性状互不相同，其染色体数目和染色体形态也不尽相同；各种生物在世代交替中，染色体都具有相对的稳定性。每种生物体细胞都有相对恒定的染色体数目，所以染色体的数目、形态和组型作为生物种属的特征，可以作为分类学的依据。例如，青蛤的染色体数为 38，长牡蛎（*Crassostea gigas*）的染色体数为 20。

染色体数目的稳定是相对的，在人工诱导或自然条件下也会发生改变。一个物种细胞中染色体形态结构和数目的恒定性是这个种的重要特征。二倍体生物在有性繁殖过程中，或者是生物体世代交替中，能维持配子正常功能的最低数目的一套染色体（chromosome set）称为染色体组或基因组（genome）。两个配子结合以后形成的生物体（体细胞）即具有了两套染色体，称为二倍体（diploid）。在二倍体生物的体细胞中，有两套同源染色体，即为两个染色体组，它们分别来自父本和母本。自然界存在的生物体大多数是二倍体，即其体细胞核中包含两个染色体组。有些物种经过染色体的自然或人工加倍，可形成含有多个染色体组的多倍体新物种。多倍体是指体细胞中含三倍或三倍以上的整倍染色体组数的个体。自然界中存在天然的多倍体水产生物。在水产动物中，多倍体现象比较普遍。世界上现存鱼类有 2 万多种，已研究过染色体的鱼类有 1100 余种，其中多倍体至少有 60 种。许多多倍体种类是重要的经济鱼类或重要的养殖对象。例如鲤科的虹鳟、白鲑、各种大麻哈鱼是四倍体；胭脂鱼科中几乎所有的种类是四倍体；还有四倍体的泥鳅和三倍体的鲫等。

天然多倍体产生可能是与体细胞在有丝分裂中期发生分裂异常现象，导致染色体加倍分裂失败，形成染色体数目加倍的多倍体细胞。由体细胞的核内有丝分裂（核内复制）和细胞融合也会导致多倍体的产生。所谓核内有丝分裂，是体细胞在正常有丝分裂中，染色体复制一次，但至分裂中期，核膜没有破裂消失，也无纺锤丝的形成，当然也不会发生细胞分裂中后期的细胞质分裂，因此每个染色体形成 4 条同源染色体，称为双倍染色体（diplochromosome）。其后经过正常的细胞分裂，形成两个子细胞均为四倍体。生殖细胞可能发生异常的减数分裂，由于某种原因同源染色体或姐妹染色单体在后期没有分开，二组染色体进入同一配子中，导致配子中染色体数目的加倍形成 2n 配子。这样的配子经受精后形成倍性不同于亲代的多倍体。在一些鱼类中是精子产生雄配子素溶解卵膜孔的卵膜，当卵子的受精孔由于某些生理的或自然的原因不能及时封闭时，则可能有两个或多个精子进入卵子，并同时完成受精过程，进而形成三倍体（双精）、四倍体（三精）的合子并发育形成多倍体个体。这种双（多）精入卵的生物学现象可能是形成多倍体的诱因。

多倍体育种（polyploid breeding）是通过物理、化学或生物学方法诱导生物的卵细胞或受精卵，使其染色体成倍增加，从而改变其某些遗传特性，培育出符合人类需要的优良品种。多倍体育种系统地研究生物染色体倍性变异的规律，并利用倍性变异选育新品种或新的养殖对象。在水产动物中，鱼类及各种无脊椎动物相对于高等脊椎动物进化地位要低，它们的遗传基础没有高等动物那样稳固；生殖机制也多种多样，如孤雌生殖、无性生殖、雌核发育等，所以水产动物中染色体的倍性变异比较多，人工条件下进行多倍体的诱导也比较容易。水产动物的多倍体具有二倍体生物所不具有的一些生物学特性，可以被养殖生产所利用。水产动物的多倍体诱导是育种工作的一个重要组成部分。

第二节　人工诱导多倍体产生的方法

在自然界中多倍体自然发生的频率极低，数量有限，难以全面满足人类对养殖新品种的需求。因此，人工诱导多倍体便成为多倍体育种一个更好的选择。关于人工诱导多倍体动物的研究至今，已在鲽、大菱鲆、草鱼、鲤、虹鳟、大西洋鲑、尼罗罗非鱼、牙鲆、黑鲷和真鲷等30余种鱼中进行了研究并获得成功。在贝类中对包括美洲牡蛎在内的20多种海洋经济贝类进行了人工诱导多倍体的研究。水产动物多倍体诱导研究的早期阶段主要侧重于三倍体诱导方法、最佳诱导条件的研究，对于那些已经获得三倍体的品种则又陆续开展了产业化的研究。

一、人工诱导多倍体的原理

动物的生殖细胞在形成配子前需要进行减数分裂，在第一次减数分裂的早期（减数分裂1），同源染色体联会形成一个包含4个染色单体的四分体，此时非姊妹染色单体之间发生交换而使基因重新组合。染色体数目减半发生在第一次减数分裂末期，紧接着进入第二次减数分裂（减数分裂2）。两次分裂完成之后，每个雄性生殖细胞可产生4个配子；而每个雌性生殖细胞在减数分裂1中分裂不均等，造成其中一个细胞包含有几乎所有的细胞质，而另一个细胞几乎不含有细胞质，后者便是第一极体（PB1）。减数分裂2再以类似的方式产生卵母细胞和第二极体（PB2）。无论是鱼类还是其他水产动物的精子在排放前已经完成了两次减数分裂过程，而卵子没有完成减数分裂。鱼类一般停留在第二次减数分裂中期，继续分裂需要精子的刺激才能进行。需要精子刺激才能进行减数分裂这一现象在双壳贝类中尤其明显，它的卵子在排放时没有完成减数分裂，一般停留在减数分裂1的前期或中期，在受精后或经精子激活后再继续完成减数分裂。

根据天然多倍体的生成机制以及生殖细胞发生和细胞分裂的机理，多倍体的诱导原理有以下几方面：

（一）抑制第一极体的释放

用人工方法抑制卵母细胞的第一极体（PBⅠ）的释放。在第一极体释放前，用某些物理或者化学因素刺激，可以破坏第一次减数分裂纺锤丝的形成，进而阻止第一次减数分裂第一极体的释放，也就阻止了本应随第一极体排放的两套染色体的释放，卵母细胞进行了染色体加倍但没有分裂或者是进行了核内有丝分裂，形成了四倍体的卵母细胞。随后，次级卵母细胞进行正常的第二次减数分裂，排出第二极体（第一次减数分裂被抑制后进行的第二次减数分裂形成二倍体的极体），因此形成二倍体卵细胞（雌性原核）代替本应该完成减数分裂的单倍体雌性原核。这样的二倍体雌性原核与正常的雄性原核结合就形成三倍体个体（图14-1）。通过抑制第一次减数分裂诱导的多倍体称之为减分1型（meiosis 1，M1）三倍体。在人工条件下，抑制第一极体的释放难度比较大，目前仅在一些无脊椎动物中获得了成功，在鱼类以及其他高等脊椎动物中尚没有成功的先例。通过抑制第一极体的方法在美洲牡蛎、太平洋牡蛎、紫贻贝、皱纹盘鲍和马氏珠母贝等多种贝类中都获得了三倍体。

（二）抑制第二极体的释放

雌性配子发生中，经过染色体的加倍以后第一次减数分裂正常进行，含有两套染色体的第一极体照常排出，初级卵母细胞形成次级卵母细胞。然后继续进行第二次减数分裂，但停留在中期。此时受精刺激其继续进行分裂排出第二极体（含有一套染色体），形成具有一套染色体的卵原核。但在第二极体释放前，由于某些物理或者化学因素可以使第二极体的排出受阻，致使第二极体不能排出而与卵原核融合形成二倍体的卵原核。如果第二次减数分裂仅进行到中期即行结束，实际等于第二次减数分裂没有发生，也形成二倍体的雌性原核。由第二极体排出受阻而形成二倍体的雌性原核与正常的雄性原核（精子）结合形成三倍体个体（图14-1）。通过第二极体受阻形成的三倍体称为减分2型三倍体（meiosis 2，M2）。通过抑制第二极体排出诱导多倍体（三倍体）是较为成型的技术，被广泛地应用于多种水产动物的三倍体诱导之中，其中有许多企业已经利用此项技术进行商业化生产三倍体苗种。

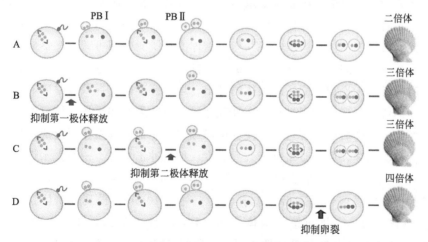

图 14-1　水产动物（鲍鱼）人工诱导多倍体的原理
A—正常发育二倍体；B—第一次减数分裂（阻止第一极体释放）三倍体；
C—第二次减数分裂（阻止第二极体释放）三倍体；
D—抑制卵裂产生四倍体
PBⅠ—第一极体；PBⅡ—第二极体

（三）抑制第一次卵裂

卵子和精子正常结合形成正常的二倍体合子，合子形成以后很快进入卵裂期发生第一次卵裂。只要能在第一卵裂期间阻止纺锤丝的形成，使卵细胞的第一次有丝分裂成为核内有丝分裂，其结果是染色体复制，一个细胞内含双倍的二倍体染色体，由此发育为一个个体即为四倍体（图14-1）。抑制第一次卵裂的发生是目前诱导水产动物四倍体最为经济有效的方法。

二、人工诱导多倍体产生的方法

多倍体是由于细胞内染色体加倍而形成的，可以通过多种方法（因子）抑制极体的释放产生三倍体或抑制第一次卵裂产生四倍体。目前广泛应用的诱导方法有物理学方法、化学方法和生物学方法。

（一）物理学方法

受精卵的物理学处理方法已被广泛地用于抑制第二次减数分裂生产三倍体或第一次卵裂生产四倍体，主要包括温度休克、静水压力处理与电休克法等。温度休克法和静水压法较常用而且效果较好。

温度休克法是以改变环境温度来阻止卵母细胞正常分裂而产生多倍体。其原理是通过高温或低温作用使细胞在短时间内休克，细胞中纺锤丝被破坏。其最大的特点是简单易操作，是诱导水产动物多倍体的常用手段，也适合大规模生产使用。根据处理温度的高低分为冷休克法（cold shock）和热休克法（heat shock），即用略高于或低于致死温度的冷或热冲击来诱导多倍体。

冷休克法原理是低温能够阻止微管蛋白聚合成微管，从而阻止纺锤丝形成；纺锤丝被破坏以后则细胞不能正常分裂，极体不能形成并不能排出卵细胞。这一过程通常称为抑制极体的排放，由此可获得二倍体的卵核，将其与单倍体的精子受精即可获得三倍体。温度休克可以在第一次减数分裂期间进行，抑制第一极体的排出，也可以在第二次减数分裂中进行，抑制第二次减数分裂。无论抑制哪一个极体的排出，均需要准确把握处理时间，即减数分裂的中期，纺锤丝形成前和形成期间进行温度处理才能保证效果。如果诱导休克发生在第一次卵裂，则抑制了第一次卵裂的分裂过程，使受精卵细胞发生核内有丝分裂形成四倍体。冷休克处理的温度因种类而异，原则是略高于致死温度，加大冲击力度。一般温水性种类的温度范围为0~6℃。Swarup报道采用受精3min后三棘刺鱼卵0℃休克1.5~3h，结果获得了三倍体成鱼。鲤的受精卵受精10min后，置于0~2℃处理10min，得到三倍体。20℃下，皱纹盘鲍在受精后15~20min排出第一极体，35~40min排出第二极体，在受精后12min或32min，用3℃的低温海水处理受精卵15min，获得70%~80%的三倍体。在受精后40~45min的第一次卵裂前，用0~2℃的温度处理草鱼鱼卵10~35min，可获得四倍体仔鱼。

热休克法是将细胞处于较高温度环境中，细胞内一些进行生命活动的重要酶类（如ATP酶）会遭到破坏，从而使供能途径受阻，纺锤体不能形成，进而抑制细胞分裂。当用适宜的温度处理正在进行减数分裂的卵细胞时，纺锤体的破坏导致细胞分裂失败，极体不能排放，形成二倍体的卵原核，与正常精子受精即形成多倍体。热休克处理的时间与冷休克一致，即处理的时间必须刚好在减数分裂的中期以前及中期分裂纺锤丝形成期间。处理的温度同样因种类而异，喜冷性鱼类如鲤科鱼类宜用热休克，温度范围以不致死鱼卵或少量致死为度，多为 $28\sim36℃$。Lincoln（1993）用 $27\sim28℃$ 对虹鳟受精后 $0\sim45min$ 的卵持续处理 $10\sim15min$ 后，获得三倍体。进行温度处理，最重要的是必须准确把握处理的开始时间、持续时间以及温度高低。

静水压处理是模拟水产动物多倍体产生的自然条件而发展起来的一种方法。在天然水体中，水产动物尤其是鱼类，产卵后，水位的突然变化会导致卵所处环境的压力增大，这种静水压力适宜时，鱼卵减数分裂的纺锤丝会因压力的作用而裂解，导致二倍体卵子的形成，进而与正常精子受精得到三倍体。水压力的变化发生在第一次卵裂时，由于破坏了二倍体体细胞的纺锤丝形成，导致类似于核内有丝分裂的现象发生，则可能产生四倍体的个体。受此启发，将鱼卵采用较高的水静压处理来诱导多倍体简单易行。其原理是当细胞处于高压情况下，微管所保持的结构失去原有的空间构型和刚性，发生可逆性裂解，破坏纺锤丝的形成，从而破坏了细胞分裂，抑制了第二极体的排出，进而诱导出多倍体。例如，欧洲鲇受精后 $3min$，以 $600kgf/cm^2$ 的静水压力处理鱼卵 $4min$，结果得到 97.8% 三倍体胚胎，最后有 33.7% 的存活率；皱纹盘鲍的受精卵在受精后 $7min$ 或 $22min$，分别施加 $650\sim750kgf/cm^2$ 静水压力处理 $5min$，诱发得到 60% 的三倍体。

电脉冲休克在一定的电场条件下，细胞与细胞之间的膜会发生融合，导致两个细胞合二为一，从而诱发多倍体（四倍体）。例如，将银大麻哈鱼受精 $40min$ 后的卵置于 $26℃$，并给以 $10min$ 的交流电脉冲休克处理，可得到 100% 的三倍体。

（二）化学方法

一些化学物质可以破坏细胞分裂中纺锤体的形成，进而阻止卵细胞极体的排出或受精卵的有丝分裂而产生多倍体。秋水仙素是从百合科植物秋水仙的种子、鳞茎中提取的生物碱。它能抑制微管的组装，使已有的微管解聚合，阻止纺锤体的形成或破坏已形成的纺锤体，从而导致核内有丝分裂形成多倍体细胞。在去除秋水仙素后，其作用立即结束，细胞恢复正常的生理状态。用秋水仙素处理容易形成嵌合体且成活率较低，人们常用秋水仙碱与种间杂交相结合的方法诱发异源多倍体。

细胞松弛素 B 是真菌的代谢产物，可诱发一系列细胞学效应，如细胞骨架的变化、多核化、破坏微丝等。一般认为细胞松弛素 B 特异性破坏微丝，最终导致控制细胞分裂的由微丝构成的收缩环的解体，抑制细胞质分裂，阻止极体的释放，从而产生多倍体。细胞松弛素 B 是水产动物育种中常用的一种化学诱导药物。一般用细胞松弛素 B 处理受精卵，将其溶解在 1% 的二甲基亚砜（DMSO）中配制成一定浓度的液体，处理结束后需用含 1% DMSO 的溶液浸洗受精卵，去除残留的细胞松弛素 B。例如在 $25℃$ 条件下，用 $1mg/L$ 的细胞松弛素 B 处理受精后 $30\sim45min$ 的太平洋牡蛎受精卵 $15min$，诱发得到 88% 的三倍体。

聚乙二醇是一种常用的细胞融合剂，能使细胞发生融合，从而使染色体加倍。Ueda 等（1986）用聚乙二醇处理虹鳟精子，然后受精，获得了 $2/5$ 的三倍体胚胎，经染色体组型分析，两套染色体一套来自父本，另一套来自母本，获得的三倍体是由融合的双精子受精所致。

　　6-二甲基氨基嘌呤（6-DMAP）是嘌呤霉素的一种类似物，其生理作用是抑制蛋白质磷酸化，通过作用于特定的酶，破坏微管的聚合中心，使微管不能形成，从而破坏细胞分裂，抑制卵细胞极体的形成和释放。6-DMAP 无致癌性，具水活性，该药物去除后，受精卵可以正常发育。6-DMAP 低毒、高效、价格便宜，在诱导多倍体方面表现出较大的优越性和较广阔的应用前景。

　　咖啡因是一种生物碱，咖啡因进入细胞后可以立即提高细胞内的 Ca^{2+} 浓度。由于微管对 Ca^{2+} 浓度敏感，当 Ca^{2+} 浓度极低或高于 $1mg/mL$ 时，会引起微管二聚体的解聚，阻止细胞分裂，从而形成多倍体。

（三）生物学方法

　　远缘杂交是采用生物方法诱导鱼类多倍体的有效途径。鱼类远缘杂交产生多倍体的机制主要是由加倍后的四倍体精（卵）原细胞通过正常的减数分裂得到染色体数目不减半的二倍体配子，再与二倍体或单倍体配子结合产生多倍体。远缘杂交在许多情况下，血缘较远的物种的雌雄配子是不能杂交产生后代的，有些虽然可以成功杂交但杂种后代不育，这是因为物种间遗传基础的差异导致的。杂交失败主要是配子之间不亲和性以及染色体之间配对的失衡导致的。亲本配子染色体加倍可以使染色体达到平衡，从而克服远缘杂交的困难获得多倍体的杂交种。因此，远缘杂交可以产生异源多倍体。20 世纪 50 年代末开始，中国也进行了大量的鱼类远缘杂交实验，主要涉及 3 个目（鲤形目、鲈形目、鲇形目）、7 个科（鲤科、鳍科、鳚科、鲷科、鲇科、胡子鲇科、鳢科），40 多种鱼类，100 多个杂交组合，其中大多数是鲤科不同亚科之间以及属间和属内种间的杂交。远缘杂交多数条件下产生三倍体，有时也可产生四倍体。刘少军等（2007，2015）以红鲫为母本、团头鲂为父本进行亚科间的远缘杂交，在杂交 F_1 代中获得两性可育的异源四倍体鲫鲂（4n＝148），雌、雄异源四倍体鲫鲂能分别产生二倍体卵子（2n＝100）和二倍体精子（2n＝100），两者受精在 F_2 代形成可育的同源四倍体鲫鲂（4n＝200），并对该同源四倍体鱼进行多年的连续选育，建立了一个遗传稳定的同源四倍体鱼品系，目前该品系已经繁殖到第 10 代。

　　四倍体与二倍体在交配理论上是可以产生三倍体的。三倍体具有某些生物学特性，有利于产品商品质量的提高，因此三倍体的利用价值较高。四倍体与正常二倍体杂交，从理论上讲可以产生 100% 不育的三倍体，从而实现大量、安全、方便、可靠的生产三倍体。该方法具有可操作性、连续性和经济性等方面的优势，是实现三倍体产业化的最佳途径。这一方法首先需要获得四倍体，由于阻止第一次卵裂较阻止极体的排出难得多，因而获得四倍体的难度较诱导生产三倍体大得多。刘筠等应用细胞工程与有性杂交相结合的技术，成功培育出全球首例遗传性状稳定且能自然繁殖的异源四倍体鲫鲤种群，通过将雄性四倍体鲫鲤分别与二倍体白鲫和二倍体鲤鱼交配制备三倍体湘云鲫，产生的湘云鲤具有生长速度快、肉质鲜嫩、抗病性强等优点，目前已在全国得到大面积推广，产生了显著的经济和社会效益。另外，在太平洋牡蛎中获得了存活的四倍体，而且太平洋牡蛎在美国建立了稳定的四倍体群系，并与二倍体杂交，规模化地生产全三倍体苗种。

第三节　多倍体的鉴定

经人工处理的受精卵不能保证百分之百地成为多倍体，而且所形成的多倍体常常表现为嵌合体。因此，进行染色体倍性鉴定对于确认多倍体诱导效果显得十分必要。鉴定方法有染色体计数、DNA含量测定、细胞核测量等。

一、染色体计数法

染色体计数法是通过制备染色体玻片标本后直接计数细胞中的染色体数，并与正常二倍体相对照进而确定倍性的方法，是鉴定倍性最直接可靠的方法。图14-2是泥鳅二倍体和四倍体的染色体核型分析图。

图 14-2　泥鳅二倍体和四倍体的染色体核型分析图

二、核仁银染法（Ag-NORs）

核仁（NORs）的数目、分布及形态特征可作为研究物种间亲缘关系和染色体进化的一个指标。Ag-NORs可以准确显示染色体上rDNA的位置，银染部位是具有活性或潜在活性的NORs的酸性蛋白成分，显示出具有转录活性或潜在转录活性的染色体，失活的NORs不能被银染，且NORs具有多态性现象。对银染细胞中核仁数目的检查，是鉴定鱼类倍性的一种简便方法。通过计算银染色细胞中最大数量核仁便可确定其个体的倍性。Li等（2010）报道了二倍体泥鳅最高银染点数目为2，四倍体泥鳅最高银染点数目为4。由此可见在多倍体鱼类的倍性鉴定中，银染核仁组织区法与其他多倍体鱼类的倍性检测方法相比，快捷准确而且省时省力，无需特殊的仪器，是值得推广的一种方法。

三、细胞核体积测量法

一般认为，真核细胞的核大小与染色体数目成正比，同时细胞核与细胞质在细胞中总是维持较稳定的核质比。因此，细胞及细胞核体积的大小可用于染色体倍性鉴定。鱼类及各种水生无脊椎动物的红细胞含有完整的细胞核，制成血涂片以后细胞形态轮廓分明，细胞核成椭圆形或长圆形，幼稚红细胞和成红细胞的体积没有差异。通过普通显微镜即可测量细胞核和细胞的直径（包括长径和短径），也可以采用自动显微图像分析系统进行测量并计算出每一个被测量细胞的面积、体积，根据细胞核或细胞的面积或体积即可确定其倍性。计算公式如下：

$$核面积＝\pi ab/4$$

$$核体积＝\frac{4}{3}\pi ab^2$$

其中，a 为短轴长度，b 为长轴长度。同一研究对象的二倍体和多倍体，其细胞核及细胞大小不同。二倍体与三倍体红细胞核体积预期比值为 1∶1.5，核面积预期比值为 1∶1.3，二倍体与四倍体红细胞核体积预期比值为 1∶1.74。图 14-3 为虹鳟红细胞二倍体和三倍体比较图。

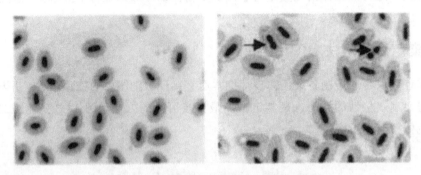

图 14-3　虹鳟红细胞二倍体和三倍体比较图

四、DNA 含量测定方法

细胞核内的 DNA 含量与它们所含的染色体数成正比，当细胞内染色体倍数增加时，其 DNA 含量也相应增加，所以可以通过 DNA 含量来确定染色体数目的多少。DNA 含量的测定可以通过流式细胞仪来完成，流式细胞仪检测的基本原理是用 DNA-RNA 特异性荧光染料（如 DAPI）对细胞进行染色，在流式细胞仪上用激光或紫外光激发结合在 DNA 上的荧光染料，检测每个细胞的荧光强度，与已知的二倍体细胞或单倍体细胞荧光强度对比，或与已知 DNA 含量的细胞进行对比，判断被检查细胞群体的倍性组成。与二倍体相比，三倍体染色体数目增加了 0.5 倍，细胞核的 DNA 含量也应是二倍体的 1.5 倍。用流式细胞仪测量细胞核的 DNA 含量来检测倍性的方法广泛应用于鱼类、对虾和贝类等。图 14-4 为虹鳟二倍体、三倍体和四倍体的 DNA 含量比较图。

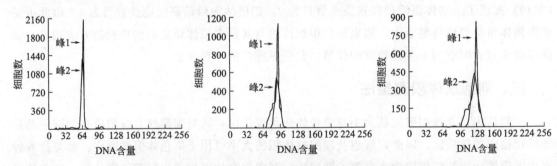

图 14-4　虹鳟二倍体、三倍体和四倍体 DNA 含量比较图

细胞核内的 DNA 含量也可以采用荧光显微镜进行定量测定。将被测材料用固定液固定后，将组织用细胞匀浆仪使细胞游离，制成涂片标本，或者采取血液制成血涂片固定。制备好的样品用 DAPI 染色，然后在显微分光光度计上，通过波长 365nm 的紫外线照射，用扫

描测光装置测定细胞核的荧光强度，获得处理组个体和对照组个体之间细胞核 DNA 相对含量曲线，从而测出二者的 DNA 比率，即可确定处理组个体的倍性，进而计算出多倍体的诱发率。

细胞核内的 DNA 含量也可以通过同位素标记进行测定。由于多倍体基因组的成倍增加，可以被标记的位点或核苷酸也相应成倍地增加。因此，可用 ^{32}P 脱氧核酸标记受测个体和对照组个体，然后用放射显影术或液体闪烁器进行定量测定，同时比较判定受测个体的染色体组数。

第四节　多倍体育种的应用

一、提高生长速度

由于三倍体不需要消耗能量用于生殖腺发育，可将所有的能量用于生长，故三倍体的生长速度在性成熟期间及以后会具备生长优势。从水产育种的角度出发，人工诱导三倍体的目的是希望三倍体比二倍体生长得更快，其生长情况因种类和发育阶段的不同而异。研究发现，在性成熟时，三倍体普遍比二倍体生长快。三倍体鱼早期生长与二倍体相比没有什么优势，但到了产卵期，其生长速度明显较快。如日本已大规模诱导生产苏大麻哈鱼的全雌三倍体和牙鲆四倍体，俄罗斯已进行了工业化培育鲤三倍体，加拿大的全雌三倍体虹鳟已投入商品化生产，这些三倍体鱼在生长速度方面都具有明显的优势。

二、控制过度繁殖

三倍体鱼类的性腺不发育，所以不会产生后代，这为三倍体的生物学利用提供了广泛的空间。首先，可以利用三倍体进行引种试验，将预引种的种类诱导出三倍体并试验性地放养于预引种的水域，观察该种引种后的生物学、生态学表现以及对引种水域的生态影响。如果对引种水域的生态环境起到不良的影响，或者是破坏了引种水域的生态平衡则停止试验即可，已经放养的群体会随着时间的推移而消失，不会继续对引种水域造成任何的危害。如果引种的物种表现良好，则可以将正常的二倍体群体引入完成引种工作。其次，可以通过养殖不育群体控制养殖密度。例如罗非鱼的繁殖能力较强，且一年数次产卵，导致养殖水体中数代同塘，个体大小非常不匀，放养三倍体则不会产生此类问题。最后，用三倍体群体完成一些短期的目标，目标完成以后群体也自然消亡。如美国在杂草丛生的天然水域中放养三倍体草鱼等，既能除草又可防止因其繁育后代导致的生态变化。

三、延长寿命

对于那些在性成熟时会遭受损失或有成熟死亡的鱼类来说，不育三倍体可能比二倍体存活得更长久。在鲑鳟鱼类中在缺乏产卵支流的湖泊中会有很高的死亡率；又如大麻哈鱼等降海的鲤科鱼类一生产卵一次，产卵后通常死亡（成熟死亡），而三倍体大麻哈鱼就不存在这种情况，它的性腺不发育，因此就不会性成熟，也就不会因性成熟而发生成熟死亡。香鱼和公鱼的寿命很短，一般是在秋季产卵繁殖，而后结束其一生，而三倍体香鱼可以跨年生长，还可以全年上市销售。

四、改善品质

三倍体物种的细胞体积大，因此同样大小的二倍体和三倍体，三倍体的细胞数量要少于二倍体，相对的筋膜等也少于二倍体，并且三倍体的鱼肉看起来较有光泽，因此三倍体个体的肌肉的口感柔软，更受消费者的偏爱。性成熟的动物往往伴随着肌肉质量的下降，三倍体的鱼类因性腺不发育，生长中没有肌肉质量下降的问题。全雌三倍体虹鳟由于其不受性成熟影响而提高了商品规格，在加拿大已进行了商品化大规模生产。同样的问题在贝类中也存在，性成熟的牡蛎在繁殖季节其生殖腺有异味，而且由于体内贮藏糖原的大量消耗，口感较差，使繁殖期牡蛎的商业价值锐降。三倍体的牡蛎不会产生这种现象，因此可以全年生产和销售质量良好的牡蛎产品。

第五节　水产动物多倍体育种的研究现状

自 1956 年 Swarup 诱导出三棘刺鱼（*Gasterosteus acideatus*）的三倍体后，鱼类多倍体诱导技术受到普遍关注。中国自 20 世纪 70 年代中期开始鱼类多倍体育种工作，1976 年中国科学院水生生物研究所通过温度休克法获得了 57% 草鱼三倍体和 40% 草鱼四倍体。迄今已获得草鱼、鲤、鲢、虹鳟、水晶彩鲫、白鲫、大鳞副泥鳅等鱼类的三倍体或四倍体试验鱼。目前在已研究并获得成功的鱼中，海水鱼类有近 20 种，海水鱼类包括牙鲆、黑鲷和真鲷。日本已大规模诱导生产苏大麻哈鱼全雌三倍体和牙鲆四倍体，俄罗斯已进行了工业化培育鲤三倍体，加拿大的全雌三倍体虹鳟已投入商品化生产。1981 年，Stanley 等诱导美洲牡蛎多倍体成功以来，海洋经济贝类多倍体育种研究也取得了重大进展。据不完全统计，目前已对 20 多种海洋经济贝类进行人工诱导多倍体的研究。我国从 20 世纪 80 年代中期开始研究贝类三倍体人工诱导技术，太平洋牡蛎、近江牡蛎、栉孔扇贝、合浦珠母贝、皱纹盘鲍等多种贝类的多倍体育种获得初步成功（表 14-1）。

表 14-1　水产动物多倍体育种实例

鱼类名称	诱导方法	剂量	处理时间（受精后）/min	持续时间/min	结果	鉴别倍性的方法	文献
兴国红鲤	冷休克	0~2℃	5~8	10~15	三倍体胚胎	染色体计数	洪一江等，2000
大黄鱼	静水压	450kgf/cm²	2	2	三倍体胚胎率 65.6%	染色体计数	林琪等，2001
斑马鱼	热休克	39℃	2	2	三倍体胚胎率 53.8%	染色体计数	吴玉萍等，2000
豹纹斑马鱼	热休克	39℃	2	2	三倍体胚胎率 65.7%	染色体计数	吴玉萍等，2000
栉孔扇贝	CB	0.05mg/L	10	20	四倍体面盘幼虫 53%	幼虫染色体计数	常亚青等，2002
		0.1mg/L	10	15			

续表

鱼类名称	诱导方法	剂量	处理时间（受精后）/min	持续时间/min	结果	鉴别倍性的方法	文献
皱纹盘鲍	咖啡因＋热休克	26℃ 5～10mmol/L	10	10～15	三倍体幼虫66%～78%	幼虫染色体计数	毛连菊等，2000
杂色鲍	冷休克	8～11℃	12	15	三倍体胚胎66%～69%	胚胎染色体计数	容寿柏等，1990
马氏珠母贝	6-DMAP	80mg/L	5	10	三倍体胚胎32.4%	胚胎染色体计数	王爱民等，1999
合浦珠母贝	CB	0.5mg/L	4～6	15～18	四倍体胚胎20%	胚胎染色体计数	何毛贤等，2000

思 考 题

1. 多倍体是怎样形成的？

2. 人工诱导多倍体形成的手段有哪些？

3. 多倍体鉴定有哪几种方法？各自有哪些特点？

第十五章　雌核发育和雄核发育

第一节　雌核发育

一、雌核发育

雌核发育（gynogenesis）是指卵子经精子激发才能产生只具有母系遗传物质的个体的一种有性生殖方式，是水产经济动物种质改良、建立全雌化后代、缩短育种年限的有效方法。两性亲缘种的精子进入卵子后，仅起激活作用，精核一般呈致密状态，不发生原核化，不与雌性原核融合，卵细胞的发育完全是在雌性原核的控制下进行的，产生与母本遗传性状完全一致的全雌性个体。天然雌核发育现象在植物界相当普遍，但是在动物界相对较少，脊椎动物中主要存在于银鲫（*Carassius auratus gibelio*）、日本关东鲫（*Carassius auratus langsdofii*）、月银汉鱼属（*Menidia*）以及花鳉属（*Poeciliopsis*）的个别种类中。

20 世纪 70 年代末至 80 年代初，蒋一珪等（1983）用兴国红鲤（*Cyprinus carpio*）精子授精诱导银鲫卵子雌核生殖时，发现所获得的部分银鲫后代具有少量兴国红鲤的性状，这意味着，雌核生殖的后代中可能整合进了父本的遗传物质，科学家们基于此现象提出了异精雌核生殖（allogynogenesis）的概念。这一观点的提出打破了人们针对鱼类雌核生殖的传统认知，开拓了鱼类雌核生殖的调控理论研究和应用基础研究的新局面。由此培育的异育银鲫表现出明显的促生长效应，于 20 世纪 80 年代初在全国进行推广，带动了鲫养殖产业的进步，取得了重大的经济效益。随后，越来越多的分子生物学证据揭示了雌核生殖的后代中存在异源精子的遗传物质。

孤雌生殖（parthenogenesis）与雌核发育类似，但各有不同。孤雌生殖来源于希腊语词根，意为"处女生产"，即子代是由未受精卵发育而来，又分为专性孤雌生殖和兼性孤雌生殖两种。专性孤雌生殖是指未受精的卵子直接发育，产生与母本遗传性状一致的全雌性子代，如鞭尾蜥（*Aspidoscelis tesselata*）。兼性孤雌生殖是指的，两性生殖的雌性个体在没有雄性个体存在的情况下，也能采用孤雌生殖的方式进行生育，产生与母本遗传性状一致的全雌性个体，如缅甸蛇（*Python molurus*）和鲨（*Sphyrna tiburo*）。

二、雌核发育的遗传基础

具有雌核生殖方式的天然单性物种，包括鱼类、两栖类和爬行类在内的动物大多具有多倍化的染色体组，多数是三倍体，也有部分是四倍体、六倍体，甚至是八倍体。因此，染色体组多倍化是雌核生殖等单性脊椎动物的共同特征。也有观点认为，雌核生殖是多倍体物种突破生殖瓶颈、越过减数分裂障碍而衍生出来的替代原有有性生殖方式的一种单性或无性的生殖策略。

雌核生殖所产生的卵子，其染色体与体细胞染色体的数目和组成相同，因此雌核生殖所产生的后代在遗传物质组成、个体性状上不仅与母本保持一致，个体间也会展现出惊人的相似性。这就意味着，雌核生殖的物种失去了遗传重组的机会，不断积累的有害突变得不到及时的校正，物种势必会在短时间内走向灭亡。然而，科学家们通过对单性生殖的脊椎动物线粒体和核基因组序列的比较分析表明，单性动物的进化历史比理论预测的要古老得多，例如：单性蝾螈被认为是最古老的单性脊椎动物，与其亲缘关系较近的两性物种在 2.45 万年时已开始分开；最早发现的行雌核生殖的亚马孙莫莉鱼可能产生于 28 万年前。这些单性脊椎动物不仅具有很早的起源和演化历史，还普遍存在丰富的遗传多样性。既然雌核生殖不发生减数分裂，缺乏基因间的交换和重组，那么这些遗传多样性是如何产生的？目前主流的观点是 1984 年 Vrijenhoek 提出的多源杂种起源（polyphyletic hybrid origin）理论，该观点是基于针对花鳉属（*Poeciliopsis*）杂种生殖的二倍体单性鱼和雌核生殖的三倍体单性鱼提出的，他认为对于 *Poeciliopsis* 单性鱼，有性物种的每一次杂交所产生的杂合后代，就等于从有性基因库中隔开了一个基因组。这样就由具有变异性和多态性的有性祖先，通过一系列的种间杂交必然产生一系列的新克隆，从而使每一个克隆各自具备一定的遗传、生理和生态多态性。2018 年，Warren 等通过对亚马孙莫莉鱼基因组解析再次确定了其种间杂交起源和克隆多态性，揭示了单性的亚马孙莫莉鱼的杂合性比其有性亲本种要高 10 倍。

三、人工诱导雌核发育

天然单性种群中，多采用雌核生殖、孤雌生殖或杂种生殖的方法繁衍后代。此外，多倍体育种的过程中通常会由于减数分裂无法正常进行而不能正常繁育后代，这也是多倍体育种面临的主要障碍，解决方式之一就是人工诱导雌核发育。

人工诱导雌核发育（artificially induced gynogenesis）是指采用物理或化学的方法，使精子遗传物质失活，随后用遗传物质失活的精子去刺激卵子发育，精子仅起到激活卵子的作用，不发生原核化，不参与合子核的形成，卵子仅依靠雌核发育成胚胎的技术（图 15-1）。有研究证明，失活的异源精子不仅能刺激卵子发育，还能影响子代的性状，这种现象称为异精生物学效应（allogynogenetic biological effects）。虽然人工诱导雌核发育的方法有很多种，但都必须要通过两个关键步骤：精子染色体的遗传失活，卵子染色体的二倍化。

（一）精子染色体的遗传失活与雌核发育的诱导

精子染色体遗传失活是人工诱导雌核发育的关键步骤。在灭活精子染色体的过程中，不仅要完善精子染色体灭活处理技术，还需要让精子具有适当的活力以保证较高的"受精率"，这对提高雌核发育个体的成活率有至关重要的作用。目前，使精子遗传物质失活主要方法有以下两类。

1. 物理方法

物理方法包括 γ 射线、X 射线以及紫外线（ultraviolet，UV）照射。随着放射线照射剂

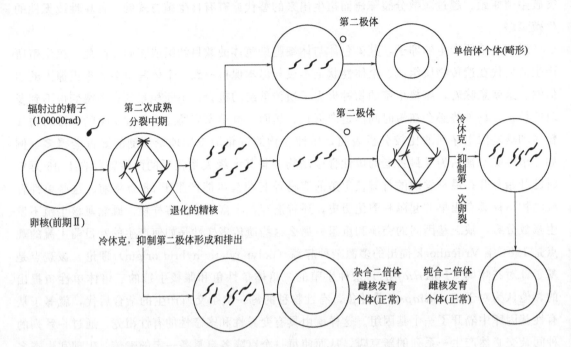

图 15-1　雌核发育原理（引自楼允东《鱼类育种学》，2009）

量的增高，失活精子受精后胚胎的成活率也随之降低，而当照射超过某一剂量时，成活率反而回升，这种现象称作 Hertwig 效应。经辐射处理过的精子生存力和受精力都较差，在雌核发育的胚胎中还可能存在大量的精子染色体碎片，这对胚胎发生是有害的，但是当照射剂量达到某一个阈值的时候精子中的染色体片段完全脱落，胚胎仅靠卵子的染色体发育，从而导致成活率反而回升。一般情况下，可以根据 Hertwig 效应推测精子照射的最佳剂量。

γ 射线与 X 射线具较好的穿透力，方便实现同时对大量精子的处理，在使用的过程需要做好安全防护措施。其作用原理是当物理射线照射达到一定剂量时，可以完全破坏精核中的 DNA，诱发染色体断裂。相较于 γ 射线和 X 射线，紫外线是一种相对安全、廉价的射线，其危险性小且易操作，在大规模诱导雌核发育上有极大的应用前景。经紫外线照射后的 DNA 形成胸腺嘧啶二聚体，使 DNA 双螺旋两条链之间的氢键减弱，DNA 结构局部变形，从而严重影响 DNA 的正常复制和转录。DNA 和 RNA 的最大紫外吸收峰在 260nm，因此采用 250～280nm 波长的紫外线进行照射时对精子染色体的破坏力最强。紫外线的穿透能力相对于 γ 射线与 X 射线较弱，因此在对精子进行紫外照射的时候需要边震荡边照射，以保证照射均匀。此外，紫外线照射还可能出现光复活作用，导致精子遗传物质失活不彻底，因此在实际操作中应注意该问题以避免使雄性个体的某些 DNA 片段参与遗传。值得注意的是，维持低温环境可以延长精子活力。目前，在多种水产动物中均成功利用紫外照射对精子染色体进行遗传失活从而获得雌核发育的个体，譬如：栉孔扇贝、虾夷扇贝、太平洋牡蛎等。

2. 化学方法

化学方法主要是用化学药物处理使精子的遗传物质失活，常用的化学药品有甲苯胺蓝（Toludine blue）、乙烯脲（Ethylene urea）、二甲基硫酸盐（Dimethyl sulfate）以及吖啶黄（Trypaflavine）和噻嗪（Thiazine）等。化学药物诱变需要摸索合适的处理浓度和处理时间，总体来讲其处理效果不及辐射处理。

除上述常用的理化方法外，还可以通过种间杂交、弱直流电、冷休克等方法激发卵子的雌核发育。总之，无论使用何种诱导方法，其目的都是把精子遗传物质完全破坏，同时又不影响精子的受精能力。

（二）雌核发育二倍体的诱导

使精子的遗传物质失活后再与卵子受精，发育的胚胎通常是单倍体。鱼类的单倍体胚胎在孵化前可以顺利发育，但是发育至孵化期前后就会出现大量死亡。不经染色体加倍的单倍体胚胎一般具有单倍体综合征（haploid syndrome），表现为脑部畸形、尾部短小弯曲、水肿、心血管系统发育不全等。这样的胚胎一般不能成活，必须经人工诱导二倍体的发生才能正常发育。因此，要获得具有生存能力的雌核发育个体，除了要使精子染色体遗传失活外，另一个关键技术是诱导卵子的二倍体化。卵子染色体的二倍体化可分为三种类型：一是通过抑制第一次有丝分裂型雌核发育，也称为同质雌核发育或卵裂型雌核发育。二是阻止第二极体排放的减数分裂型雌核发育，也称异质雌核发育或极体型雌核发育。三是抑制第一次卵裂。

鱼类产出的受精卵一般处于第二次减数分裂中期，第一极体在卵子产出前已经排出，因此只能通过抑制第二极体或第一次卵裂的方法诱导鱼类产生雌核发育的二倍体。贝类的成熟卵子一般停留在第一次减数分裂的前期或中期，第一极体还没有排出，只有受精后才会完成第一次和第二次减数分裂，因此贝类的雌核发育二倍体可以通过抑制第一、第二极体的排放及第一次卵裂三种方式进行。

诱导卵子二倍体化的主要方法有物理方法、化学方法以及生物方法。

1. 物理方法

利用物理方法诱导卵子二倍体化的原理是在细胞分裂周期中通过物理方法直接干预细胞的正常分裂，使细胞不分裂、染色体加倍。常用的物理方法有静水压力法和温度休克法。

静水压力法是利用 $200\sim700kgf/cm^2$ 的静水压力对受精卵施加压力抑制纺锤体的微丝和微管的形成，使染色体的移动受阻，进而形成一个二倍性的雌核原核。静水压力法诱导多倍体在鱼类多倍体育种过程中得到了广泛的应用，譬如使用 $580kgf/cm^2$ 的静水压力处理虹鳟受精卵 10 分钟，可以成功抑制虹鳟雌核发育卵的第一次有丝分裂。

温度休克法分为热休克法和冷休克法，是指的采用高温或低温处理受精卵，引起细胞内酶构型的变化，阻碍酶促反应的进行，导致细胞分裂是形成纺锤丝所需的 ATP 供应途径受阻，破坏微管的形成，使微管解聚或组织微管的聚合，从而阻止染色体的移动，抑制细胞分裂并使染色体加倍。不同物种处理的温度不同，一般采用该物种生存温度上下限附近的高温或低温，具体的合适诱导温度需要进行实验验证。

2. 化学方法

利用化学方法诱导卵子二倍体化的原理是在细胞分裂周期中，添加能够抑制细胞分裂的化学药物，使细胞不发生分裂，从而导致染色体加倍。常用药物有秋水仙素、细胞松弛素B(CB)、聚乙烯乙二醇、6-二甲基氨基嘌呤(6-DMAP)和咖啡因等。

3. 生物方法

利用生物方法诱导卵子二倍体化的原理是异质精子穿入卵内后，精核并不参与胚胎发育，只是近侧中心粒向卵子提供精子星体，从而提供了卵子发育所必需的双星光，使个体发育得以进行。利用远缘杂交获得雌核发育二倍体在鱼类中的报道较多，譬如我国的桂建芳团队用团头鲂的精子与银鲫的卵子受精，因为不是同一个物种，团头鲂的精子并不能进入银鲫的卵内，只能激活卵的发育。但是，授精后辅以冷休克处理会使卵子内整合部分异源父本染色体或者染色体片段，后期筛选获得整合有团头鲂父本遗传信息、性状发生明显改变的个体作为育种核心群体，并以生长优势和隆背性状为选育指标，用兴国红鲤精子刺激进行 10 代雌核生殖扩群，培育出异育银鲫"中科 5 号"。

（三）雌核发育二倍体的鉴定

无论是采用物理方法还是化学方法在人工雌核发育过程中，都存在精子遗传物质不能百分之百失活的情况，进而会导致雄鱼基因组参与遗传，从而发育成普通杂交二倍体个体。此外，雌核发育二倍体的倍化率也因处理条件和诱导方法不同有很大差异。因此，雌核发育个体的倍性检测与鉴定十分必要，是雌核发育二倍体诱导中必不可缺的环节。目前，可以从形态生理学水平、细胞学水平、生化水平和 DNA 分子水平四个方面进行鉴定，还可以利用流式细胞仪进行快速检测。

1. 形态生理学

利用一些特殊的便于分辨表型的隐性基因遗传标记进行鉴定。如用经紫外线灭活处理的鲤鱼精子激活红鲫的卵子发育，诱导雌核发育。由于红鲫体色（红色）相对于鲤鱼的体色（青灰色）是隐性性状，其杂交后代的体色是青灰色，而雌核发育红鲫个体的体色应该是红色。可以选择杂交致死的异源精子诱导雌核发育。如草鱼（♀）×鲤鱼（♂）的杂交后代是不能成活的，用经过紫外线灭活的鲤鱼精子激活草鱼卵子发育，单倍体草鱼胚胎发育不到开口，经过冷休克进行二倍化处理获得的成活个体基本可以认定为成功的雌核发育草鱼。此外，倘若采用远缘精子作为刺激源，后代的可育性可作为区分雌核发育个体与杂交个体的标准，一般远缘杂交的后代是不育的，那么可育的个体就是雌核发育个体，不育的为杂交个体。

2. 细胞学水平

在细胞学水平上，可通过染色体计数和组型分析来鉴定雌核发育二倍体。若是雌核发育个体，囊胚细胞中只有一套来自雌核的染色体；如果是杂交二倍体，则有一套染色体来自父本，另一套染色体来自母本，有两套染色体。根据染色体的数目、形态、大小及着丝点的位置等特征，可在胚胎发育期区分雌核发育个体与杂交二倍体。此外，还可以根据红细胞（核）体积测量法进行检测，其原理是真核细胞核大小与染色体数目成正比，红细胞核质比相对稳定，因此不同倍性红细胞（核）大小不同，通过体积测量便可确定鱼类染色体倍性，方法简便易行，被广泛应用。

3. 生化水平

生化水平包括蛋白质和同工酶等。同工酶是基于酶基因位点多态性的遗传标记，呈共显性。该方法鉴定雌核发育的有效性取决于基因位点的多态性和变异性，只有杂合度高的位点才可以提供更多的有效信息。

4. DNA 分子水平

DNA 分子标记可直接反应生物体的遗传本质和差异，与常规检测方法相比具有更高的灵敏性，是鉴定鱼类雌核发育最为可靠的方法。目前常用的 DNA 分子标记有 RFLP、RAPD、AFLP、微卫星和 SNP 等。

5. 流式细胞仪检测法

在仪器检测中，使用流式细胞仪（flow cytometry）快速鉴定倍性的有效性得到了广泛的认可。流式细胞术检测倍性水平的基本原理是将细胞解离制成悬液后，用核酸特异性荧光染料（如 DAPI、PI 等）对细胞核进行染色，然后在流式细胞计上用激光或紫外光激发结合在细胞核的荧光染料，依次检测每个细胞的荧光强度。因荧光强度与细胞的 DNA 含量成正比，而细胞内染色体的组数与 DNA 的含量成正比例关系，可得到不同荧光强度的分布峰值，与已知的同种正常二倍体胚胎细胞或单倍体细胞的荧光强度做对比，可判断出被检查细胞群体的倍性组成。

这种方法具有能快速、准确地分析大量样品且取样量少等优点，也有一定的缺陷：流式细胞术不能提供所测个体染色体组成的资料，且在技术上较难检测出 DNA 小剂量的差别，其显示的整倍体个体可能包括增加或减少了几条染色体的非整倍体。

四、雌核发育在水产动物遗传育种中的应用

无论是在遗传学基础理论研究还是水产养殖应用研究中，人工诱导雌核发育的应用前景均十分广泛。雌核发育为纯母系遗传，从而可以缩短水产动物的育种年限，快速建立纯系或近交系，从而选育出性状优良的品系；确定性别机制；性别控制和单性种群利用；基因—着丝点作图，人工诱导的雌核发育中，可以通过计算杂合后代在群体中的比例推算基因重组频率，再依据基因重组频率确定基因在染色体上的位置及基因间的距离，从而绘制基因连锁图谱；濒危物种保护等。

（一）通过诱导雌核发育快速建立纯系

在传统的育种方法中，建立一个纯系至少需要 8～10 代近亲繁殖，育种周期长、材料易丢失。对于生长周期长的鱼类来说要完成纯系的建立几乎是不可能的。雌核发育为纯母系遗传，后代纯合性大大提高。早在 1981 年，吴清江等提出以人工诱导雌核发育结合性别控制技术来建立纯系的新途径，并且仅用 2 代就建立起红鲤 8305 纯系。王忠卫等更是在此方法

基础上结合 DNA 分子标记筛选方法，并建立起鲢鳙的纯系。迄今为止，通过雌核发育已经成功培育出鲤鱼、斑马鱼、细鳞大麻哈鱼、金鱼、泥鳅、尼罗罗非鱼、虹鳟、鲶鱼等多种淡水鱼类纯系以及牙鲆、真鲷、欧鲈等海水鱼类纯系。通过诱导雌核发育建立纯系，可大大缩短育种年限，在水产动物遗传育种中有着极高的应用价值。

（二）确定性别机制

水产动物染色体数量多、个体小，极难判定性染色体，因此要确定其性别决定机制为雌雄同配（XY 型）还是雌雄异配（ZW 型）颇为困难。通过雌核发育技术，这个问题将变得非常容易，XY 型的水产动物，其雌核发育子代全为雌性；若雌核发育子代全为雄性（WW 型不能存活）或出现雌雄分化（WW 型全部或部分存活），则可确定该物种性别决定机制属于 ZW 型。

（三）性别控制和单性种群利用

在水产动物养殖中，性别控制具有重要的意义：能够提高群体生长率；控制繁殖速度，延长有效生长期；提高商品鱼的品质等。鲟鱼籽具有极高的经济价值，通过雌核发育生产全雌鲟鱼无疑将带来极高的经济效益。在生产实践中，某些鱼类雌雄个体的生长速度差异很大，吴清江等调查发现雌性鲤鱼头两年生长速度比雄鱼快 20%，因此，通过雌核发育培育全雌鲤可提高养殖产量；牙鲆新品种"北鲆 1 号"就是根据雌性生长优势，利用雌核发育家系为母本，以其性转家系为父本培育出的快速生长全雌新品种；此外，单种群养殖还可以控制繁殖力旺盛的鱼类过度繁殖，比如罗非鱼和泥鳅等鱼苗当年即可达到性成熟，容易导致繁殖过剩。利用单性群体养殖就可避免这种现象发生，减少性腺发育和营养消耗从而延长有效生长期，提高商品鱼的规格，提高效益。

（四）基因图谱绘制

基因在染色体上的排列是线性的，远离着丝粒的基因，细胞分裂姐妹染色单体联会时发生交换的频率就越高。因此，基因型为杂合的雌鱼卵子通过抑制第二极体排出诱导减数分裂型雌核发育二倍体时，越靠近着丝点的基因位点，产生纯合个体的比例越高；而远离着丝点的基因位点产生杂合后代的比例较高。通过计算杂合后代在群体中的比例，就可推算出基因重组频率，根据基因重组频率就可确定基因在染色体上的位置和基因间的相对距离，从而绘制基因连锁图谱。目前，已经有微卫星标记-着丝粒作图研究报道的鱼类有斑马鱼、鲤鱼、虹鳟、泥鳅、大黄鱼等。

（五）濒危物种保护

鱼体中难免含有一些有害的隐性基因或致死基因，这些不利基因均以杂合型存在而不表现在外。通过人工诱导雌核发育，可使有害的隐性基因或者致死基因显现出来并加以淘汰，从而选育出抗病能力强的新品系。异源精子生物学效应的存在使得利用人工雌核发育技术通过种内或种间的基因交换来培育新品种成为可能。

第二节　雄核发育

一、雄核发育

雄核发育（androgenesis）是指将精子与遗传失活的卵子进行受精，仅把卵子作为营养源，依靠雄性原核进行发育从而使后代仅保留父本染色体组的一种特殊繁育方式。由于自发的雄核发育率极低，因此人们根据雌核发育诱导原理，设计了人工诱导雄核发育技术。获得人工雄核发育后代有两种方法，一种是用单倍体精子与遗传失活的卵子进行受精，得到雄核发育单倍体胚胎（n），通过抑制第一次卵裂的发生诱导核内有丝分裂，由此使单倍体胚胎的染色体加倍发育为纯合二倍体个体，如在虹鳟、泥鳅、鲤鱼等鱼类中均进行过类似的雄核发育研究；另一种方法是用四倍体个体的精子与遗传失活的卵子进行受精，可直接得到正常发育的二倍体雄核发育后代。人工诱导雄核发育要通过两个关键步骤：①使卵子中的遗传物质失活；②使得精子染色体二倍化（图 15-2）。目前在多数水产动物中都已经进行了人工雄核发育生殖的尝试，譬如鲤、尼罗罗非鱼、泥鳅、虹鳟、栉孔扇贝、太平洋牡蛎、银鲫等。

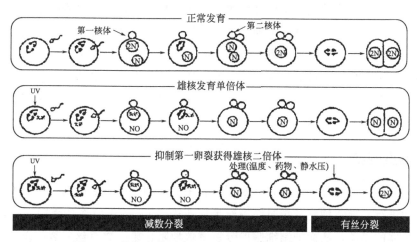

图 15-2　雄核发育原理图（人工诱导黄颡鱼雄核发育）

二、卵子染色体的遗传失活与雄核发育的诱导

人工诱导雄核发育的关键之一是卵细胞染色体的遗传失活，卵子是胚胎发育的基础，遗传失活的目的是让卵子的染色体失活不参与合子核的形成，但同时还需让卵子保持受精和继续发育的能力。目前常采用电离辐射法紫外线（UV）照射法及使用过熟或老化的卵子等手段来获得雄核发育单倍体。

（一）电离辐射法

电离辐射主要包含 γ 射线辐射和 X 射线辐射，其具有较好的穿透力，可诱发卵子染色体的断裂。辐射剂量与存活率之间也同雌核发育一样有 Hertwig 效应。使用辐射剂量为

$10^4 \sim 10^5$R 的 ^{60}Co-γ 射线是使卵子染色体失活的常用方法，采用电离辐射诱导鱼类卵子遗传失活，已经在多种鱼类中得到应用。

（二）紫外线照射法

电离辐射使卵细胞染色体遗传失活的同时可能引起细胞质中的线粒体 DNA、信使 RNA 以及其他结构一起被破坏。而紫外线更加安全且容易操作。紫外线灭活卵子遗传物质的原理与灭活精子遗传物质的原理一致。不同波长的紫外线具有不同程度的破坏力，一般 250～280nm 波长的破坏力最强。

（三）卵子的过熟或老化

使用过熟或老化的卵子也可诱发雄核发育单倍体。如 Yamazaki 等在虹鳟的繁育过程中，使用过熟的卵与精子受精获得雄性发育单倍体，由此发现过熟或老化的卵可以诱发染色体畸变，这与辐射后发现的卵子染色体畸变相类似，同样可导致雌性原核的遗传失活。

三、雄核发育二倍体的诱导

雄核发育的另一个关键就是雄核发育的二倍体诱导，雄核发育单倍体通常可以通过胚胎发育，但也会出现血液循环不全、水肿、围心腔扩大等单倍体综合征，发育至孵化期或孵化数天后陆续死亡。因此，要获得可成活的雄核发育后代，除卵子染色体失活外，还需阻止受精卵的第一次有丝分裂，使得染色体加倍。人工诱导雄核发育二倍体的方法主要有：物理方法，如温度刺激和静水压法；化学方法，如使用化学诱导剂使得染色体二倍化；生物方法，如杂交和核移植等。

（一）温度刺激

温度刺激分为热休克和冷休克，其原理是利用极限的温度引起细胞内酶构型的变化，抑制酶促反应的进行，导致细胞分裂时纺锤丝形成所需 ATP 的供应途径受阻，破坏微管的形成，阻止染色体的移动，从而抑制细胞的分裂有效地阻止第一次有丝分裂的发生。赵振山等人用大鳞副泥鳅（*Paramisgurnus dabryanus*）精子与灭活泥鳅的卵进行"受精"后，在 7～8℃的环境下冷刺激"受精卵"10min，获得了 30.3% 的大鳞副泥鳅雄核发育二倍体。相较于冷休克法，热休克的使用更为广泛。目前鲤鱼、斑马鱼、虹鳟等均通过热休克法获得雄核发育二倍体。

（二）静水压处理

静水压处理除了在多倍体育种和雌核发育的染色体加倍中应用外，在诱导雄核发育二倍化中也十分有效。其作用机制为：较大的细胞内压可以抑制纺锤体微丝和微管的形成，终止染色体的移动，阻止极体的排出或有丝分裂的进行，从而达到染色体加倍的目的。例如，将虹鳟鱼的精子与灭活的卵受精后，在静水压 5000～10000p 的环境中处理受精卵 4min，当压力达到 9000p 时，二倍化诱导率高达 32.5%～38.9%。

（三）远缘杂交及核移植

有时可在不同鱼类的远缘杂交中观察到自发雄核发育，但其出现频率极低。如雄性银鲫与普通鲫鱼杂交，其后代中有 5% 的鱼为雄核发育银鲫。鱼类远缘杂交引发雄核发育的机理，可能是一个亲本的染色体组在早期卵裂时因迟延而丢失从而导致雄核发育后代的出现。刘汉勤等人采用核移植技术成功地获得了人工雄核发育二倍体泥鳅。通过核移植获得的二倍体比杂交产生二倍体的比例要高得多。主要是所移植核是经过了染色体复制（1n～2n）的 G2 期细胞核，进行了一次受精卵必须进行的 DNA 合成（2n～4n）阶段，随后以正常或稍延迟的时间进行第一次卵裂（4n～2n），这样染色体加倍后形成了正常的纯合二倍体。

四、雄核发育二倍体的鉴定

与人工诱导雌核发育情况类似，在人工诱导雄核发育的过程中，处理卵核失活的这一步骤中常存在一些未被失活的卵核还可以为胚胎提供遗传物质，因此鉴定雄核发育二倍体与正常受精而产生的杂种二倍体就显得十分关键。雄核发育二倍体的鉴定方法与雌核发育二倍体鉴定方法类似，可以从形态学遗传标记法、染色体组鉴定法、同工酶分析法和分子生物学标记法等多个层面进行鉴定。

五、雄核发育在水产动物遗传育种中的应用

目前为止，精子的冷冻保存技术已经十分成熟，可将雄核发育技术与精子冷冻保存技术相结合，用精子与同种或亲缘关系较近的染色体灭活的卵子受精以恢复濒危物种种群，保护濒危动物。

快速建立纯系，雄核发育后代的遗传物质完全来源于父本，各基因座均处于纯合状态，通过雄核发育技术可快速建立纯系。

产生全雄群体，在鱼类中，ZW/ZZ 型鱼类的雄核发育后代应全部为 ZZ 型，在表型上全部应为雄性。XX/XY 型鱼类的雄核发育后代应为 50% XX 和 50% YY，XX 为正常的雌鱼，YY 为超雄鱼。超雄鱼和正常雌鱼杂交，所产生的后代理论上全都是雄鱼。

通过雄核发育可以进行性别决定机制的判别。雄核发育的后代，其性别决定完全由精子的性染色体控制，对雄配子异型的鱼类来讲，X、Y 两种精子的雄核发育后代，雌鱼（XX）和超雄鱼（YY）的比例应为 1:1。雄配子同型的鱼类，其雄核发育后代只有单一的雄鱼（ZZ）存在，这样可通过后代的雌雄个体出现率来判别该种鱼的性别决定机制。

雄核发育材料可以用于非染色体组遗传物质及核质同一性研究。雄核发育的另一个作用是用来分析线粒体 DNA 等非染色体遗传物质的遗传方式及核质遗传功能的研究。线粒体 DNA 等非染色体 DNA 在遗传方式上属于母性遗传，在雄核发育个体中也是这样，但我们可以将染色体组所带的基因与线粒体基因区分开。这种方式同植物学中的异质性研究一致，但在传统遗传学研究中，需要多代的回交才能完成，但在雄核发育只需一代即可。如果用两种不同的物种进行雄核发育，则和核移植一样，可以进行核质在遗传中所起作用方面的研究。

思 考 题

1. 简述雌核发育二倍体的诱导原理。
2. 雌核生殖和孤雌生殖有何不同点？
3. 如何鉴定雌核发育二倍体？
4. 雌核发育和雄核发育的人工诱导有什么应用价值？

第十六章 水产动物的性别控制

性别决定和分化是个体正常发育不可缺少的一环，也是种族繁衍得以延续的基础。性别一直是生命科学研究的重大命题之一，被誉为"自然的杰作"和"进化生物学中问题的皇后"（Bell，1982）。在一些水产养殖动物中，不同性别会引起生长速度、免疫能力、体型、体色等生产性能方面的显著差异。此外，消费者对鲟、蟹和海胆等水产养殖动物的成熟性腺存在着特定的消费需求。因此，性别决定和分化的遗传机制解析以及性别控制育种技术是水产养殖动物遗传育种研究的重点领域之一，具有重要的理论和经济意义。自刘建康先生1944年首次报道黄鳝（*Monopterus albus*）存在雌雄同体和性反转现象后，水产养殖动物性别决定和分化的相关研究不但在基础方面发展迅速，而且应用成果迭出。

第一节 性别决定系统的多样性和可变性

一、性别决定系统的多样性和可变性

（一）性别表现形式的多样性和可变性

绝大多数水产养殖动物表现为雌雄异体，采用两性生殖和卵生的方式繁衍后代，即通过减数分裂分别在卵巢和精巢中形成成熟的单倍体卵子和精子，然后分别产卵或排精，在体外受精后，卵核和精核相互融合，形成二倍体合子再经胚胎发育成为性别相异的雌雄个体，从而周而复始，世代繁衍。在鱼类和贝类中，雌雄同体现象也较常见。雌雄同体又可分为三种类型：雌性先熟型（protogyny）、雄性先熟型（protandry）、卵巢和精巢同步发育成熟型（simultaneous hermaphrodite）。

1. 雌性先熟型

即卵巢先发育成熟，长到一定年龄或体型再发生性别转变成为雄性个体，如黄鳝（*Monopterus albus*）和斜带石斑鱼。

2. 雄性先熟型

即精巢先发育成熟，之后再转变为卵巢，黄鳍鲷（*Acanthopagrus latus*）、黑鲷（*Sparus macrocephlus*）等鱼类。

3. 卵巢和精巢同步发育成熟型

这类情况比较少见，在少数鱼类中有相关报道，这些鱼类大多是通过自体受精的方式繁衍后代，如：斑纹隐小鳉（*Kryptolebias marmoratus*），但是其正常的种群中也会有

10％～20％的雄性个体，这表明除了自体受精外，它们应该还会与雌雄异体的雄性个体进行交配，以此增加种群遗传多样性。

除了上述三种情况外，在拟雀鲷属（*Pseudochromis*）中的一些物种中还存在双向性别转变（bi-directional sex change）的特殊情况。双向性别转变是指当两个功能型雌性个体在一起时，其中一个雌性个体会转变为雄性个体；而当两个功能型雄性个体在一起时，其中一个雄性个体会转变为雌性个体（Wittenrich and Munday，2005；Munday et al.，2010）。目前已在 8 目、34 科中发现约有 300～400 种鱼存在雌雄同体现象。"大小一有利模型"（size-advantage model）是目前得到最广泛认可的，用于解释雌雄同体个体发生性别转化重要性的理论模型。该模型认为，当个体较小或较年轻时，它以一种性别形式存在时具备了较高的繁殖力，而当它个体较大或较老时，则以另一种性别形式存在时可具备较高的繁殖力的话，那么，在它生活史的某一点将发生性别转换。

（二）性别决定系统的多样性和可变性

性别决定是未分化的双向潜能性腺决定向卵巢方向发育，还是向精巢方向发育的过程。而性别分化是指建立在性别决定、性别异形和次级性征的所有形态和生理变化。水产养殖动物的性别决定机制呈现多样性和物种特异性，几乎涵盖了目前所有已知的性别决定方式（Jalabert et al.，2005），既包含遗传性别决定（genetic determination：GSD），又有环境性别决定（environmental sex determination：ESD），同时还受遗传和环境共同作用的调控。

脊椎动物中，性别决定的机制呈现多样性和可变性（图 16-1）。绝大多数哺乳动物具有 XX/XY 性染色体系统，其性别是由位于 Y 染色体上的 *Sry* 基因控制的，*Sry* 会激活 *Sox9* 的上调表达，进而激活雄性性别分化通路：*Sox9* 作为转录因子激活 FGF9，促使穆勒氏管退化。分泌到细胞外的 FGF9 蛋白作为信号分子，维持 *Sox9* 基因的表达，同时作用于邻近的细胞，使前体细胞向睾丸支持细胞分化的过程中 *Sox9* 基因的表达量相对稳定，保证分化的同步，并触发细胞向 XY 性腺中迁移，稳定睾丸支持细胞的分化状态（Amanda Swain and Lovell-Badge，1999）。此外，FGF9 的上调表达还会抑制基因 *Wnt4* 的作用从而阻遏性通路（Kim et al al.，2006）；当 *Sry* 基因不存在时，Wnt4、β-catenin、Foxl2、Fst、Rspo1、Ctnnb1 等一系列调控卵巢发育的因子被激活，原始性腺朝卵巢方向发育（Capel，2017）。鸟类性染色体系统为 ZZ/ZW，其性别由位于 Z 染色体上的 Dmrt1 决定，ZZ 染色体的个体中 Dmrt1 的表达量高，进而激活 *Sox9* 和 *Amh* 等基因的表达，促使性腺朝精巢方向发育，ZW 个体中的低剂量 Dmrt1 不足以激活雄性性别分化通路中的相关基因，因此原始性腺朝卵巢方向发育。大多数爬行动物的性别决定受环境和遗传因素的共同调控，甚至有些物种的性别完全取决于胚胎发育的环境温度，常见于爬行动物（如红耳龟）。研究者发现，红耳龟的组蛋白 H3 第 27 位赖氨酸（H3K27）去甲基化酶 KDM6B 在其未分化性腺中呈现温度依赖型二态性表达分布，通过 RNA 干扰将产雄温度（male-producing temperature，MPT）胚胎 KDM6B 敲低后发现，80％～87％的 MPT 胚胎出现雄性向雌性逆转。他们还发现，KDM6B 通过消除 Dmrt1 启动子区 H3K27 三甲基化标记，直接激活其表达进而启动红耳龟雄性性腺发育（Ge et al.，2018）。

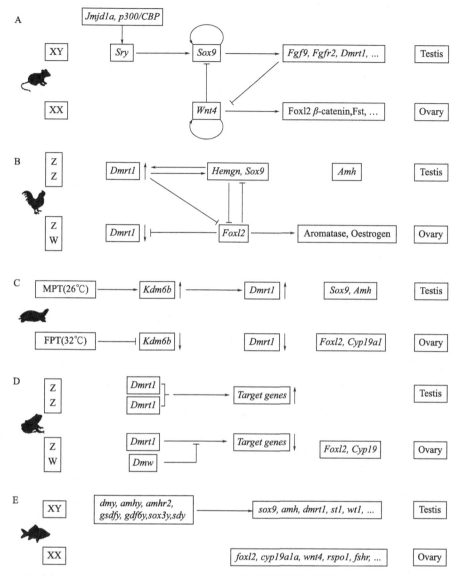

图 16-1　脊椎动物性别决定和性腺分化的基因调控网络（引自 Li and Gui，2018）

1. 遗传性别决定

遗传性别是指位于性染色体或常染色体上的性别决定基因先导调控并诱导相关性别决定基因级联反应的过程，最终调控原始生殖腺朝精巢方向或卵巢方向定向发育的过程。它是由受精时来自卵细胞和精子的染色体互相结合而决定的，因此也称为染色体性别（chromosomal sex）。水产动物中，仅在少数种类中鉴定出明显的异型性染色体，多数物种中并未观察到性染色体，而是常染色体上的基因在性别决定的过程中发挥重要作用。

能产生两种不同配子的性别称为异配性别。水产动物的性染色体呈现多样性，有 XX/XY 型雄性异配型，即：雄性个体可以产生 X 和 Y 两种不同类型的配子，而雌性个体仅能产生 X 一种类型的配子，如：黄颡鱼（*Pelteobagrus fulvidraco*）、尼罗罗非鱼（*Oreochromis niloticus*）、牙鲆（*Paralichthys olivaceus*）、虹鳟（*Oncorhynchus mykiss*）等；XX/XO

雄性异配型，即：雄性个体可以产生具有性染色体 X 和性染色体缺乏的（O）两种不同类型的配子，而雌性个体仅能产生 X 一种类型的配子，如：褶胸鱼（*Sternoptyx diaphana*）；ZW/ZZ 雌性异配型，即：雌性个体可以产生 Z 和 W 两种不同类型的配子，而雌性个体仅能产生 Z 一种类型的配子，如：日本鳗鲡（*Anguilla japonica*）、奥利亚罗非鱼（*Oreochromis aureus*）等；ZO/ZZ 雌性异配型，即：雌性个体可以产生具有性染色体 Z 和性染色体缺乏的（O）两种不同类型的配子，而雄性个体仅能产生 Z 一种类型的配子，如：短颌鲚。此外，在鱼类中还有 XX/XY_1Y_2、$X_1X_2X_1X_2/X_1X_2Y$、$X_1X_2X_1X_2/X_1X_2X_1$ 等不常见的性染色体构型。

一些位于常染色体上的基因在水产动物性别决定和分化的过程中发挥至关重要的作用，这类基因称为性别决定基因。这方面的研究多集中在鱼类中，2002 年，日本和德国科学家相继在青鳉（*Oryzias latipes*）中鉴定到的第一个鱼类性别决定基因 *dmy*，它由常染色体上的 *dmrt1*（doublesex and mab-3 related transcription factor 1）基因在 Y 染色体上的一个拷贝进化而来（Kobayashi et al.，2004；Nanda et al.，2002；Matsuda et al.，2002）。随后在其他鱼类中陆续鉴定出了一些性别决定基因，如：吕宋青鳉（*Oryzias luzonensis*）中的 *Gsdf*、罗非鱼中的 *Amhy*、恒河青鳉（*Oryzias dancena*）的 *Sox3*、红鳍东方鲀（*Takifugu rubripes*）的 *Amhr2*、银汉鱼（*Odontesthes hatcheri*）中的 *Amhy* 和虹鳟中的 *Sdy*、半滑舌鳎的 *Dmrt1*、斑点叉尾鮰的 *bcar1*。利用基因敲除技术使上述基因缺失会使物种发生性反转，进而产生遗传背景与性别表型不一致的现象（表 16-1）。

表 16-1　已鉴定的鱼类性别决定基因（改自 Li and Gui，2018）

基因缩写	物种	性别决定系统	祖先基因	参考文献
dmy	日本青鳉（*Oryzias latipes*）	XY	*dmrt1*	Matsuda et al.，2002
sox3y	恒河青鳉（*O. Dancena*）	XY	*sox3*	Takehana et al.，2014
dmrt1	半滑舌鳎（*Cynoglossus semilaevis*）	ZW	—	Chen et al.，2014，Cui et al，2017
amhy	尼罗罗非鱼（*Oreochromis Niloticus*）	XY	*amh*	Li et al.，2015
amhr2	红鳍东方鲀（*Takifugu rubripes*）	XY	*amhr*	Kamiya et al.，2012
gsdfy	吕宋青鳉（*O. Luzonensis*）	XY	*gsdf*	Myosho et al.，2012
gdf6y	Turquoise killifish（*Nothobranchiusfurzeri*）	XY	*gdf6*	Reichwald et al.，2015
sdy	虹鳟（*Oncorhynchus mykiss*）	XY	*irf9*	Yano et al.，2012
bcar1	斑点叉尾鮰（*Ietalurus punetaus*）	XY	—	Bao et al.，2019

2. 环境性别决定

许多脊椎动物都拥有不止一种性别决定体系，其性别除了受遗传因素影响外，还受环境因子的影响，是遗传和环境共同作用的结果。环境性别决定是指性别的分化不依赖于遗传物质的组成，而是受温度、外源激素、种群密度、pH 和光照等环境因素的影响或控制。其中，温度依赖型性别决定最为常见，在龟鳖类和少数鱼类中普遍存在。温度依赖型性别决定的本质是不同温度下雌激素的合成效率和芳香化酶的活性不同。对于大多数温度依赖性性别决定的物种，在其性腺发育的过程中存在温度敏感期。温度敏感期是指动物胚胎发育到某特定阶段时，孵化的温度对性别起到决定性作用，这是动物胚胎性别出现逆转的特殊时期，一般而言，在温度敏感期提高温度，会使后代雄性比例明显增高，而低温则会诱导卵巢的发育。如：银汉鱼的性别主要由环境和遗传两种因素共同决定，具有典型的 XX/XY 型性染色体，位于 Y 染色体上的 amhy 是银汉鱼雄性性别决定基因。温度可以诱导银汉鱼发生性别转变并改变群体中性别比例，当环境温度高于 25℃ 时，产生更多的雄性，当环境温度为13～15℃ 时，群体中雌性性别比例更高，而在 17～23℃ 条件下，群体中雌雄比例接近 1：1（Strüssmann et al.，1997）。

除温度外，外源激素也是一个重要的性别影响因子，利用性激素处理控制性别的研究也在很多脊椎类水产动物中取得成功。在鱼类性别分化早期，采用类固醇类激素处理，可以改变鱼类性别分化方向，产生遗传型和表型不一致的现象。Wang 使用 17α-甲基睾酮处理雌性先熟雌雄同体的斜带石斑鱼，可以使卵巢退化，诱导雌性向雄性转变，一般而言，用甲基睾酮的饵料投喂 5 周就可诱导 2 龄的石斑鱼发生性别转变。用外源激素诱导的"人工变性雄鱼"精子质量良好，与正常雄鱼的精子无异，可以作为石斑鱼生产性人工繁殖的雄性亲鱼来源。但是，停止外源激素的刺激后，石斑鱼又会回到原来的性腺发育轨道。目前，无脊椎动物中是否也能合成与脊椎动物同源的性激素尚存在争论，无脊椎动物的性别分化受脊椎动物性激素影响的报道也并不多见。

3. 遗传性别决定和环境性别决定的相互转换

鱼类以及一些低等脊椎动物的性别具有极强的可塑性。一定条件下，遗传性别决定和环境性别决定之间可以互换。桂建芳院士团队在银鲫（Carassius gibelio）中揭示了温度战胜性染色体，遗传性别决定和温度性别决定系统互换的现象。银鲫，既可以行单性雌核生殖又可以行有性生殖。大约在 50 万年前，同域四倍体鲫经过同源多倍化形成了六倍体银鲫（Li et al.，2014）。新形成的六倍体银鲫为了突破多倍体的繁殖瓶颈，形成了独特的天然单性雌核生殖的方式（Li and Gui，2018；Gui and Zhou，2010）。在六倍体银鲫的二倍化过程中，银鲫逐渐获得了有性生殖能力，并形成了由超数微小染色体决定的遗传性别决定系统。年平均气温是影响银鲫性别的最关键的环境因子。把同一个雌核生殖家系的子代分别饲养在 16、19、22、25、28、31℃ 水温条件下，当幼苗性腺分化前生长发育的环境温度较低时（<20℃），银鲫雌核生殖子代全部为雌性；随着环境温度的逐步升高，雌核生殖子代中雄性比例也逐渐提升，甚至在 31℃ 高温饲养时部分品系的雌核生殖子代全部为雄性。当银鲫雌性个体与这些温度依赖型雄性个体再进行繁殖时，仍然行雌核生殖，低温时产生全雌子代，高温时产生雄性子代，子代的性别仍然受性腺分化前幼苗生长发育的环境温度决定，具有温度依赖型性别决定系统（Li et al.，2018；Li and Gui，2018）（图 16-2）。

二、性别转变的分子机制

性别转变是雌雄同体物种生活史中正常发生的一个阶段，一些物种也会由于环境压力，如温度、pH、光周期，以及种群内部关系等环境或社会因素诱导性别转变。针对水产养殖动物性别转变分子机制的研究主要集中在鱼中，鱼类性别转变过程中涉及的行为学的改变、

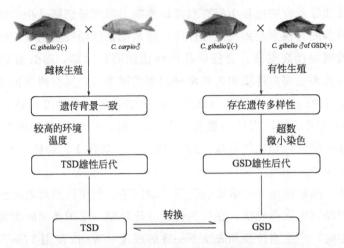

图 16-2　遗传性别决定和环境性别决定系统的相互转换（改自 Li and Gui，2018）

性腺结构的改变及生殖细胞形态学的改变和性别分化信号通路中基因的动态表达变化等。

从神经内分泌水平看，鱼类的性别转变可能受到生殖和压力的两个内分泌轴的共同调控，即"下丘脑-垂体-性腺"轴（hypothalamic-pituitary-gonadal，HPG）和"下丘脑-垂体-肾间组织"轴（hypothalamic-pituitary-interrenal，HPI）。HPG 轴控制所有脊椎动物的繁殖和发育，HPG 轴和 HPI 轴协调作用共同负责传递环境因素、启动性别转变。例如，在一些雌性先熟、性别受到社会因素影响的雌雄同体鱼类中，如果一个种群失去了占领导地位的雄性个体，这种社会因素就会刺激种群中个体较大的雌性个体的下丘脑分泌更多的精氨酸催产素（arginine vasotocin，AVT）和去甲肾上腺素（norepinephrine，NE），这些激素水平的改变会快速诱导性别转变。同时，影响了促性腺激素释放激素（gonadotropin-releasing hormones，GnRH）和促黄体生成素（luteinizing hormones，LH）的合成和释放，进而诱导卵巢细胞凋亡和使皮质醇含量升高。在表观遗传因子和高含量的皮质醇的共同调控下，雌二醇（17β-estradiol，E2）的生成被抑制，而 11-甲基睾酮（11-ketotestosterone，11KT）含量快速升高，从而诱导卵巢发育通路转向精巢发育通路（Godwin，2010；Ortega-Recalde et al.，2020）。

表观遗传修饰可能是连接环境刺激和性别转变起始以及随后维持性别表型之间的关键因素（Ortega-Recalde et al.，2020）。已有很多证据表明，表观遗传因子可能通过调控性别信号通路中的关键基因的 DNA 甲基化、组蛋白修饰等，调控性别转变，但其分子调控机制目前尚不清楚。皮质醇诱导的芳香化酶 Cyp19a1a 在性腺中表达水平的下降被认为是由雌性向雄性转变的关键信号。

三、性别控制的意义

1. 提高群体生长率

一些水产动物在生长速度、免疫力等方面具备明显的雌雄差异，进行单性养殖，能显著提高经济效益。比如黄颡鱼、罗非鱼、罗氏沼虾等雄性的生长速度明显优于雌性的生长速度。

2. 控制繁殖速度

有些水产养殖动物繁殖能力强、一年多次产卵，过度繁殖会导致养殖密度变化过大，养殖群体中的个体不均一，降低产品的质量，全雄化养殖则可避免上述情况的发生。

3. 延长有效生产期

海胆的性腺是唯一可食用部分，因此每年仅有特定季节可以食用，而雄性海胆的繁殖期较雌性海胆的繁殖期长，若实现全雄化养殖，可延长有效生长期，实现大幅度的增产。

4. 缩短育种时间

培育优良品种，实现种质创新一直是水产养殖中的重点问题，但是有些水产动物的繁殖周期长，使得遗传育种工作开展起来极为耗时。雌核发育是水产经济动物种质改良、建立全雌化后代、缩短育种年限的有效方法，并且已经成功运用在多种水产养殖品种。譬如：利用热休克或静水压法抑制卵母细胞第二极体排出诱导虹鳟雌核发育、使用电刺激诱导栉孔扇贝雌核发育。

5. 提高产品质量

性腺发育及生殖行为会消耗大量的能量，不育品种则可以把原本用于生殖的能量用于肌肉生长，进而提高产品的质量。另外，观赏性水产养殖品种，雌雄之间一般也存在差异，雄性的体型更加健壮、颜色更加艳丽，具备更高的市场价值。对观赏品种进行性别控制，能显著提高经济效益。

6. 提高性腺产品附加价值

一些水产动物的性腺具备较高的商业价值，比如鱼子酱（鲟鳇鱼的卵巢）和蟹黄（雌蟹的卵巢），在上述物种中实现全雌化养殖可以显著提高经济效益。

第二节　水产动物性别的人工控制

一、鱼类性别的人工控制

（一）鱼类的性别

鱼类的数量占据脊椎动物物种总量的 1/2 以上，是水产动物养殖中人类获取动物蛋白的一个主要途径。鱼类的性别表型及生殖策略丰富多样，既有雌雄异体（斑马鱼），又有雌雄同体（石斑鱼），既可以行有性生殖，有能行单性生殖。其性别决定机制几乎包含了所有已知的性别决定类型，既有性染色体决定型，又有位于常染色体上的性别决定基因决定型、有的还受到温度等环境因子的影响。早在 1944 年，刘建康先生就观察到黄鳝个体存在明显的雌雄差异，高龄的、个体大的多为雄性，而低龄的、个体小的多为雌性，并揭示了黄鳝在生活史中具有雌雄同体和性反转的现象，雄性个体都是由雌性个体发生性反转产生的。随后在多种鱼类（如石斑鱼、黑鲷、金头鲷等）中发现了雌雄同体天然性反转的现象。黄颡鱼、黑鲷等养殖鱼类的雄性个体生长速度均优于雌性个体的生长速度。

（二）鱼类性别的人工控制

在鱼类养殖中，通过人工干预改变其遗传性别所主导的发育方向，使得养殖群体朝着人类设计的方向发展，进而开展全雌化养殖、全雄化养殖或不育养殖，可以实现养殖产业利益的最大化。鱼类性别控制的方法主要有以下几种：

1. 种间杂交

种间杂种（interspecies mating）指的是同属不同种的两个个体间进行杂交（种间杂交）所产生的杂种子代，是远缘杂交的一种。其原理是不同物种间的性别决定机制不同，产生的配子类型不同，当雄性异配（XX/XY）的雌性（XX）与雌性异配（ZW/ZZ）的雄性杂交时，所产生的杂交子代全都是异配型（XZ），且其性别表型为雄性。利用种间杂交培育全雄后代早在1960 年就由 Hickling 在莫桑比克罗非鱼和霍诺鲁姆罗非鱼中得以证实，其育种技术路线如图 16-3 所示。

莫桑比克罗非鱼(♀)　×　霍诺鲁姆罗非鱼(♂)

XX　　　　　　　　ZZ

↓

XZ

全雄化杂交后代

图 16-3　种间杂交培育全雄罗非鱼技术路线

种间杂交的实质是两种不同类型性染色体之间的杂交，虽然在很多其他的物种中也存在具有不同配子类型的情况，但是可以进行种间杂交产生单性群体且具有较好可育性的案例并不多。

2. 人工诱导雌核（雄核）发育

自然界中约有 30 多种鱼类存在天然全雌种群，人工诱导雌核发育是多倍体育种过程中解决后代不育的重要方式。水产动物的配子具备发育成完整胚胎的能力，这也就为人工诱导雌核发育提供了可能。人工诱导雌核发育和雄核发育的原理及技术路线基本一致，简言之，就是利用物理或者化学的方法，如紫外线、X 射线照射、乙烯脲处理等均可使精子失活，失活的精子与成熟的卵子结合后，仍然会激活卵的发育，随后再利用冷休克等方式使卵子的染色体组加倍，培育出单雌群体。人工诱导雌核发育的过程中，也可能会面临二倍化比率不高，幼体成活率低、个体差异大、雌核发育后代自交衰退等现象。

3. 激素诱导

类固醇激素（steroid hormone），又称甾体激素，在维持生命、调节性功能以及生育控制等方面行使重要的功能。其中，性激素，尤其是雌二醇和睾酮可以影响脊椎动物的性别分化及性腺发育。采用激素诱导鱼类发生性转变是使用最为广泛的技术，已经在多种鱼类中成功应用。例如：使用 17α-甲基睾酮处理会导致牙鲆（Paralichthys olivaceus）发生由雌性到雄性的性逆转现象，用 17β-雌二醇处理青鳉（Oryzias latipes）会诱导其朝雌性发育。激素诱导的方法主要有口服法、浸泡法、注射法及埋植法。其中口服法和浸泡法可以广泛应用到养殖生产中，而埋植法和注射法由于工作量巨大、操作繁琐在实际应用中并不广泛。

4. 鱼类不育技术

繁殖季节，鱼类会把大部分自身的能量用于繁殖行为及性腺发育，卵子会充满整个腹腔，进而导致可食用的肌肉部分减少。培育不育的鱼类就可以提高肌肉产出率，还可以自然放养而不必担心基因污染影响其它种类的种群结构。培育不育的鱼类有很多方式，比如远缘杂交、高剂量性激素处理、人工诱导三倍体等。

5. 性别决定基因敲除（敲降）

随着高通量测序、荧光原位杂交、基因敲除技术的分子生物学技术的蓬勃发展，在多种鱼类中鉴定出了性别决定基因。通过基因敲除的手段从基因组剔除性别决定基因或通过基因敲降技术使该性别决定基因表达沉默，均可能使该物种发生性逆转，产生遗传背景与性别表型不一致的现象。例如，在青鳉中注射 Dmy 基因的反义 RNA，会影响 $Gsdf$、$Sox9a2$ 和 $Rspo1$ 等基因的表达，同时会使雄鱼发生性逆转。

二、贝类的性别控制

贝类隶属于软体动物门，针对贝类性别决定和性别分化的研究多集中在性腺发育及生殖周期上。大多数的贝类是雌雄异体的，少数物种为终生雌雄同体，如海湾扇贝（*Argopecten irradians* Lamarck）、大扇贝（*Pecten maxims*）和光滑蓝蛤（*Aloidis laeris*）等，它们一生中没有性转换，可自体受精。但在雌雄异体的一些贝类的群体中会发现一些雌雄同体的个体，表明它们在生活周期的某个阶段发生了性反转，并有短时的雌雄同体现象，如在栉孔扇贝（*Azumapecten farreri*）、华贵栉孔扇贝（*Chlamys nobilis*）、虾夷扇贝（*Patinopecten yessoensis*）中都发现了少数雌雄同体的个体。处于雌雄同体时期的双壳类性腺一般可分为滤泡混合型（mixfollicular type）和滤泡并存型（para-follicular type）两种类型，其中前者的雌雄两种生殖细胞在同一滤泡中出现，而后者的雌雄生殖细胞分别位于不同的滤泡中，雌雄滤泡并存于性腺中的不同区域，但在虾夷扇贝等的性腺中观察到了两种类型并存的现象（于非非等，2007）。

牡蛎科中的物种性别转换的频次特别高，有时甚至会一年发生两次转变，从雌性转变为雄性，再从雄性转变为雌性。牡蛎是软体动物门中唯一揭示性别决定通路的物种。牡蛎中的 $SoxH$ 是牡蛎性别决定通路中重要的调控因子，$SoxH$ 促进下游信号通路中 Dsx 表达进而调控精巢的发育，与此同时 $SoxH$ 还可以促进 $Foxl2$ 的表达进而调控卵巢的发育。在多数贝类中并未观察到明显的异型性染色体，但是，周丽青通过核型分析明确栉江珧的性别决定机制属于 XX/XY 型。高通量测序技术在探究贝类性别决定机制中也发挥了至关重要的作用，通过对栉孔扇贝卵巢和精巢差异表达基因进行高通量筛选及 RNAi 实验的验证，证实栉孔扇贝卵巢的发育以及卵子的发生受到 $Foxl2$ 的调控，而 $Sox2$ 调控其精巢的发育以及精子的发生。而在虾夷扇贝中，卵巢的发育以及卵子的发生仍然受 $Foxl2$ 调控，但调控精巢的发育以及精子的发生不是 $Sox2$，而是 $Dmrt$。值得关注的是，郭振义在虾夷扇贝 $Foxl2$ 基因附近开发了 3 个雌性特异分子标记，并推测虾夷扇贝的性别决定机制为 ZZ/ZW 且预测虾夷扇贝性别决定区可能在 $Foxl2$ 基因 -45Kb 至 $+23$Kb 区间。除去在分子水平的研究外，针对贝类性激素方面也陆续展开了相关研究。在虾夷扇贝、蛤仔中均检测到了与脊椎动物同源的雌二醇、睾酮、孕酮等性激素，用掺入 $10\mu g/L$ 的雌二醇的海水持续浸泡菲律宾蛤仔两个月，会出现 2% 的雌雄同体蛤仔。

三、虾蟹类的性别控制

甲壳动物的性染色体分化处于萌芽状态，由于十足类动物细胞有丝分裂中期，染色体大多呈现点状（一般不超过 $4\mu m$），难以辨认着丝点，因此很难进行核型分析。在已经进行核型分析的个体中，有 49 个物种具有异性性染色体，包括 XX/XY 型、XX/XO 型、ZW/ZZ 型及 ZO/ZZ 型。促雄性腺又名雄性腺，是甲壳动物特有的内分泌腺，其所分泌的促雄性激素，具有诱导甲壳动物性别分化、促进精子及第二性征形成的作用。1954 年，法国生物学家 choiaux Cototn 首次在跳钩虾属的 *Orchestia ganamelral* 中发现该腺体，命名并阐述了其可控制雄性生殖系统分化的功能，并认为雄体和雌体各具有编码雄性和雌性分化的基因，两者的基因组仅在促雄性腺遗传控制上不同。此后，其他学者也纷纷报道了软甲亚纲虾蟹类的促雄性腺。据吴萍等报道，软甲亚纲约有 43 种，其中虾蟹类约有 26 种进行过促雄性腺研究。大量研究证明促雄性腺在雄性甲壳类动物的性别分化、精子发生及雄性第二性征维持中发挥重要作用。在性别分化已经完成的罗氏沼虾中人为摘除或植入促雄性腺可使罗氏沼虾性别发生逆转，从而改变生理性别。通过移植促雄性腺（Androgenic gland，AG）获得的伪雄罗氏沼虾与正常雌性个体杂交 F_1 代雌雄比例约 3∶1，而 F_1 代雌性个体与伪雄罗氏沼虾回交的 F_2 代中雌雄比例为 6.63∶1（Malecha，2012）；此外，通过摘除促雄性腺获得的伪雌罗氏沼虾与正常雄性个体杂交，获得的 F_1 代性别全为雄性（Aflalo et al.，2006；Rungsin et al.，2006）。因此，根据性逆转及杂交试验的性别比可推测罗氏沼虾属于 WZ/ZZ 染色体性别决定类型，且表现为雌异（WZ）雄同（ZZ）。此外，甲壳类动物特殊的进化地位导致其性别分化过程极易受外界环境因素如温度、盐度、pH、食物丰度、光照和水质，以及环境内分泌干扰物（壬基酚）等的影响。

性别控制技术开发是实现罗氏沼虾单性化养殖的基础，而性别控制技术的重点在于挖掘和鉴定性别分化与性别决定的关键基因。近年来，借助高通量测序技术及 AFLP 技术，大量的性别特异分子标记在虾蟹类中被陆续鉴定。*Mr-IAG* 基因是甲壳类动物雄性特异基因，最早在雄兰蟹中鉴定出来，随后陆续在小龙虾、青蟹、对虾等甲壳类物种中被鉴定出来。注射 *Mr-IAG* 双链 RNA 使其基因表达沉默会使罗氏沼虾精子发生受阻。*Mr-IR* 基因则通过调控 Mr-IAG 基因表达上调促进促雄性性腺的发育进而调控甲壳类动物的性别分化。Ventura 等（2011）利用 AFLP 技术鉴定出一段与罗氏沼虾性别相关、3kb 长的基因组区域，并开发了 2 条可靠的 SCAR 分子标记。

值得注意的是，目前罗氏沼虾已经成功培育出全雌个体及全雄个体。最早在 1990 年，Sagi 等（1990）通过摘除早期雄性罗氏沼虾的促雄性腺，使雄性个体发生体性逆转，发育为伪雌（表型 WZ，生理型 ZZ）个体，随后，将伪雌个体与正常雄性个体杂交即可获得全雄后代。罗氏沼虾性别特异分子标记的开发使得在繁育的早期阶段即可准确地鉴定其性别，这为实现单性养殖奠定了稳固的基础。Ventura 等（2012）采用注射 *Mr-IAG* 基因的双链 RNA 使其基因表达沉默，也实现了雄性罗氏沼虾的性逆转并获得伪雌个体；与正常雄性个体进行杂交后，F_1 代罗氏沼虾全为雄性个体（图 16-4）。基于以上研究基础，到了 2015 年，Lezer 实现了大规模全雄罗氏沼虾的生产，罗氏沼虾的性逆转成功率达 86%。伪雌个体的体重较正常雌性个体重，生长速度快，养殖产量较雌雄混养模式提高 17%，对应经济利润提高 60%（吕华当和沙燮雪，2014）。

图 16-4　全雄罗氏沼虾的培育生产流程

　　雄性罗氏沼虾生长速度快，产量高，但是性情凶残且具备明显的领地意识，因此单位养殖密度低。与之相比，雌性罗氏沼虾的性情温顺、单位养殖密度高且具有高营养价值的虾黄。因此，继实现罗氏沼虾的全雄养殖之后，全雌选育成为一种新的养殖理念。2016 年，Sgai 团队采用移植雄性腺体方法替代传统的激素、化学处理或转基因方法，以获得超雌虾群体（WW 型），目前已实现大规模的商业化模式运转（图 16-5）。

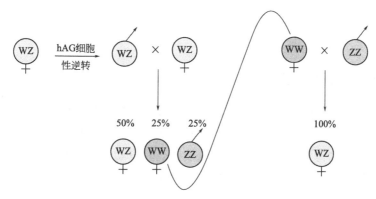

图 16-5　全雄罗氏沼虾的商业化培育生产流程

四、龟鳖类的性别控制

　　爬行动物（Reptilia）迄今为止已经存在了 3 亿多年，在生命的进化过程中占有极其重要的地位。爬行动物中的龟鳖类是重要的水产养殖品种，中华鳖是较有代表性的动物，它既可以作为食用滋补，又可以入药，具有较高的营养、医用及经济价值。黄喉拟水龟、巴西龟、红耳龟等则具有较高的观赏价值。龟鳖类的性别不仅受遗传因素的影响，还普遍受环境温度的影响，其中温度是影响龟鳖类性别决定的主要因子。

　　1962 年，Becak 首次在爬行动物中发现异型性染色体，这让人们意识到爬行动物中也存在性染色体。在龟鳖目中，北美泥龟科十字龟属中的两种（S. valvini、S. tripocatus）具有 XX/XY 型性染色体。近年来，已有研究表明，中华鳖存在微小性染色体（Z/W），属于 GSD 机制。在中华鳖 33 对染色体中，1～6 号为大型染色体，其余均为小型染色体。由于龟鳖类的繁殖周期长，很难采用基因敲除来研究基因功能。近年来，孙伟等通过慢病毒干扰介导基因表达沉默证实了 Dmrt1 和 Amh 基因是中华鳖雄性分化的关键基因。Cyp19a1 是调控卵巢早期分化的重要因子，在启动雌性分化通路中起关键作用。用芳香化酶抑制剂或 Cyp19a1-shRNA 处理，会导致中华鳖由雌性向雄性发育的性逆转现象。Sox9 被认为是雄性性分化的另一关键基因。在巴西龟性别分化的温度敏感早期，Sox9 在雌雄性腺中无差异表达，到温度敏感的中后期 Sox9 在雄性性腺中表达显著上升，在雌性中显著下降。此外，内源性雌激素处理巴西龟，会抑制 $Sox9$ 的表达，促使性腺向雌性发育。反之，用芳香化酶抑制剂诱导雌性的胚胎向雄性发育，且 $Sox9$ 的表达水平显著上调。

除遗传因素外，温度是影响龟鳖类性别决定的主要因素，温度依赖型性别决定模型（Temperature sensitive period，TSP）主要分为三种：①MF（TSD I a）型，指低温产雄性，高温产雌性；②FM（TSD I b）型，指高温产雄性，低温产雌性；③FMF（TSD II）型，指低温和高温均会产雌性，而中间温度则产雄性。值得注意的是，TSD 类型的爬行动物在性腺发育中都有特殊的温度敏感期，指动物胚胎发育到某特定阶段时，孵化的温度对性别起到决定性作用，这是动物胚胎性别出现逆转的特殊时期。温度敏感期一般是在整个胚胎孵化周期的前 1/3 时期（第 14～21 期内），存在种间差异，即使是同一物种也会存在性别差异。例如，淡水龟鳖类的胚胎发育周期可分为 27 期，海龟的胚胎发育周期可分为 31 期；红耳龟雄性周期在 16～21 期，雌性周期在 17～19 期。温度依赖型性别决定的实质是性腺中的 $Dmrt1$、$Sox9$、$Dax1$、$Wt1$ 和 $Foxl2$ 等性别决定基因受温度因子的调控。当温度改变时，这些关键调控因子也会做出相应的变化。

五、棘皮类的性别控制

棘皮动物（Echinodermata）是继脊索动物的第二大类后口动物，在物种进化、系统发生及分类地位中均处于重要位置。其中，海胆、海参、海星与海蛇尾具有较高的食药用价值，海参和海胆属于"海产八珍"，经济价值极高。棘皮动物的性别表型呈现物种特异性和多样性。绝大多数棘皮动物属于雌雄异体，少数会在整个生活史中发生性逆转，存在雌雄同体现象。

早在 20 世纪初，一些学者针对棘皮动物的染色体展开了研究并试图揭示其染色体的带型。由于棘皮动物的染色体较小且紧聚，因此，进行染色体核型分析十分困难。棘皮动物的染色体数目为 36～46，与其他物种相比，棘皮动物的染色体数目显示出了高度的保守性，但是稳定的染色体数目并不一定意味着棘皮动物的进化过程中没有染色体演化。性染色体通常被认为是从一对常染色体演化而来，进化过程中积累的突变使得原始的常染色体上的某个或某几个基因可以决定性别。棘皮动物性染色体的研究一直是研究人员探究的热点和难点。

最早的时候，通过白海胆（Lytechinus pictus）人工孤雌生殖实验发现存活个体都是雌性，因此推测海胆的性别可能属于雄性异配（Brandriff，Hinegardner and Steinhardt，1975）。Colombera 通过染色体观察推测棘皮动物没有可以区分的性染色体（Colombera，1976）。但是，在紫海胆的胚胎时期进行切割可以获得同样性别的个体，意味着紫球海胆性别可能是由染色体决定的（Cameron，Leahy and Davidson，1996）。1996 年，在拟球海胆（Paracentrotus lividus）中发现了异形性染色体，并根据其核型分析提出性别决定机制属于 XX/XY 型（C. Lipani，1996）。随后，在马粪海胆、紫海胆和绿海胆中也观察到了异形性染色体（常亚青，2006，Eno C，2009）。

随着高通量测序技术的迅猛发展，紫海胆、棘冠海星和仿刺参相继完成了全基因组测序工作（Sodergren E，2006），（Hall MR，2017）（Xiaojun Z，2017）。全基因组测序工作的完成为棘皮动物性别标记基因的挖掘提供了海量的数据。针对棘皮动物性别决定和性别分化相关的研究主要集中在性腺发育、配子发生以及性腺转录组测序等层面。近期，研究者们通过简化基因组测序技术，在刺参中鉴定出 1 个雄性特异 DNA 分子标记，可以快速、精准地鉴定刺参生理性别，并推测刺参的性别决定应该是 XX/XY 型。采用同样的方法，在光棘球海胆开发出 3 个可用于性别鉴定的雌性特异 DNA 分子标记，并推测光棘球海胆的性别决定类型为 ZW/ZZ 型。在光棘球海胆的卵巢转录组数据库中鉴定了八个与卵巢成熟相关的基因，包括 *Mos*，*Cdc20*，*Rec8*，*YP30*，*cytochrome P450 2U1*，*ovoperoxidase*，*proteoliaisin* 和 *rendezvin*（Jia et al.，2017），47 个雄性特异的小分子 RNA（MicroRNAs）和 51 个雌性特异的小分子 RNA（Mi et al.，2014）。此外，一些进化上高度保守的性别标记基因也通过高通量测序工作得以挖掘，Sun 等通过性腺转录组测序在光棘球海胆中鉴定了多个性别差异表达基因，其中包括雄性特异表达基因 *dmrt1*、生殖细胞标记基因 *nanos2*、与卵巢发育和维持相关的基因 *foxl2* 等。此外，作为一种 DNA 甲基转移酶，DNMT1 在刺参的精巢中特异表达，暗示着刺参的性别发生可能与甲基化有关（Hong H，2019）。

思　考　题

1. 对水产动物进行性别控制有何重要意义，试举例说明。
2. 水产动物的性别决定受哪些遗传和环境因素的影响？
3. 如何实现罗氏沼虾单性化养殖？
4. 水产动物性别决定有哪些类型？

第十七章　分子标记技术及其辅助育种

第一节　分子标记育种的技术基础

一、基因克隆技术

分子育种的开展是在以下技术的基础上发展起来的，基因工程技术是科学家们能够获得基因并仔细研究基因的根本技术。这些技术有 3 个关键点：一个是 DNA 内切酶的发现使 DNA 长链切割成适宜的短键成为可能；另外 DNA 连接酶的发现可以将不同来源的 DNA 连接在一起，这是大量制备目标 DNA 克隆的前提。再就是将质粒或噬菌体转化进入细菌的技术。1972 年把一种猿猴病毒的 DNA 与 λ 噬菌体 DNA 用限制性核酸内切酶切制后，再用 DNA 连接酶把这两种 DNA 分子连接起来，产生了一种新的重组 DNA 分子，这是第一个人工获得的重组 DNA 分子，标志着分子克隆技术诞生了。1973 年，科恩（S. Cohen）等将分别编码卡那霉素抗性基因和四环素抗性基因的两种质粒经酶切、连接形成一个重组质粒，再将重组质粒转入大肠杆菌，这些转化质粒的大肠杆菌具有双重抗性，既能抗卡那霉素也能抗四环素，第一次利用 DNA 重组技术获得了有新性状的生物，基因工程技术由此诞生了。

二、PCR 技术

PCR（plymerme chain ecion）技术是 Mulis 博士 1983 年在美国 PE 公司做研究时发明的扩增基因片段的技术，使基因克隆变得异常简单。PCR 技术的要点是在体外模仿 DNA 在生命体内的复制过程，使目标 DNA 小片段在酶等反应物的作用下从很小的量在短时间内复制出成百万倍，方便进行测序酶切等结构与功能研究。其基本原理是根据目标片段序列设计上、下游两段寡核苷酸片段作为 DNA 复制所需的引物，在 DNA 聚合酶的作用下，引物与 DNA 模板结合并从 $5'$-$3'$ 方向引入一个个碱基而合成一个 DNA 新链，由于 DNA 模板都是双链，而引物又都是过量的，则每一循环反应都生成一对新链，如果反应开始时，模板中仅有 1 个 DNA 双链、每循环反应都增加一倍，那产量是 2 的 N 次方，如果有 30 次循环，就可以从单个 DNA 片段达到 10^9 拷贝即 10 亿个分子。

三、测序技术

检测基因座的不同基因型即分析 DNA 标记的内基因型都依据测序技术，尤其随着现在高通量技术越来越多，基因型分析的商业服务也越来越多。由于测序成本的降低，将样品送到商业服务公司进行测序再将结果与样本对号分析鉴定出每个样本在目标基因座上的基因型，应该是很好的选择方案，毕竟测序是获得基因序列最准确的技术。按目前的技术服务，利用测序技术开展基因型分析可以有如下战略：①PCR 扩增产物的测序；②所有目标样本的总基因组 DNA 测序；③目标生物特定组织的 mRNA-cDNA 的测序。

第二节　遗传标记概述

遗传标记（genetic markers）是指可以明确反映遗传多态性的生物特征，它是进行育种学研究的主要技术指标之一，遗传标记的发展主要经历了 4 个阶段，表现出了 4 种类型：形态标记（morphological markers）、细胞学标记（cytological markers）、生化标记（biochemical markers）和分子标记（molecular markers）。

一、形态标记

形态标记是指生物的外部特征特性，包括质量性状作遗传标记和数量性状作遗传标记，例如鱼的体色、体高、体重等。由于形态标记具有典型的外部形态特征，容易识别，因而可用来研究性状间的相互关系，并对不同性状进行分组和归类，同时对影响这些特征的基因及其染色体、基因与相邻基因在染色体上的相对位置等得到阐明。因此，可以用它标记某一染色体区段，并对其他未定位的基因进行连锁分析。形态标记最早被用于动物的遗传检测和基因定位，为生理、生化等性状的遗传研究以及动物育种改良奠定了基础。形态标记虽然易于识别和掌握、简单直观，但存在着标记数量少、多态性差和易受环境因素影响等不足。

二、细胞学标记

细胞遗传学研究发现，染色体数目的变化（如单体、缺体、三体、四体等）和染色体结构的变异（如缺失、易位、倒位、重复等）常常会引起某些形态性状的异常。因此，可以将染色体核型和带型作为一种遗传标记，用来测定基因所在的染色体及相对位置，也可通过染色体置换等进行基因的定位。染色体组型和带型统称为细胞学标记。染色体组型是指生物体细胞所有可测定的染色体特征的总称，包括染色体总数、染色体组数、每条染色体大小和形态、着丝点的位置等。它是物种特有的染色体信息之一，具有很高的稳定性和再现性。带型是用染色体分带技术所产生的明显的染色带（暗带）和未染色的明带相间的带纹，使染色体呈现鲜明的个体性。作为一种遗传标记，细胞学标记虽然克服了形态标记的某些不足，但同样存在着标记数量少的缺点。

三、生化标记

生化标记是指生物的生化特征特性，是以基因表达产物蛋白质为基础的标记，主要包括血型标记、血清蛋白标记和同工酶标记。生化遗传标记具有经济方便的优点，而且多态性也较表型和细胞遗传标记丰富，已被广泛用于物种起源、分类和育种研究中。但是蛋白质作为基因表达的产物，既受遗传物质制约，也受发育阶段、环境条件等因素的影响，同时生化标记提供的遗传标记数目远远不能满足遗传育种的要求，再加上其取样及分析方法的限制，使生化标记的实际应用存在一定局限性。

四、分子标记

针对传统遗传标记（形态标记、细胞学标记、生化标记）的缺陷，20 世纪 80 年代 DNA 分子标记技术迅速发展起来。1980 年美国的 Botstein 认为 RFLP 可以作为遗传标记，由此开创了直接应用 DNA 多态性发展遗传标记的新纪元。随后 DNA 多聚酶链式反应 (Polymerase chain reaction，PCR) 技术的出现，更推动了分子标记技术的发展。目前，已发展出了数十种分子标记技术。分子标记直接以 DNA 的形式表现，不受环境影响，不受基因表达与否的限制，可对各发育时期的个体、器官、组织、细胞等作检测。分子标记是传统遗传标记的补充与发展，由于其独特的优越性，自诞生之日起就引起了遗传育种研究者们的普遍重视。随着高密度的遗传图谱的构建，DNA 分子标记将遍布整个基因组，使我们有可能对整个基因组的遗传进行把握，必将为遗传和育种研究开辟更多的新兴领域。

第三节　分子标记的类型及原理

理想的分子标记应该达到以下几个要求：①遗传多态性高；②共显性遗传，信息完整；③在基因组中大量存在且分布均匀；④选择中性（即无基因多效性）；⑤稳定性、重现性好；⑥信息量大，分析效率高；⑦检测手段简单、快速，易于实现自动化；⑧开发成本和使用成本尽量低廉；⑨重复性好，便于数据交换。目前，分子标记技术已经发展到几十种。但是，任何一种分子标记均不能满足所有要求，应用时根据目的需要来选择标记方法。

下面对在动物遗传育种中应用广泛的主要的分子标记技术作介绍。

一、限制性片段长度多态性（Restriction Fragment Length poly-mophism，RFLP）

（一）RFLP 标记的原理

RFLP 的基本原理是利用限制性内切酶对特定生物类型的基因组 DNA 进行酶切，产生数百万条 DNA 片段，通过电泳将这些不同长度的酶切 DNA 片段分离开来，然后将它们按原来的顺序和位置转移到支持膜（尼龙膜或硝酸纤维素膜）上，用放射性同位素（如^{32}p）或非放射性物质（如生物素、荧光素等）标记后的 DNA 片段作为探针，与膜上的 DNA 酶切片段进行杂交（即 Southern 杂交），若某一位置上的 DNA 酶切片段与探针序列相似，或者说同源程度较高，则标记好的探针就结合于这个位置上，后经放射自显影或酶学检验，即可显示出与探针含同源序列的酶切片段在长度上的差异。

（二）RFLP 标记的特点

RFLP 标记有如下优点：①无表型效应，RFLP 不受发育阶段或器官特异性的限制，也不受基因互作的影响，其标记的数目几乎是无限的；②RFLP 标记有共显性的特点，因而配置杂交组合时不受杂交方式的影响，所谓显性标记指的是 F_1 的多态性片段与亲本之一完全一样，而共显性标记指的是双亲的两个以上分子量不同的多态性片段均在 F_1 中表现；③RFLP 标记具有种族特异性，它对于分析一个分离群体的不同来源的染色体片段具有重要价值；④RFLP 标记遍及全基因组；⑤RFLP 标记重复性好，稳定性高。RFLP 标记的缺点主要表现在 DNA 需要量大（$5\sim30\mu g$），检测步骤繁琐、需要的仪器设备较多、周期长、检测效率相对较低、使用同位素时存在放射性物质污染等问题。另外，RFLP 不仅需要制备用作探针的 DNA 克隆，制备探针前，需预知目的基因或片段的序列，对于序列未明的目标基因，难以采用 RFLP 的方法进行标记。

二、随机扩增多态性 DNA（Random Amplified polymophism DNA, RAPD）

RAPD 标记指的是用人工随机合成的寡聚脱氧核苷酸为引物（通常长度为 10 个核苷酸）通过 PCR 扩增基因组 DNA 所获得的长度不同的多态性 DNA 片段。

（一）RAPD 标记的原理

RAPD 无须预先知道被研究生物的基因组的核苷酸组成，无须专门设计引物，它利用一系列不同碱基顺序的随机引物对所研究的基因组 DNA 进行 PCR 扩增，扩增产物（即 DNA 片段）通过琼脂糖或聚丙烯酰胺凝胶电泳分离，经染色后在紫外检测仪上检测扩增产物的多态性，这些扩增的 DNA 片段的多态性反映了基因组相应区域的 DNA 多态性。RAPD 所用的一系列引物的 DNA 序列虽然各不相同，但对于任一特定的引物而言，若它同基因组 DNA 序列有其特定的互补结合位置，这些特定的结合位置在基因组某些区域内的分布如果符合 PCR 扩增反应条件，即引物在模板上的两条链上存在反向平行的与该引物互补的 DNA 分子，且引物的 3′ 端相距在一定的长度范围内（通常为 2000bp），才能将合成的新链作为下一次合成的模板，经 $35\sim40$ 个循环即可得到大量的扩增片段。因此，如果基因组在这些区域内发生 DNA 片段插入、缺失或碱基替换，就可以导致这些特定的结合位置分布发生相应的变化，从而使 PCR 扩增产物增加、缺少或发生分子量改变，进一步通过电泳分析即可测出基因组 DNA 在这些区域内的多态性。

（二）RAPD 标记的特点

RAPD 标记的优点体现在：①它具有极大的丰富性，能反映整个基因组的变化；②极大的探测性，无须合成特定序列引物；③高效性与灵敏性，在短期内可获得大量的多态性 DNA 片段，只要遗传特异性发生变化，即使亲缘关系非常近的个体也能识别；④RAPD 技术简单，分析速度快；⑤所需样品量少（一般 $10\sim25ng$），对 DNA 质量要求较 RFLP 低，另外对环境污染小；RAPD 标记的不足之处在于：①稳定性低；②RAPD 标记一般表现为显性遗传，极少数表现为共显性遗传，因此大多数情况下不能区分纯合基因型和杂合基因型；③高度的变异性，即使在亲缘关系非常近的物种间，结果也造成很大差异。尽管 RAPD

还有许多不完善的地方，但是其快速、简便、灵敏的特点，将对育种工作起强大的推动作用。特别是 RAPD 和 RFLP 等分子标记相结合，会显示出越来越大的优越性。

三、扩增片段长度多态性（Amplified fragment length polymorphism，AFLP）

（一）AFLP 标记的原理

AFLP 标记的基本原理是对基因组 DNA 进行限制性酶切片段的选择性扩增。使用两种不同的限制性内切酶同时对基因组 DNA 进行双酶切，形成分子量大小不等的随机限制性片段，然后在这些限制性片段两端连接上特定的人工接头，以此作为扩增反应的模板。再用与人工接头互补的特异引物对限制性片段进行选择扩增，最后用聚丙烯酰胺凝胶电泳分离扩增产物。一般进行双酶切选用的两种限制性内切酶中，一种是 4 个碱基识别序列的内切酶，另一种是 6 个碱基识别序列的内切酶。使用前者可以产生片段较小又适合扩增和检测的 DNA 片段，后一种酶作用正好相反，两种酶结合使用可以调节酶切片段的大小和数量，以产生最佳的扩增和检测效果。相应的特异引物由三部分组成：核心碱基序列，该序列与人工接头互补；限制性内切酶识别序列；引物 3′ 端的选择碱基。AFLP 技术过程见图 17-1。

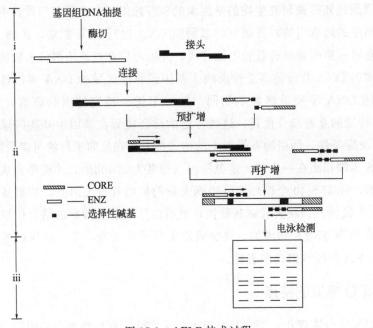

图 17-1　AFLP 技术过程

(i) DNA 的准备；(ii) 选择性扩增酶切片段；(iii) AFLP 标记的统计

（二）AFLP 标记的特点

AFLP 标记是目前效率最高的一种分子标记之一，不需要预先知道 DNA 序列的信息，因而可以用于没有任何分子生物学研究基础的物种，并且克服了 RAPD 和 RFLP 的缺点。其优点可总结如下：①AFLP 可以产生的标记数量几乎无限，因为用于分析的限制性内切酶及选择性碱基组合的数目和种类很多，且可加以调整；②AFLP揭示出的多态性程度极高，每次可检测50～100条谱条，被认为是指纹图谱技术中多态性最丰富的一项技术；③AFLP标记多数具有共显性表达，无复等位效应等优点；④无物种特异性，可用于任何物种的DNA指纹图谱构建及标记目的基因；⑤因PCR扩增时所用退火温度高，所以该标记稳定性和重复性高；⑥模板用量少，而且对模板浓度的变化不敏感；⑦由于扩增片段较短，其分辨率很高；⑧AFLP分析的大多数扩增片段与基因组的单一位置相对应，可用于分析基因组DNA及克隆相应的DNA片段，可作为遗传图谱和物理图谱的位标和联系二者的桥梁。

四、简单重复序列（simple sequence repeat，SSR）

SSR是一类由几个核苷酸（1～6bp，一般为2～5bp）为重复单位组成的简单串联重复序列，其长度一般较短，它们广泛分布于基因组的不同位置。如（CA）n、（AT）n、（GGC）n、（GATA）n等重复，其中n代表重复次数，其大小在10～60bp。这类序列的重复长度具有高度变异性。SSR两端的序列多是相对保守的单拷贝序列，根据两端的单拷贝序列设计一对特异引物，利用PCR技术，扩增每个位点的微卫星DNA序列，经聚丙烯酰胺凝胶电泳分析核心序列的长度多态性。一般来说，同一类SSR可分布于整个基因组的不同位置上，而通过其重复的次数不同以及重复程度的不完全而造成每个座位上的多态性，SSR技术原理见图17-2。目前，SSR标记技术已被广泛用于遗传图谱构建、品种指纹图谱绘制，以及目标性状基因标记筛选等领域。

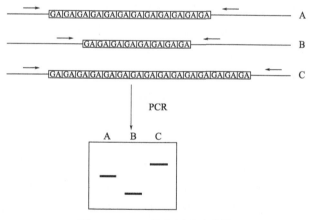

图17-2　SSR技术原理示意图

SSR标记的优点有以下几个方面：①数量几乎无限，检测出多态性的频率极高；②SSR技术一般检测到的是一个单一的多等位基因位点；③SSR标记为共显性标记，可鉴别出杂合子和纯合子；④结果重复性高，稳定可靠；⑤兼具PCR反应的优点，即所需DNA样品量少，对DNA质量要求亦不苛刻。SSR标记的缺点是需要知道被研究物种的重复序列两翼的DNA序列信息。表17-1列出了4种分子标记的特点。

表 17-1　RFLP、RAPD、SSR、AFLP分子标记的技术特点的比较

特性	RFLP	RAPD	SSR	AFLP
基因组分布	低拷贝编码序列	整个基因组	整个基因组	整个基因组

特性	RFLP	RAPD	SSR	AFLP
遗传特点	共显性	显性/共显性	共显性	共显性/显性
多态性水平	中等	较高	高	非常高
可检测座位数	1~3	1~10	1~5	20~100
DNA质量要求	高	低	中等	高
技术难度	中等	低	低	中等
是否需要序列信息	否	否	需	否
DNA样品量	5~30µg	10~25ng	10~100ng	50~100ng
放射性同位素	通常用	不用	不用	通常用
实验周期	长	短	短	较长
可靠性	高	低/中等	高	高
成本	高	低	中等	高

五、单核苷酸多态性（single nucleotide polymophism，SNP）

（一）SNP标记的原理

SNP标记是指基因组序列单个核苷酸差异而引起的遗传多态性，包括单碱基的转换、颠换以及单碱基的插入缺失等。鉴定SNP的方法主要有两种：①在DNA测序过程中通过碱基的峰高和面积的变化检测单个核苷酸的改变引起的DNA的多态；②通过对已有的DNA序列的比较分析进行鉴定。最为直接的方法是通过设计特异的PCR引物扩增某个特定区域的DNA片段，利用测序和遗传特征的比较鉴定该片段是否可以作为SNP标记。目前，SNP的检测大多数依赖于DNA芯片技术。SNP在基因组内可以人为地划分为两种形式：①基因编码区的功能性突变，主要分布于基因编码区；②遍布于基因组的大量单碱基变异。

（二）SNP标记的特点

SNP位点丰富，几乎遍及整个基因组，据估计，基因组中大约平均每1000bp就会出现一次，它是导致个体间表型差异的重要因素，出现在编码区的SNP能导致蛋白质的多样性。就整个基因组而言，两个不同个体之间约有几百万个碱基的差别，有人估计在人类基因组中平均每1.3kb就有1个SNP，总数可达300万。SNP具有极高的信息量，而且可自动化操作。但是SNP的应用首先取决于测序精度的提高。近年来随着科技尤其测序技术的发展，迅速建立的变性高效液相色谱（DHPLC）法、基因芯片（gene chip）、基于纳米金颗粒的和基于生物发光技术的焦测序是新型的基因突变筛查技术。它们具有通量高、操作简便快捷、自动化程度高和成本低廉等优点，为大规模的SNP分型提供了一个高效的检测途径。

第四节　分子标记在水产动物育种上的应用

分子遗传学标记克服了形态学标记、生化遗传学标记等传统遗传标记的缺点，为在分子水平上探讨动物种群遗传研究提供了极为便利的手段。

一、种群遗传结构分析

（一）在亲缘关系及系统发育中的应用

种群亲缘关系、分类演化领域的传统研究方法都是以形态学、细胞学、生化指标为基础进行的，这些变异的多样性都是基因表达的产物，受个体以及发育阶段和环境的影响较大，有时不能反映物种本身所固有的特征。仅仅通过形态学、细胞学或者是生物化学等传统的标记技术进行研究，少数物种的进化地位难以确定。物种进化首先发生在 DNA 水平上，然后才反映到蛋白质、形态上，因此利用分子遗传学标记技术从 DNA 水平上进行遗传分析，是研究亲缘关系、分类和演化的有效手段。

（二）在种质鉴定中的应用

分子遗传学标记技术由于其简单快捷，广泛地被用于水产动物的种质鉴定中，如表 17-2。如夏德全等（2000）用 RAPD 方法分析了太湖大银鱼、太湖新银鱼和寡齿新银鱼，发现两个样品的 RAPD 图谱与其他样品有很大差异，认为太湖中可能存在五种银鱼。

表 17-2　水产种质鉴定中的应用部分研究实例

水产动物的种类	研究中所用的技术	参考文献
20 种帽贝（*Lepetodrilus limpets*）	DNA 条形码	Johnson et al.，2008
缀锦蛤亚科贝类	DNA 条形码技术	Chen et al.，2011
笛鲷的仔鱼	AFLP 技术	张俊彬等，2005
长牡蛎	SNP 标记分型检测方法	王家丰，2012
模式动物斑马鱼（*Danio rerio*）	基因芯片	Stickney 等，2002
栉孔扇贝	SNP 标记	付晓腾，2011

（三）在遗传多样性上的应用

遗传多样性是用以衡量一个种、亚种或种群内基因变异性的概念。它不但是生物多样性的重要组成部分，而且是物种多样性和生态系统多样性的基础，决定着生物多样性的形成、消失和发展。目前，分子遗传学标记在鱼类的遗传多样性等研究中广泛地予以利用，如表 17-3。

表 17-3　水产动物在遗传多样性上的应用部分研究实例

水产动物的种类	研究中所用的技术	参考文献
长江口日本鳗鲡	RAPD 标记	龚小玲等，2007
斑点叉尾鮰	AFLP 标记	赫崇波等，2008
鳜鱼	AFLP 标记	韩晓磊等，2008
尼罗罗非鱼	RAPD 标记	孙运侣，2013
笛鲷属的画眉笛鲷、金带笛鲷、金焰笛鲷	RAPD 及 SSR 标记	刘丽，2006
杂交黄颡鱼（黄颡鱼♀×瓦氏黄颡鱼♂）	微卫星分析	张佳佳等，2018

二、预测杂种优势

杂种优势是一种非常普遍的生物遗传现象，很久以前即被用于生物各领域品种培育的生产实践中，并取得了突出成绩。近年来在水产动物中用分子遗传学标记来预测杂种优势的研究取得了可喜进展。夏德全等（1999）应用 RAPD 技术检测了一个奥利亚罗非鱼养殖群体以及美国和我国湘湖、沙市 3 个尼罗罗非鱼养殖群体，结果表明奥利亚罗非鱼和沙市尼罗罗非鱼杂交将可能产生更强的杂种优势。近年来还有一些分子标记技术在水产动物杂交育种中杂种优势的预测研究中的应用，如表 17-4。

表 17-4   分子标记在预测水产动物杂种优势的应用部分研究实例

水产动物的种类	研究中所用的技术	参考文献
黄颡鱼、瓦氏黄颡鱼及其杂交种	DNA 分子标记	巩高瑞等，2017
淇河鲫与不同品系锦鲤杂交	DNA 条形码	程臆臻等，2014
杂交黄颡鱼"黄优 1 号"及其亲本	SNP 技术	邵韦涵，2018
虎龙斑及其亲本鞍带石斑鱼和棕点石斑鱼	SNP 技术	Sun Ying 等，2016
杂交黄颡鱼"黄优 1 号"	SNP 技术	张红燕，2020

三、分子遗传图谱的构建与基因定位

近年来，遗传学家一直在利用各种遗传标记开展生物遗传图谱的构建工作。最初的遗传图谱几乎都是根据形态学标记、生化遗传学标记和传统的细胞遗传方法构建的。由于这些标记数目较少，构建的图谱分辨率极低，图距大，饱和度低，因此应用价值不大。随着以 RFLP 为代表的各种分子遗传学标记的出现和发展，为在分子水平上构建高密度的遗传图谱提供了重要手段。目前已建成分子遗传图谱的鱼类包括鲤、龙鱼、斑马鱼、大菱鲆、鲇和半滑舌鳎等。虽然在水产动物中分子遗传图谱的构建工作已经取得一定的成绩，但还远远不能满足育种的需求，目前仍需完善填补连锁图上的较大空隙，使其更加饱和，以便使目标性状与分子标记更加紧密地联系起来。

第五节   分子标记辅助育种

一、性状和性状的遗传基础

在水产动物育种中，目标性状即育种目标所考虑的性状主要是经济性状。经济性状有两大类，即质量性状和数量性状。质量性状由一对至几对等位基因控制，其表现符合孟德尔的分离、独立分配或连锁遗传定律。数量性状则是由多个基因控制的性状，表现为连续变化，其在群体中的遗传、变异是通过其基因的不同基因型所表现的。性状如生长、体长等在群体的不同个体中表现出明显的差异，在消除环境影响时人们发现这些差异仍然存在，这些差异是由决定性状的基因存在不同基因型所致。这些决定质量性状或决定数量性状的具有多态性的基因在群体遗传中是以基因频率的变化来表现的，只有掌握了这些变化的规律才能在育种中加以利用。

二、分子育种的基本概念及技术特征

分子育种是育种学的分支，是育种学与现代生物技术的结合。分子育种主要应用现代分子生物学的理论与方法，结合传统选育技术培育新品种。分子育种技术根据个体、群体或家系的分子遗传组成来选择亲本，根据优势性状基因或标记的基因型聚合情况进行选择，这些选择手段是以特定物种的分子遗传学研究深度为基础的，使用基因或分子标记，能较大幅度地提高选育强度和选育效率。

基于经济性状相关基因和标记的育种技术，可分为如下几种类型：

（1）基于单基因座与性状紧密连锁的单个基因型作为选择手段的育种技术，就是一个基因座决定性状主要表型，其优势基因型可作为亲本选择的指标，基本上是选择父母本结合后获得优势基因型比例高的子代组合，即可使具有优良性状的子代占有较高的比例，这在单一病害相关标记上具有可行性。

（2）基于几个基因座与单个性状紧密连锁的几个基因型作为选择手段的育种技术，就是几个基因座就可决定性状的主要表现，几个优势基因型可作为亲本选择的指标。由于基因座有限，可以通过简单的统计学方法来选择亲本。

（3）基于多个基因座与单个性状紧密连锁的多个基因型作为选择手段的以计算机计算结果为指标的分子设计育种技术，就是多个基因座决定性状的主要表现，由于基因座过多而只能通过数学模型和计算来准确评估各种优势基因型对性状遗传力的贡献，多基因座对性状遗传力的贡献值结合表型值确定每一代的亲本的选择，并最终获得优良品种和品系的育种技术。

（4）基于全基因组关联分析结果和性状多层次的信号传导分析结果的目标性状或者综合性状的多个基因型为选择手段、以计算机计算结果为指标的分子设计育种技术和全基因组选择育种，就是将与综合的经济性状连锁的多个基因座的贡献根据需要各设立加权值作为选择指标，而亲本的确定是通过计算机软件计算的指数结果作为选择手段的分子水平的综合性状评估多基因座选择的育种技术。

三、分子育种的理论基础

分子标记辅助育种技术在多种分子标记出现后得以应用，尤其是测序技术和克隆技术的快速发展。这两方面的技术进步使分子标记育种得以实现：①获得单个物种的大量的分子标记成为可能；②高通量快速的基因型分析技术使分子标记育种必须在短时间内检测海量基因型的工作得以完成。分子标记育种也称分子标记辅助育种或分子标记辅助选择。分子标记作为选择手段的育种技术是选择技术从传统上升到现代技术的标志，分子标记选择如果结合传统选育技术，可以克服传统育种技术的许多不足，大大提高育种效率和选择强度。

水产动物分子育种是指在群体、家系或个体选择中使用基因或分子标记并最终形成品种（品系）的育种技术。通过性状紧密连锁的基因或标记的选择，并通过表型选择使性状优势的表型与基因型相一致，同时使与之相关的优势基因得以富集，根据基因型分析结果的雌雄配组使近亲交配得到控制，经过连续几代的选择最终获得一个综合性状优良的群体。这个选育群体在所选性状上基因型将更为纯合而其他很多基因座是杂合的并趋向纯合位点与杂合位点的平衡，使优良性状得以长期保持。

　　通过分子生物学方法建立研究对象的分子标记图谱、对性状连锁标记的富集，结合传统育种技术和物种生物学特性，再结合分子标记检测的个体与群体的遗传组成，将上述遗传与表型数据经现代生物统计方法进行处理，建立选择强度大、效果好的新一代水产动物育种技术，即以标记为核心的水产动物新一代综合育种技术。

　　性状相关的优势基因（型）或标记的富集是获得优良性状的遗传基础，在群体或家系遗传分析的基础上，可以通过标记选择富集家系或群体内的优势基因，利用分子标记将这个在传统育种中比较模糊的概念通过准确的检测分析而加以阐述并进行具体的操作。

　　表型选择是获得好的经济性状的必要途径，优良表型是检验育种效果的最终指标。

　　避免近亲繁殖是建立优良品种和进一步保护品种优良性状的技术保证，利用共显性分子标记可以准确检测群体或系的基因型频率，从而将群体内或家系内的近交系数降到最低。

　　基因标记与综合性状的指数评估是提高选择强度的重要技术环节，优势基因和标记要通过群体并形成品种来体现其优势，将已知基因标记和一般标记及其他性状都利用指数来评估是建立优良种群所必须的，综合指数的 BLUP 分析或其他统计分析可以实现这个目标。

　　基因与标记的作用不断改进的特性，与性状相关的标记和基因对单一性状的贡献随着家系或者群体的遗传背景不同而有所改变，尤其是多基因控制的性状，在多代育种过程中，每个标记的评价指标体系的指数值将有所改变，就是在不变的育种对象中随着数据的积累对其作用的评价也会有所改变。

四、水产动物分子遗传学标记辅助选择

　　优良的水产养殖品种是水产养殖业持续发展的重要物质基础。研究表明，大多数水产动物的重要经济性状，如抗病、生长等均表现数量性状的遗传特点，即受多个基因位点（称数量性状位点，QTL）和环境因子的共同作用。经典的遗传育种研究方法无法区别一个重要性状的产生是由哪一个具体的基因来控制的，DNA 分子遗传学标记的应用，为数量性状的定位提供了便捷之路。应用传统选育技术每代的遗传获得量（genetic gain）通常在 10%～20%。但分子遗传学标记辅助选择育种技术可明显提高选育进度，特别是对那些靠传统的表型工具难以度量的性状，如抗病力、肉质、饵料系数、对温度和盐度的耐受能力等。英、美和日本等国投入大量资金开展了水产养殖动物的基因组作图研究，并在此基础上，利用遗传连锁图谱和分子遗传学标记技术，把同重要经济性状（生长、抗病及抗逆）相关的数量性状基因定位在遗传连锁图谱上，再设计出数量性状基因的 DNA 分子标记辅助育种的技术路线。

　　近年来，部分水产动物的遗传连锁图谱已构建出来，如鲤鱼、罗非鱼、斑马鱼、虹鳟和青鳉等，并已做了部分数量性状基因位点（性别、生长、体色）的定位研究，现已达到了可进行这些性状的 DNA 分子标记的辅助育种研究的水平。目前，对养殖虾类主要经济性状的分子标记研究也取得了一定进展，曾报道在斑节对虾、凡纳对虾、中国对虾等发现微卫星标记，利用这些分子标记可以鉴别不同品系的数量性状位点，培育品质更优良的品种。澳大利亚的科学家也已成功地从日本对虾中找到 3 个可能与生长表现相关的经济性状基因位点（ETL）区，并有可能进一步开发为可预测生长的基因标记。美国已在高健康虾和无特异性

病原对虾的选育中引入了标记辅助选育手段。由于 MAS 技术对育种选择的高效性和可靠性，各国已竞相开展了应用 MAS 对水产动物的培育的研究，如陈松林 2014 年利用 AFLP 标记技术对半滑舌鳎的性别控制基因进行研究，发现了性别差异片段，并在育种中加以利用。分子标记辅助选择技术为育种提供了一种快速、准确、有效的选择手段，分子标记辅助育种技术与常规育种技术相辅相成，必将大大促进育种工作的发展。

思 考 题

1. 分子标记与其他遗传标记相比较有哪些优点？

2. 根据分子标记产生的特点可以将其分为几类？

3. 简述 SNP 标记产生的基本原理。什么是 SNP 分子标记？SNP 分子标记的优点有哪些？

4. RFLP、AFLP、SSR 和 SSCP 四种分子标记相比较，各有什么优缺点？

5. 目前分子标记在水产动物育种中的应用主要包括哪些方面？

参考文献

[1] Dinesh K R, et al. Genetic variation inferred from RAPD fingerprinting in three species of tilapia. Aquaculture. 1996, 4 (1): 19-308.

[2] Elo K, et al. Inheritance of RAPD markers and detection of interspecific hybridization with brown trout and Atlantic salmon. Aquaculture. 1997, 152(1-4): 55-65.

[3] Emmanuel G, et al. IFREMER's Shrimp Genetic's Program. The Advocate. 1999, 2(6): 26-28.

[4] English L J, et al. Allozyme variation in three generations of selection for whole weight in Sydney rock oysters(*Saccostrea glomerata*). Aquaculture. 2001, 193, 213-225.

[5] Garcia D K, et al. Molecular analysis of a RAPD marker (B20) reveal two microsatellites and differential mRNA expression in *Penaeus vannamei*. Mol. Mar. Biol. Biotech. 1996, 5(1): 71-83.

[6] J E, et al. Genetic differentiation among strains of disease challenged oysters. Journal of shellfish research. 1993, 12 (1): 128-129.

[7] Herbinger C M, et al. Absence of genetic differentiation among geographically close sea scallop(*Placopecten Magellanicus*)beds with cDNA and microsatellite markers. Shellfish Res. 1998, 17: 117-122.

[8] Huang B, et al. Molecular sequences of two minisatellites in black lipabalone (*Haliotis rubra*). Electrophoresis. 1997, 18(9): 1653-1659.

[9] Johnson S L, et al. Identification of RAPD primers that reveal extensive polymorphisms between laboratory strains of zebrafish. Genomics. 1994, 19(1): 152-156.

[10] Kenneth J. Improving shrimp stocks with microsatellites. The Advocate. 2000, 3(6): 35-36.

[11] Klinbunga S, et al. Genetic heterogeneity of the giant tiger shrimp(*Penaeus monodon*)in Thailand revealed by RAPD and mitochondrial DNA RFLP analyses. Mar. Biotechnol. 2001, 3(5): 428-438.

[12] Knapik E W, et al. A microsatellite genetic linkage map for zebrafish (*Danio rerio*). NAT GeneT. 1998, 18: 338-342.

[13] Liu Feng, et al. A microsatellite-based linkage map of salt tolerant tilapia (*Oreochromis mossambicus* × *Oreochromis* spp.) and mapping of sex-determining loci[J]. BMC Genomics, 2013, 14(1): 58.

[14] Tassanakajan A, et al. Isolation and characterization of microsatellite markers in the black tiger prawn(*P. monodon*). Mol. Mar. Biol. Biotech. 1999, 7: 55-61.

[15] Wilson K, et al. Genetic mapping of the black tiger shrimp *Penaeus monodon* with amplified fragment length polymorphism. Aquac. 2002, 204: 297-309.

[16] 戴灼华, 王亚馥, 粟翼玟. 遗传学[M]. 2版. 北京: 高等教育出版社, 2008.

[17] 范兆廷, 等. 水产动物育种学[M]. 北京: 中国农业出版社, 2013.

[18] 高峰涛. 牙鲆微卫星遗传连锁图谱的构建[D]. 中国海洋大学, 2012.

[19] 何志然, 胡宏辉, 冯上乐, 等. 三角帆蚌金色品系生长性状遗传参数及基因型与环境互作效应分析[J]. 大连海洋大学学报, 2021, 36(02): 254-259.

[20] 江宗冰, 戴习林, 明磊, 等. 罗氏沼虾生长性状的种内杂交优势及遗传力与遗传相关分析[J]. 上海海洋大学学报, 2017, 26(02): 189-196.

[21] 李宁. 动物基因组研究及其对动物育种的影响[J]. 遗传, 1997, 19(增刊): 7-10.

[22] 李思发, 等. 中国大陆沿海六水系绒螯蟹(中华绒螯蟹和日本绒螯蟹)群体亲缘关系: RAPD指纹标记[J]. 水产学报, 1999, 23(4): 325-330.

[23] 刘庆昌. 遗传学[M]. 2版, 北京: 科学出版社, 2007.

[24] 刘祖洞, 乔守怡, 吴燕华, 等. 遗传学[M]. 3版, 北京: 高等教育出版社, 2012.

[25] 庞仁谊, 宋文涛, 高峰涛, 等. 牙鲆遗传连锁图谱的构建[J]. 中国水产科学, 2012, 19(6): 930-938.

[26] 孙松, 胡玉龙, 吕丁, 王伟继. 中国大菱鲆引进群体三代选育之后的收获体重遗传进展评估[J]. 中国农学通报,

2021, 37(35)：118-123.

[27] 夏德全，等. 用 RAPD 分析对罗非鱼遗传变异的研究及其对杂种优势的应用[J]. 水产学报，1999, 23(1)：27-31.

[28] 徐晋麟，赵耕春. 基础遗传学[M]. 北京：高等教育出版社，2009.

[29] 徐金根，曹烈，金武，等. 彭泽鲫生长性状的遗传参数估计[J]. 中国农学通报，2020, 36(33)：134-137.

[30] 张建勇. 中国对虾(*Fenneropenaeus chinensis*)基因组 SNP 标记的开发与应用[D]. 中国海洋大学，2011.

[31] 张澜澜，王珉，刘蔓，等. 虹鳟(*Oncorhynchus mykiss*)多倍体的倍性鉴定[J]. 东北农业大学学报，2008, 39(2)：222-226.

[32] 赵寿元，乔守怡，吴超群，等. 遗传学原理[M]. 北京：高等教育出版社，2011.

[33] 朱军. 遗传学[M]. 3 版. 北京：中国农业出版社，2002.

[34] 宗宪春. 遗传学[M]. 武汉：华中科技大学出版社，2014.